普通高等学校“十四五”规划数字装配式建筑系列教材

绿色建筑数字化设计与评价

主编◎丁　斌（学校）
朱峰磊（企业）

主审◎郭保生
方　玲（学校）

联合编制　广东白云学院
中国建筑科学研究院有限公司
北京构力科技有限公司
广东绿源绿色建筑科技有限公司

华中科技大学出版社
中国·武汉

图书在版编目(CIP)数据

绿色建筑数字化设计与评价/丁斌,朱峰磊主编. —武汉:华中科技大学出版社,2024.1
ISBN 978-7-5680-9953-0

Ⅰ. ①绿… Ⅱ. ①丁… ②朱… Ⅲ. ①数字技术-应用-生态建筑-建筑设计 Ⅳ. ①TU2-39

中国国家版本馆 CIP 数据核字(2023)第 206710 号

绿色建筑数字化设计与评价 丁 斌 朱峰磊 主编
Lüse Jianzhu Shuzihua Sheji yu Pingjia

策划编辑:胡天金
责任编辑:赵 萌
封面设计:旗语书装
责任校对:刘 竣
责任监印:朱 玢
出版发行:华中科技大学出版社(中国·武汉) 电话:(027)81321913
武汉市东湖新技术开发区华工科技园 邮编:430223
录 排:华中科技大学惠友文印中心
印 刷:武汉市洪林印务有限公司
开 本:787mm×1092mm 1/16
印 张:15.5
字 数:368 千字
版 次:2024 年 1 月第 1 版第 1 次印刷
定 价:49.80 元(含培训手册)

前　言

本书编写的初衷是积极响应国家政策，助力建筑行业培养绿色建筑人才。2020 年 9 月 22 日，我国在第七十五届联合国大会一般性辩论上表示，中国将采取更加有力的政策和措施，力争于 2030 年前二氧化碳排放达到峰值，努力争取 2060 年前实现碳中和。在我国"3060"碳达峰、碳中和目标确定后，推行超低能耗建筑，发展绿色建筑已经成为建筑行业实现"双碳"目标的重要路径。

在工业时代、信息时代，绿色建筑设计需要依赖众多的主动绿色建筑技术手段达到预期目的，而在数字化时代（又称后信息时代），基于 BIM 技术可以对建筑绿色性能进行定量模拟分析，优势突出：一方面，通过建模将建筑绿色度全面展示出来，从而达成用被动技术替代主动技术的目的，进而有效降低主动技术所带来的绿色建筑增量成本；另一方面，通过比对提出绿色建筑设计优化方案，进而找到降低能耗与合理、有效利用自然能源的整体解决方案。

本书是基于《建筑节能与可再生能源利用通用规范》(GB 55015—2021)、《建筑环境通用规范》(GB 55016—2021)、《绿色建筑评价标准》(GB/T 50378—2019)及各地方设计、评价标准编写的，共分 9 章。第 1 章是关于绿色建筑及其相关概念的介绍，让学生对绿色建筑有一个初步认识。第 2 章是关于各国绿色建筑评价标准的介绍，通过对我国不同时期的不同版本与不同国家的不同绿色建筑评价标准的异同对比，加深学生对我国绿色建筑评价标准的了解，为深入解读最新版的《绿色建筑评价标准》(GB/T 50378—2019)奠定基础。第 3～8 章通过从建筑模型的构建到建筑节能设计分析，从建筑室内自然采光、自然通风到室外风环境的模拟分析等方面，详细介绍如何运用 2023 最新版的 PKPM-GBP 系列软件（为中国建筑科学研究院有限公司、北京构力科技有限公司开发）进行模型创建、性能模拟、设计优化，以及如何生成符合审图要求的报告书。第 9 章工程案例展示的模拟分析图是采用绿建斯维尔软件（为北京绿建软件股份有限公司开发）创建的，通过对居住建筑、公共建筑两个绿建工程实例的分享，让学生清晰了解如何进行建筑绿色性能对标评价。

本书的编写得到中国建筑科学研究院有限公司、北京构力科技有限公司、广东绿源绿色建筑科技有限公司、广东白云学院粤港澳大湾区装配式建筑技术培训中心的支持与协助；特别是得益于高寅（北京构力科技有限公司高校部经理）、郭森鹏（广东绿源绿色建筑科技有限公司副总经理）、贺恋（粤港澳大湾区装配式建筑技术培训中心绿建部负责人）、宋方旭、方滨、朱国婷、马秀英、张静、陈艳等各位同仁的大力协助，谨此一并致谢。

目　　录

1 绪　论

1.1 绿色建筑的起源

绿色建筑的理论源自生态建筑，建筑设计与生态学的结合最早可追溯到 20 世纪 30 年代。1937 年，瓦尔特·格罗皮乌斯出任美国哈佛大学的设计学院院长初始就强调“建筑系的学生需要在工程学和建筑技巧之外增加全面的生物学和社会学训练”，并将环境计划作为其在哈佛建筑教学的核心主题。同年，阿拉达尔·奥戈雅（A. Olgyay）和维克多·奥戈雅（V. Olgyay）兄弟完成的布达佩斯主城大街的住宅设计项目，“每个房间都朝向花园的土丘和大树”，而且“都可以享受到花园的空气”。这种将“住宅和花园融为一体”“舍街取园”的设计，表达了建筑与自然环境和谐共生的生态建筑设计理念。1969 年，美籍意大利建筑师保罗·索莱里在其著作《生态建筑学：按人类意象设计的城市》（*Arcology: The City in the Image of Man*）中，首次将生态学（ecology）和建筑学（architecture）组合为一个新名词“生态建筑学”（arcology），倡导建筑设计应充分利用大自然的有限资源和合理设计，以便尽可能地减少能耗和对环境的破坏。书中还阐述了“生态建筑学”概念及其相关理论，并将其具体运用在阿科桑底城的建设实践之中。同年，师从格罗皮乌斯的美国建筑师伊恩·麦克哈格出版了《设计结合自然》，该著作被公认为生态城市设计的奠基之作，伊恩·麦克哈格也因此被尊称为“生态规划之父”。他认为一个城市的现状和特征是经过长时间的自然选择和人工选择，受各种因素影响、积淀而成的；是城市地理、生态、文化演变的结果；一切现存的形式都是适应自然和环境的结果，有其存在的价值和意义；人与自然共生共荣。麦克哈格的生态观、设计结合自然的整体思维与科学的设计方法，对后来的生态城市规划、绿色建筑研究和工程实践影响重大，即使在今天来看，仍具有重要的指导意义。

20 世纪 70 年代初爆发了第一次世界性石油危机，一些发达国家开始重视建筑节能，逐步从单纯节约能源转变为提高能源的利用效率。80 年代可持续发展概念被提出，建筑节能逐步发展成熟，于是建筑设计开始研究环境对人类的影响，研究可持续发展的自然资源、自然环境与自然生态问题，研究可持续发展的人文资源、人文环境与人文生态问题……1992 年在联合国环境与发展大会上，绿色建筑被第一次明确提出，兼顾环境与人类诉求的绿色建筑由此正式走进大众视野，成为各国重要的实践与研究内容。绿色建筑体现出显著的环境与社会价值，其卓越的绿色性能同样能够带来直接经济价值。绿色建筑已经从最初的设计新理念，逐步转化为当今提升建筑品质、展现可持续发展理念的必备条件。

1.2 绿色建筑相关概念

1.2.1 绿色与生态、可持续发展

在当今的世界，“绿色”已成为一个约定俗成的用词，象征着生命、健康和环保，意指“包括绿色思想及在其指导下的绿色产业、绿色工程、绿色产品、绿色消费”等方面，而绿色建筑是“基于绿色思想的人居环境的产物”。有学者指出有着科学背景的生态建筑“反映了建筑的宏观层面”，而多少有些文学色彩的绿色建筑“偏重微观层面的技术与设计方法”。

“可持续”可被看作是生态建筑、低能耗建筑、地域建筑等各类“环境友好”观念与技术的合成。1987 年，联合国通过的《我们共同的未来》中首次提出“可持续发展”这一新概念：既满足当代人的需求又不危及后代人满足其需求的发展。1992 年，在巴西里约热内卢召开的联合国环境与发展大会上，可持续发展的理念被延伸至建筑领域。

1.2.2 绿色建筑与低碳建筑

2006 年我国颁布的《绿色建筑评价标准》(GB/T 50378—2006)就明确阐述绿色建筑的概念：绿色建筑是指在建筑的全寿命周期内，最大限度地节约资源、保护环境、减少污染，为人们提供健康、适用、高效的使用空间，与自然和谐共生的高质量建筑。此后住房和城乡建设部在 2014 年和 2019 年分别发布的第二版《绿色建筑评价标准》(GB/T 50378—2014)和第三版《绿色建筑评价标准》(GB/T 50378—2019)对绿色建筑的定义基本未变，仅将 2014 版原来定义中的“全寿命周期”改为“全寿命期”，更为精练。

低碳建筑是指在建筑生命周期内，从规划、设计、施工、运营、拆除、回收利用等各个阶段，通过减少碳源和增加碳汇实现建筑全寿命期碳排放性能优化的建筑。

1.2.3 全寿命期与绿色性能

全寿命期是指从材料与构件生产、规划与设计、建造与运输、运行与维护直到拆除与处理(废弃、再循环和再利用等)的全循环过程。它分为四个阶段，即规划阶段、设计阶段、施工阶段、运营阶段。

依据最新《绿色建筑评价标准》(GB/T 50378—2019)，绿色性能指的是绿色建筑需具有安全耐久、健康舒适、生活便利、资源节约、环境宜居五大性能。

根据绿色建筑的本质内涵，除了需满足功能、经济与美观等建筑基本要求，还需具有安全耐久、健康舒适、生活便利、资源节约、环境宜居五大性能，因此，绿色建筑评价标准是

绿色建筑设计优劣的评判依据。由此可见，绿色建筑设计跨越多个学科专业，若仍采用传统的设计流程，不利于各环节、多专业的配合与建筑绿色性能的整合优化，故而需要我们更新设计思路与方法。

1.2.4 建筑能耗与低能耗建筑

广义的建筑能耗涵盖了建筑全寿命期的所有能耗，它包括建筑材料的开采、运输和加工，建筑的设计与建造、建筑的运营与维护、建筑的拆除及废弃物的处理等。而狭义的建筑能耗指的是建筑的运营与维护所产生的能耗，它在建筑全寿命期能耗中占主导地位。

低能耗建筑指的是仅考虑建筑运营与维护的低能耗建筑，由建筑师因地制宜、就地取材，采用适宜的技术与高能效的设备，借鉴传统建筑生态经验，秉持被动优先、主动辅助的设计原则，综合设计而成的建筑。因其建筑设计充分顺应周边环境与气候，尽量采用自然光、自然风等可再生资源，再配备适宜的高能效主动式设备，因其照明、暖通空调设备等主动式机械设备的负荷相对较低，故称其为低能耗建筑。

1.2.5 绿色建筑设计

依据绿色建筑的定义与本质内涵，绿色建筑除了需满足建筑经济、实用、美观等基本要求，还需满足“四节一环保”的根本要求。因此，“绿色建筑设计”除了包括常规的建筑设计、结构设计、给排水设计、电气设计、暖通空调设计、景观园林设计，还包括建筑节能设计、建筑节水设计、绿色照明设计、暖通节能设计、环保设计等，涵盖建筑物理专项（涉及专业声学和隔声减噪设计、自然采光模拟分析、室内外风环境模拟分析、能耗模拟专项分析计算等）、可再生能源（太阳能、地热能、生物质能等）工程专项、污水处理工程专项、建筑智能化工程专项等有关专业的设计内容。

1.3 绿色建筑实践存在的阻碍与误区

1.3.1 绿色建筑的“真”与“伪”

自 2006 年国家颁布实施《绿色建筑评价标准》（GB/T 50378—2006），虽不足 20 年，但我国的绿色建筑发展迅猛，取得的成就有目共睹。与此同时，我们也应不断反思实践过程中出现的问题，特别是有碍于我国绿色建筑健康有序发展的问题。有关数据显示，截至 2015 年底，我国评出的绿色建筑评价标识项目共计 3979 项，总建筑面积 4.6 亿平方米，但其中只有 204 项获得绿色建筑运行标识，仅占总数的 5.1%。这些“绿色标识”建筑，其实际绿色性能绝大部分还未经“运行”验证，甚至有可能只是 “纸上谈兵”的“伪”绿色，需引起我们建筑业界的高度重视与及时反思。

当前，建筑师在绿色建筑实践中大多处于两种状态。一是处于设计的“缺席”状态。

绝大多数的绿色建筑标识项目的设计，采用“传统建筑设计＋绿色咨询”的“达标式”的设计模式，本应作为项目负责人的建筑师却未能真正进入角色，“绿色性能达标”主要依靠咨询公司采用“后加工”“后处理”等方式实现。二是处于身份的“迷失”状态。一方面，对绿色建筑设计缺乏全面、系统的领会和认识，以为绿色建筑设计以技术应用、技术设计（如细部构造等）为主，不涉及建筑设计，即使与建筑设计有关，也可以在施工图设计阶段进行“技术修复”，未能真正重视概念设计、方案设计对绿色建筑的重要性；另一方面，虽然对被动式设计有一定的了解，但认为其主要设计内容在于围护结构的热工设计，如外墙与屋顶的保温隔热、门窗热工、遮阳构件等设计，而对建筑空间和形态与绿色建筑的内在关联认识不深，甚至对被动式设计的潜能毫无认识。

究其深层次原因，主要是建筑师未能领悟和把握绿色建筑设计的实质，只能做做“表面”文章，因而当前阻碍我国绿色建筑产业发展的最大短板在人才，绿色建筑实用人才“旱情”严重！国家住房与城乡建设部宋凌认为：建筑设计人员“绿色建筑设计、咨询、评审、运营管理等能力尚不能适应规模化发展的需要”，缺少系统学习与训练，“对绿色建筑理念的理解不够。机械性套用标准的现象突出，创新意识不强”。当前，在绿色建筑评价标识项目评审中，代表设计方汇报的绝大多数为第三方的绿色建筑咨询公司人员或设计院的设备工程师，而非项目的负责人建筑师。这种情况有着先天的弊端：一是设计方案完成后再按咨询单位的要求去进行修改与深化设计，此时的设计方案已经很难有大的改变，绿色设计变成一种“亡羊补牢”式的修修补补，谈不上什么高效与切合实际；二是设计与咨询单位分开，总会出现一些令人头痛的衔接问题，如设计文件与评标文件不符、设计院与咨询单位互相推脱责任等。

1.3.2 绿色建筑的“神”与“形”

建筑师追求建筑的形式美是专业本能，无可厚非，但无视绿色的“形”式美则有悖于绿色建筑的价值取向，容易走向“伪绿色”甚至“反绿色”的歧路，这是建筑师在绿色建筑实践中需要特别注意的。再者，绿色建筑不是一种建筑流派或风格，因而在建筑造型设计上也不存在标志性符号、特征或设计手法。此外，人们对建筑形式美的理解带有很强的主观性，而绿色建筑性能却可以科学量化或用指标判定。那么，绿色建筑该如何追求形式美，才能做到形神兼备呢？

2016 年 2 月，我国颁布了新时期建筑八字方针“适用、经济、绿色、美观”，这说明“绿色”已成为新时代建筑的潮流与方向。从八字方针字面来看，绿色已然排在美观的前面，这在暗示着一种导向，即无论何种类型的建筑，对形式美的追求都不能背离建筑的绿色诉求。马来西亚建筑师杨经文认为，绿色建筑需“在美学上取悦于人，在经济上具备竞争力，在市场运作方面显示优越性”。否则，绿色建筑的推广就会难以被社会广泛认同与接受，其可持续发展就会受到争议与阻碍。

在同一气候区内的建筑，如果都采用了适应气候的被动式设计，那么这些建筑在外形上自然也会呈现出一些共同的特征。如对湿热气候区而言，具有湿、热、风、雨等气候特征，故建筑设计的重点就会落在建筑的隔热与自然通风设计上，如建筑朝向、空间形态、遮阳处理等。这种共性源于适应环境气候的绿色诉求，而非纯粹形式美的追求。如图 1-3-1

所示是获得国家三星级绿色建筑标识的三个建筑项目，同位于广东省(湿热气候区)，三处建筑的外观虽形态各异，却有共同之处：首先，所采用空间形态都有利于湿热气候的自然通风，如其中一栋带有中庭花园的围合式建筑，自然通风良好；其次，外观设计都顺应区域气候，如不同朝向的建筑外立面设计不同形式的遮阳构件。

图 1-3-1　广东省某三个获得三星绿色建筑标识的建筑项目

(图片来源：中国城市科学研究会)

2 绿色建筑评价

2.1 绿色建筑评价方法

当前国际上绿色建筑评价方法主要有以下两种：一种是使用生命周期评估(LCA)对建筑的碳排放进行追踪评定；另一种是基于绿色建筑评价标准工具(如 BREEAM、LEED、ESGB 等)对建筑进行评估。

2.1.1 生命周期评估

按《生命周期评价——原则和框架》ISO 14040 的定义，生命周期评估是用于评估与某一产品(或服务)相关的环境因素和潜在影响的方法，它是通过编制某一系统相关投入与产出的存量记录，评估与这些投入、产出有关的潜在环境影响，根据生命周期评估研究的目标解释存量记录和环境影响的分析结果来进行评估的。生命周期评估起源于 1969 年的美国，最早是用于了解产品在生产及使用过程中对环境的影响，通过定量化研究能量和材料的运用，来评估产品从制作、生产到使用过程中对环境造成的影响。生命周期评估后应用在建筑领域，主要针对建筑本身所用建材的生产或开采、运输、加工、安装，以及建筑设计、建造直至建筑拆除全过程的碳排放进行跟踪、统计和评价。以往计算的数据显示：各个阶段碳排放量占比最高的是建筑使用阶段，而占比最低的是建筑废弃阶段，建筑物物化阶段的碳排放数值处于两者之间；并且，在物化、使用、废弃三阶段对应碳排放最高的分别是材料生产、暖通空调消耗、拆除活动碳排放。这一评估方法对绿色建筑的建设具有一定的指导作用，了解建筑各阶段碳排放量的情况，就可有针对性地在各阶段采取措施，达成建筑降低消耗的目标：考虑到降低建材运输的碳排放，应尽量就地取材；考虑到减少拆除建筑所产生的废弃物，应研发可重复使用的建材、可回收利用建筑垃圾的途径等。

但采用生命周期评估也有一定的局限性：某些建材生产过程复杂、建筑的使用寿命长等，较难全面追踪建筑全寿命期内的所有碳排放；高昂的评估成本及过长的评估时间，同样严重阻碍了这一评估方法的普及与推广。

2.1.2 绿色建筑评价标准评估

1990 年，英国建筑研究院发布了世界上第一个绿色建筑评价标准——BREEAM，截至 2021 年 6 月，全球获得 BREEAM 认证的项目已超过 60 万个，涉及 194 个国家。由于该评价标准使用时间最久，更新次数较多，常作为绿色建筑评价领域参考、借鉴的主要标准之一。

1998 年，美国绿色建筑协会推出了 LEED 评估体系，分为认证级、银级、金级、铂金级四个等级。由于 LEED 采用商业性推广模式，以及美国本土规模庞大的建筑市场，截至 2021 年 9 月，全球获得 LEED 认证的项目超过 10.9 万个，涉及超过 180 个国家和地区，LEED 已成为世界上应用范围较广的绿色建筑评价标准。

2002 年，日本可持续建筑委员会发布了 CASBEE 评估体系，这是日本颁布的第一个绿色建筑评价标准。CASBEE 首次提出了建筑环境效率指标（简称 BEE）的概念，BEE 为建筑品质性能与环境负荷的比值，从环境品质和环境负荷两个方面对建筑物进行综合评价。CASBEE 是自 BREEAM 发布以来第一个在计算方式上与其他的绿色建筑评价标准差异巨大的评估标准，也为之后绿色建筑评估的探索开辟新的路径。

2006 年，我国发布了国内首个综合性《绿色建筑评价标准》（GB/T 50378—2006），目前该标准已经历 2014 年与 2019 年的两次修订改版，该标准在最初编制时主要借鉴参考美国的 LEED 与日本的 CASBEE 两个标准。

2008 年，德国可持续建筑委员会与德国政府共同开发研制了 DGNB 评估体系。以 BREEAM、LEED 为代表的第一代绿色建筑评估体系仅偏重建筑节能，DGNB 被称为第二代绿色建筑评估体系，它首次提出建筑环境、经济环境与社会环境三者需共同发展。DGNB 的出现不仅带动了 BREEAM、LEED 等绿色建筑评价标准的更新，也带动了其他国家、地区根据自身情况对评价标准进行修订。

2.2 我国绿色建筑评价标准的发展历程

图 2-2-1 以时间轴的方式展现了我国绿色建筑评价标准的发展历程。较之港台地区，内地（大陆）绿色建筑评估体系的创建相对较晚。2001 年颁布的《中国生态住宅技术评估手册》是国内第一个从概念探索发展到可衡量操作的生态住宅评估体系。但与 2003 年的《绿色奥运建筑评估体系》在标准制定者、评价对象、评估体系等方面有着较大的不同，两者相关性不强，后者并不是在前者的基础上修订而成的。而作为我国首部综合性绿色建筑评价标准，《绿色建筑评价标准》（GB/T 50378—2006）的标杆地位毋庸置疑，至今，《绿色建筑评价标准》（GB/T 50378—2006）已经历了三版两修的演进过程，且在延续性上有着更大的相关性。自此，我国的绿色建筑评价实践开始走向规模发展阶段。

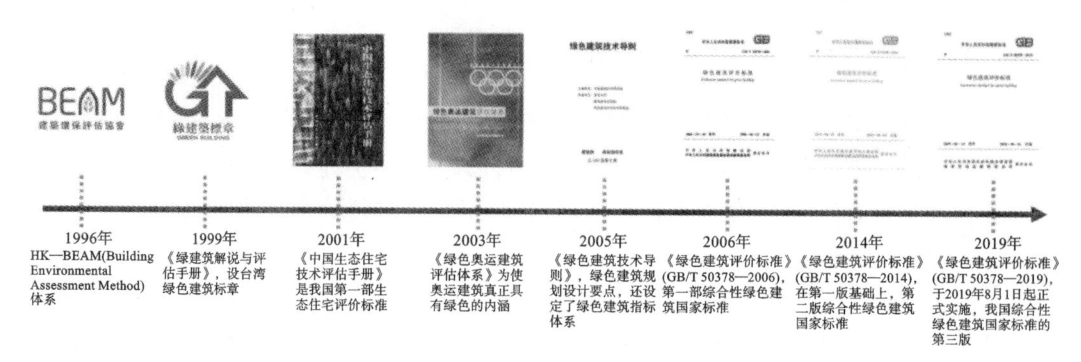

图 2-2-1　中国绿色建筑评价标准的发展历程

2.2.1　关于《中国生态住宅技术评估手册》

1. 标准制定者及演进过程

《中国生态住宅技术评估手册》是由中华全国工商业联合会房地产商会联合多个学术单位共同研发编制的第一部国内生态住宅评估手册。为了有效促进我国生态住宅产业的绿色发展，专家学者们结合我国的实际情况，于 2001 年完成了《中国生态住宅技术评估手册》第一版，2002 年经修订发布了第二版。2003 年修订的第三版完成于 SARS 疫情发生后，从预防疫病角度，对建筑的形式、通风、采光等在健康方面的指标提出了更高的要求。2007 年推出的第四版更名为《中国生态住区技术评估手册》，2011 年推出第五版，又更名为《中国绿色低碳住区技术评估手册》。

2. 标准框架及指标内容

《中国生态住宅技术评估手册》的评估体系由小区环境规划设计、能源与环境、室内环境质量、小区水环境、材料与资源五个指标大类组成。评价评估指标划分四级：一级是五个基本评估指标，二级是五个一级评估指标的完善与细化，三级是二级评估指标的进一步完善与细化，四级为对应的各项具体措施。在评估内容的总体设置上，充分考虑并做到了对结构设计过程指引的高度监督和对结构性能指标评估的高度综合。

第二版相较于第一版在评估体系上做了细微调整，增加了相关说明和演示光盘，其可操作性有所增强。第三版针对 SARS 疫情，研究人与居住的大环境之间的相互影响，对建筑物的结构或空间形式、采光、给排水、通风等各个方面的环境安全性和健康性等指标，都提出了一个更高的标准。

3. 评分原则及评估方法

评分标准管理体系由三个主要组成部分共同组成：必备条件审核、规划设计阶段评分标准、验收与运行管理阶段评分标准。申请前先进行必备条件审核，以确保参评项目都符合手册规定的前提条件，这些前提条件包括如对国家相关标准或法规的满足。规划设计阶段评分、验收与运行管理阶段评分是依据五个一级评估指标的评分评价，每个一级评估指标的总分均为 100 分，故规划设计阶段、验收与运营阶段的总分各为 500 分，两阶段合计 1000 分。对于可明确量化的指标，完全依据这些量化指标来进行考核，而对于那些无法被准确量化的指标，评估专家则依据该项指标的评分原则，并结合自身的实践经验对其进行打分，最后得分为各个评估专家评分的算术平均值。

4. 不足之处

（1）评估体系不完整

首先，缺乏适应不同地区的评价指标。由于我国地域辽阔，地理环境、气候条件等区域差异较大，若只采用同一套标准来评价，显然不符合实际情况。再者，《中国生态住宅技术评估手册》只适用于新建居住小区的设计施工运维，显然缺失其他类型建筑的绿色评价标准。

（2）大量借鉴美国 LEED，忽视实际国情

首先，我国生态住宅的直接受益者与投资者大多不是同一方，虽生态住宅收益是长期而持久的，但投资者未必乐意为此付出。《中国生态住宅技术评估手册》中的条文内容主要围绕“资源利用”和“环境保护”两大类，多是参照美国的 LEED 评价标准。较之美国的发展水平，当时国内的经济水平，乃至技术水平还远远达不到，而指标要求却相近，这显然不符合我国的实际国情。

（3）基础研究不足，认证方法不科学

《中国生态住宅技术评估手册》评价指标有定量评价，无法定量要求的则由专家定性评价。这种评价体系有一定的优点，即具有较好的灵活性，便于依据实际情况调整评价。但一些应由定量衡量的指标却因缺乏具体数据，改为人为判定，且定性判定的占比较多，导致该评价体系的客观性受到质疑，评价方法的科学性也受到了影响。而造成这一不足的深层次原因，其实与当时我国生态住宅评估相关的基础研究不足，导致很多数据处于空白状态有关，而基础数据的不足又与当时我国绿色建筑实践不成熟、未形成规模发展的现实有关。

2.2.2 关于《绿色奥运建筑评估体系》

1. 标准制定者及评价对象

《绿色奥运建筑评估体系》是在 2008 年举办北京奥运会背景下，由科学技术部、北京市科学技术委员会和第 29 届奥林匹克运动会组织委员会牵头组织，联合清华大学、北京市可持续发展科技促进中心、中国建筑科学研究院、北京市建筑设计研究院、中国建筑材料科学研究院、北京市环境保护科学研究院、北京工业大学、全国工商联住宅产业商会、北京市城建技术开发中心 9 个单位共同编写而成的。该评估体系的评价对象主要是奥运建筑，即奥运园区、体育场馆以及配套的新闻中心、办公建筑、居住建筑等，目的是为运动员、裁判员、奥运官员和广大观众等使用者，提供健康、舒适、高效、与自然和谐的活动空间，同时最大限度地减少对能源、水资源和各种不可再生资源的消耗，不对场址、周边环境和生态系统产生不良影响，并争取加以改善。

2. 标准框架及指标内容

《绿色奥运建筑评估体系》由规划阶段、设计阶段、施工阶段、验收与运行管理阶段四大部分组成，覆盖建筑全生命周期的各个阶段。在建筑全生命周期的四个阶段主要考察内容不同：在规划阶段，较多强调了位置的选择、能源系统的选择等可能对未来产生重大影响的因素；在设计阶段，不仅考虑地理位置和建筑物的选址等因素可能给环境性能带来的影响，更多强调对环境设计中的一些细节进行考察；在施工阶段，不再关注建筑设计方

面的因素，而是注重施工单位的操作模式；在验收与运行管理阶段，重视实测之前的预测性能。一方面，根据评估内容的不同，对各项功能类别分别设定二级、三级条目及其对应的权重；另一方面，即便各个阶段相同的评估内容，其权重也可能会有所差异。

3. 评分原则及评估方法

《绿色奥运建筑评估体系》针对规划阶段、设计阶段、施工阶段、验收与运行管理阶段四个不同建设阶段的特点和要求，分别进行评估，只有在前一阶段评估达到绿色建筑的基本要求时，才能继续进行下一阶段的工作，即任何一个工程项目的每一个阶段均能够满足该体系相关要求时才被认为达标。

《绿色奥运建筑评估体系》借鉴日本 CASBEE 而来的 Q-L 双指标评估体系，将评分条目分为 Q、L 两大类：Q 指建筑品质性能；L 指环境负荷。如图 2-2-2 所示，以规划阶段的“Q1 选址”为例，说明这种结构和计分方式。采用 5 级评分制：1 分为最低分(满足最低条件时评为 1 分，最低条件即为标准、法律、规定以及本评估体系提出的一些基本条件)，3 分为平均水平，5 分为最好；难以划分 5 级时，也可以划分为 3 级(1 分、3 分、5 分)进行评价。如果连最低条件都无法满足，则评为 0 分，且不能参加绿色奥运建筑评估体系的评价。

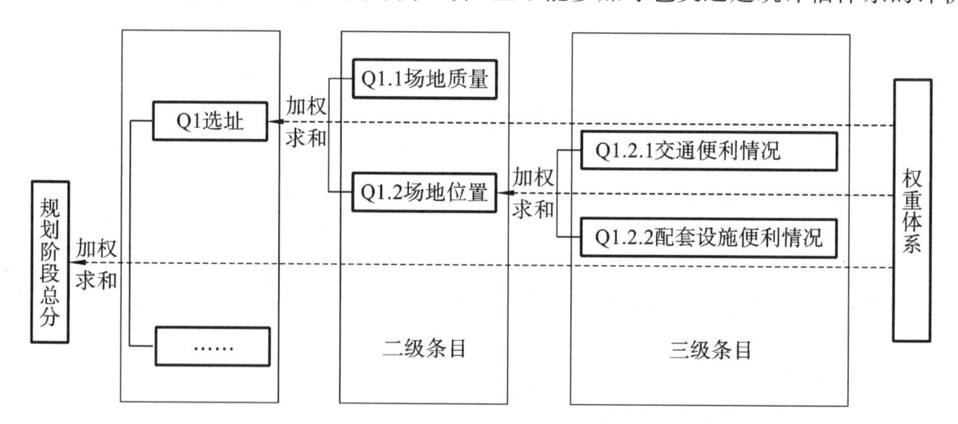

图 2-2-2　以规划阶段的“Q1 选址”为例的结构和计分方式

4. 不足之处

(1) 操作烦琐，不易掌握

《绿色奥运建筑评估体系》虽内容覆盖较全面，采用的双指标评估体系也更科学，但通篇高达 45 万字，评价环节多，不易操作。

(2) 评价对象受限，难以广泛推行

《绿色奥运建筑评估体系》毕竟是在 2008 年北京奥运会背景下产生的，评价对象局限于奥运园区、体育场馆及其配套的新闻中心、办公建筑、居住建筑等与奥运相关的建筑，应用范围不广，加之其制定与推行者的局限性，至今应用评价的建筑并不多，未得以广泛推行。

2.2.3　关于《绿色建筑评价标准》(GB/T 50378—2006)

1. 评价指标体系

《绿色建筑评价标准》(GB/T 50378—2006)的评价指标体系分为住宅建筑和公共建筑两大类建筑，由节地与室外环境、节能与能源利用、节水与水资源利用、节材与材料资源利用、室内环境质量、运营管理共六个一级指标组成。如表 2-2-1 所示，一级指标之下二级指标被分为三类，即控制项、一般项、优选项，其中“控制项”与 LEED 中的“先决条件”类似，是必须要满足的。

表 2-2-1 《绿色建筑评价标准》(GB/T 50378—2006)分项汇总表

建筑类别	控制项项数	一般项项数	优选项项数	合计
住宅建筑	27	40	9	76
公共建筑	26	43	14	83

2. 评估认证方法

《绿色建筑评价标准》(GB/T 50378—2006)首次制定绿色建筑评估等级，并将等级分为一星级、二星级、三星级三个评价等级。申报绿色建筑认证时，必备条件为满足《绿色建筑评价标准》(GB/T 50378—2006)第四章住宅建筑或第五章公共建筑中所有控制项要求，然后再按满足一般项和优选项的项数划分三个等级。对划分绿色建筑等级的项数要求见表 2-2-2。

表 2-2-2 《绿色建筑评价标准》(GB/T 50378—2006)划分绿色建筑等级的项数要求

建筑类别	等级	节地与室外环境	节能与能源利用	节水与水资源利用	节材与材料资源利用	室内环境质量	运营管理	优选项项数
住宅建筑	一星级	3	4	3	5	3	4	—
	二星级	4	6	4	6	4	5	6
	三星级	5	8	5	7	5	6	10
公共建筑	一星级	4	2	3	3	2	4	—
	二星级	5	3	4	4	3	5	3
	三星级	6	4	5	5	4	6	5

3. 不足之处

(1) 评价体系未能覆盖建筑的全寿命期

虽强调了全过程控制，对参评建筑要求运营管理需在其投入使用一年后进行评价，但忽视了建筑全寿命期的一些环节：在“节地与室外环境”指标大类只涉及设计前期；在“节能与能源利用”“节水与水资源利用”“节材与材料资源利用”“室内环境质量”四个指标大类只涉及设计阶段；整个评价指标体系从设计到运营阶段还欠缺一个施工建造阶段，完全没有这一阶段的相关内容。

(2) 不同类型的参评建筑评价标准不一致

首先，住宅建筑和公共建筑两大类型建筑共有的评价指标只有 58 项，还存在部分仅适用住宅建筑或仅适用公共建筑的条文，且项数不对等；再者，部分条文存在对于特定功能或类型的建筑不适用情况，如同样的要求在不同参评建筑类型中却获得不同的分数，这些都会导致评价有失公允。

(3) 评价对象覆盖的类型不全面

《绿色建筑评价标准》(GB/T 50378—2006)仅适用于住宅建筑和公共建筑中的办公

建筑、商场建筑和旅馆建筑等建筑类型，这与当时国内建筑业发展的实际情况有关，但随着我国经济的腾飞、建筑业的快速发展，评价对象覆盖的类型不全面，肯定会影响评价标准的广泛推广与实施。

(4) 项数制的定级模式有局限

《绿色建筑评价标准》(GB/T 50378—2006)采用项数制的定级模式，即在满足对应建筑类型全部控制项要求的基础上，满足一定项数要求的一般项和优选项，即可评上不同等级的绿色建筑。而这样的定级模式必定带来一定的局限性：一是不能确保参评建筑的每个标准条文都满足；二是导致各个一级指标对应的一般项和优选项之间只有项数要求，没有权重考量，未能体现各评价指标的侧重点，以及绿色建筑发展的趋势与导向。

2.2.4 关于《绿色建筑评价标准》(GB/T 50378—2014)

1. 评价指标体系

《绿色建筑评价标准》(GB/T 50378—2014)评价指标体系设置了“节地与室外环境”“节能与能源利用”“节水与水资源利用”“节材与材料资源利用”“室内环境质量”“施工管理”“运营管理”7 类一级指标，每个一级指标下分控制项、评分项 2 类二级指标。此外，增设第 11 章“提高与创新”，所有加分项都在第 11 章。

2. 评估认证方法

《绿色建筑评价标准》(GB/T 50378—2014)分设计评价、运行评价两个阶段的评估认证：设计阶段包含一级指标“节地与室外环境”“节能与能源利用”“节水与水资源利用”“节材与材料资源利用”“室内环境质量”5 章内容的评估；而运行阶段则包含“施工管理”“运营管理”2 章内容的评估。7 类一级指标的总分均为 100 分，具体计算按公式：

$$\sum Q = \omega_1 Q_1 + \omega_2 Q_2 + \omega_3 Q_3 + \omega_4 Q_4 + \omega_5 Q_5 + \omega_6 Q_6 + \omega_7 Q_7 + Q_8$$

其中，$Q_1, \cdots, Q_7$ 分别为参评建筑 7 类一级指标得分；$\omega_1, \cdots, \omega_7$ 分别为各一级指标的权重(具体数值按评价标准)；Q_8 为“提高与创新”项加分项得分。

符合三个等级的绿色建筑均应满足评价标准中所有控制项的要求，且每类指标的评分项得分不少于 40 分；当总分分别达到 50 分、60 分、80 分时，绿色建筑等级对应为一星级、二星级、三星级。

3. 不足之处

(1) 分阶段评价，新增的“施工管理”意义不大

可以选择申请绿色建筑设计标识或运行标识，使因成本增高本不太愿意执行的建设者们有了可钻的空子、可逃避的责任，自然而然转向只申报容易执行的设计评价。而且，在我国建筑设计方与施工方彼此独立，因而新增的“施工管理”一章显然意义不大。

(2) 运行标识占比太小，绿色建筑技术难以真正落地

如图 2-2-3 所示，应用《绿色建筑评价标准》(GB/T 50378—2014)评价的项目中，无论是按项目数量统计还是按建筑面积统计，运行标识占比都太小，导致大部分绿色建筑在运行阶段没有真正执行或落实不到位，绿色建筑技术难以真正落地，发挥其应有的功效。

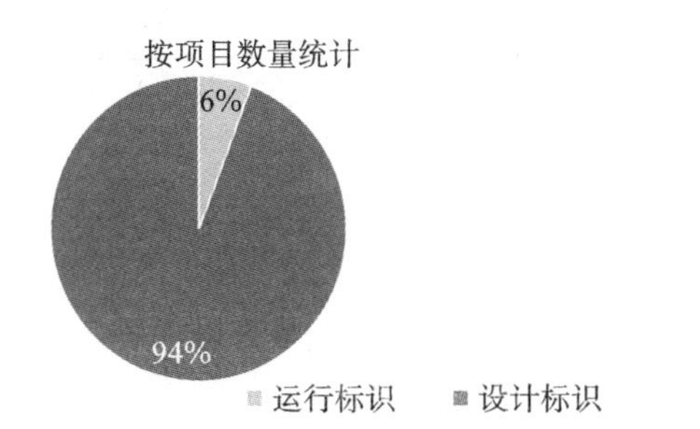

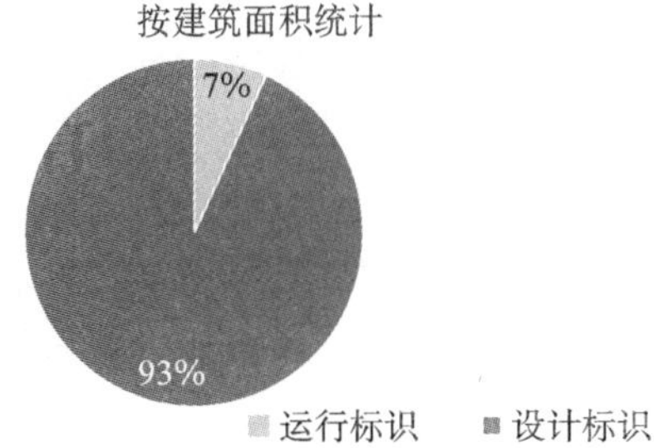

图 2-2-3 《绿色建筑评价标准》(GB/T 50378—2014)运行标识与设计标识占比[12]

2.2.5 关于《绿色建筑评价标准》(GB/T 50378—2019)

1. 评价指标体系

相比于《绿色建筑评价标准》(GB/T 50378—2014)是在前一版评价指标体系基础上的调整,《绿色建筑评价标准》(GB/T 50378—2019)可以算得上是重构了绿色建筑评价技术指标体系,它由“安全耐久”“健康舒适”“生活便利”“资源节约”“环境宜居”等5类一级指标构成;与前一版类似,每类一级指标包括控制项、评分项2类二级指标,且在“提高与创新”中也统一设置加分项指标。

2. 评估认证方法

在重构了评价指标体系之后,《绿色建筑评价标准》(GB/T 50378—2019)将评估时间节点也作了大调整,将绿色建筑的评估节点定在建设工程竣工后,规定绿色建筑评估认证应在建筑工程竣工后进行。为便于与国际接轨,《绿色建筑评价标准》(GB/T 50378—2019)的绿色建筑等级新增一个“基本级”,划分为基本级、一星级、二星级、三星级4个等级。此外,若要评为星级绿色建筑,除了要满足全部控制项的要求,还应满足每个一类指标的评分项得分不应小于其满分值30%的要求;且均应进行全装修,全装修工程质量、选用材料及产品质量应符合国家现行有关标准的规定;当评估总得分分别达到60分、70分、85分且满足表2-2-3的要求时,才能评为一星级、二星级、三星级绿色建筑。

表 2-2-3 《绿色建筑评价标准》(GB/T 50378—2019)对星级绿色建筑的前提技术要求

	一星级	二星级	三星级
围护结构热工性能提高比例,或建筑供暖空调负荷降低比例	围护结构提高5%,或负荷降低5%	围护结构提高10%,或负荷降低10%	围护结构提高20%,或负荷降低15%
严寒和寒冷地区住宅建筑外窗传热系数降低比例	5%	10%	20%
节水器具用水效率等级	3级	2级	

续表

	一星级	二星级	三星级
住宅建筑隔声性能	—	室外与卧室之间、分户墙（楼板）两侧卧室之间的空气声隔声性能以及卧室楼板的撞击声隔声性能达到低限标准限值和高要求标准限值的平均值	室外与卧室之间、分户墙（楼板）两侧卧室之间的空气声隔声性能以及卧室楼板的撞击声隔声性能达到高要求标准限值
室内主要空气污染物浓度降低比例	10%	20%	
外窗气密性能	符合国家现行相关节能设计标准的规定，且外窗洞口与外窗本体的结合部位应严密		

注：①围护结构热工性能的提高基准、严寒和寒冷地区住宅建筑外窗传热系数降低基准均为国家现行相关建筑节能设计标准的要求。

②住宅建筑隔声性能对应的标准为现行国家标准《民用建筑隔声设计规范》（GB 50118—2010）。

③室内主要空气污染物包括氨、甲醛、苯、总挥发性有机物、氡、可吸入颗粒物等，其浓度降低基准为现行国家标准《室内空气质量标准》（GB/T 18883—2022）的有关要求。

具体计算按公式：

$$Q=(Q_0+Q_1+Q_2+Q_3+Q_4+Q_5+Q_A)/10$$

其中，Q 为总得分；Q_0 为控制项基础分值，当满足所有控制项要求时取 400 分，当满足控制项要求时绿色建筑等级为基本级；Q_1，…，Q_5 分别为 5 类一级指标评分项得分；Q_A 为“提高与创新”加分项得分。

3. 不足之处

《绿色建筑评价标准》（GB/T 50378—2019）强调运行实效，评价时间节点定在竣工投入使用一年后，以确保绿色技术真正落地；也强调从规划、设计到施工、运行使用，以及最终的拆除的全寿命期对建筑进行综合评价，却未见关于施工阶段的评价内容，且引用标准里也没有与绿色施工相关的标准。目前，我国与绿色施工相关的现行标准是《建筑工程绿色施工评价标准》（GB/T 50640—2010），其颁布时间比《绿色建筑评价标准》（GB/T 50378—2019）早了近 10 年，两标准如何衔接、如何共同评价，成为当前亟待解决的问题。

2.3 中英绿色建筑评价标准对比

2.3.1 指标大类对比

英国 BREEAM 2018 v3.0 体系分为管理、健康与舒适、能源、交通、水、建材、废弃物、土地利用和生态环境、污染、创新 10 个大类指标，而我国《绿色建筑评价标准》(GB/T 50378—2019)分为安全耐久、健康舒适、生活便利、资源节约、环境宜居、提高与创新 6 个大类，两个标准虽然在指标大类上有所不同，但在章节内容上有相似之处(详见表 2-3-1)。

表 2-3-1 《绿色建筑评价标准》(GB/T 50378—2019)与 BREEAM 2018 v3.0 体系框架对比

《绿色建筑评价标准》(GB/T 50378—2019)			BREEAM 2018 v3.0	
序号	指标大类	指标描述	指标大类	指标描述
1	安全耐久	安全、耐久	管理	鼓励采用可持续的项目管理，应具有设计、施工、调试、交接和安置等功能
2	健康舒适	室内空气品质、水质、声环境与光环境、室内湿热环境	健康与舒适	鼓励提高建筑使用者的健康、福祉和安全，创造一个健康、安全、舒适的建筑内外环境
3	生活便利	出行与无障碍、服务设施、智慧运行、物业管理	能源	鼓励建筑节能解决方案、系统和设备的规范和设计，以支持建筑运行期间能源的可持续使用和管理
4	资源节约	节地与土地利用、节能与能源利用、节水与水资源利用、节材与绿色建材	交通	鼓励为建筑物使用者提供公共交通和其他替代交通的解决办法。目的是奖励减少汽车出行，并因此减少道路交通拥堵和 CO_2 排放
5	环境宜居	场地生态与景观、室外物理环境	水	鼓励在建筑和场地的运行中可持续地使用水资源。特别是减少建筑全寿命期内饮用水(内部和外部)损耗的方法，并将水渗漏损失降到最低
6	提高与创新	—	建材	鼓励减少项目中使用的建筑产品对环境和社会产生的不利影响，包括建筑产品从设计、制造、采购、安装、使用和拆除全寿命期内对环境和社会产生的影响
7	—	—	废弃物	鼓励建筑在建造过程中，以及运作期间采用可持续发展的废弃物管理办法，尽量减少建造过程中产生废弃物、在全寿命期内产生废弃物、从堆填区转移废弃物等
8	—	—	土地利用和生态环境	鼓励可持续发展的土地利用和生态环境，创造和保护生物的栖息地，改善建筑场地和周边环境，以利于生物的长期多样性

续表

《绿色建筑评价标准》(GB/T 50378—2019)			BREEAM 2018 v3.0	
序号	指标大类	指标描述	指标大类	指标描述
9	—	—	污染	针对建筑所在位置，采用适合的污染预防和地表水径流控制办法，以减少光污染、噪声、地表水以及对空气、土地和水排放的污染物对建筑周围社区和环境的影响
10	—	—	创新	—

在指标大类之中较为不同的是：①BREEAM 中"水"仅考虑到室内水资源的利用、渗漏监控等方面，室外的雨水部分被收录到"污染"部分，但《绿色建筑评价标准》(GB/T 50378—2019)中则将雨水等归为水资源利用部分；②BREEAM 中的"健康与舒适"与"污染"均涉及改善光、声环境的相应处理办法，但因为运用方面不同所以进行拆分，但《绿色建筑评价标准》(GB/T 50378—2019)中室内环境考虑因素被统一归纳在"健康舒适"大类之中。

2.3.2 指标权重对比

在指标大类权重方面，通过将我国《绿色建筑评价标准》(GB/T 50378—2019)与英国 BREEAM 2018 v3.0 中对应项的得分合计与总分值相比，来进一步探究两个标准间内容侧重的差异：①BREEAM 2018 v3.0 在"健康与舒适"大类的权重较为突出，而在"交通""废弃物"的分值占比较低；②《绿色建筑评价标准》(GB/T 50378—2019)在"能源""建材"大类的权重较大，但在"废弃物"的分值占比较低；③《绿色建筑评价标准》(GB/T 50378—2019)在"能源""交通""建材"三大类的权重要低于 BREEAM 2018 v3.0，而在"健康与舒适"和"水"两大类较之 BREEAM 2018 v3.0 要高；④在"管理""污染""土地利用与生态环境""废弃物"四大类权重两个标准基本相近。具体数值详见表 2-3-2。

表 2-3-2 《绿色建筑评价标准》(GB/T 50378—2019)与 BREEAM 2018 v3.0 指标大类权重对比

指标大类	《绿色建筑评价标准》(GB/T 50378—2019)权重	BREEAM 2018 v3.0 权重
管理	11.17%	11%
健康与舒适	27.33%	14%
能源	10.00%	16%
交通	4.00%	10%
水	12.50%	7%
建材	9.83%	15%

续表

指标大类	《绿色建筑评价标准》(GB/T 50378—2019)权重	BREEAM 2018 v3.0 权重
废弃物	5.00%	6%
土地利用和生态环境	12.67%	13%
污染	7.50%	8%

英国的 BREEAM 在发展过程中逐渐形成趋于稳定的 10 个大的评价类别，且近年来的几次更新，虽对指标进行了大量修改，但评估分类并没变化；而中国的《绿色建筑评价标准》起步较晚，在评估内容方面还需不断研究与调整完善。BREEAM 更多考虑到本国的气候、文化、技术等因素，但并不意味着没有研究、借鉴价值，相反，对其指标体系进行深入研究，特别是总结评价指标在演变过程中出现的与《绿色建筑评价标准》的共性问题，对《绿色建筑评价体系》的不断完善将会提供较大的帮助。例如，在对比两个标准时发现，目前《绿色建筑评价标准》涉及“污染”与“废弃物”两大类的内容仍然较少，需进一步补充。

2.3.3 评估等级对比

如图 2-3-1 所示，英国的 BREEAM 分为六个评估等级，各等级依次得分标准为：未通过（<30 分）、通过（≥30 分）、良好（≥45 分）、优秀（≥55 分）、卓越（≥70 分）、杰出（≥85 分）；而《绿色建筑评价标准》分为四个评估等级，没有对未达标建筑分等级，但默认小于 40（全部控制项分值）为未达标等级，四个评估等级依次为基本级（≥40 分）、一星级（≥60 分）、二星级（≥70 分）、三星级（≥85 分）。两个标准的低等级得分区间差距较大，而高等级对应的分值基本相同，由此可见，《绿色建筑评价标准》与 BREEAM 对高性能的绿色建筑等级分类相似，等级定位相近。

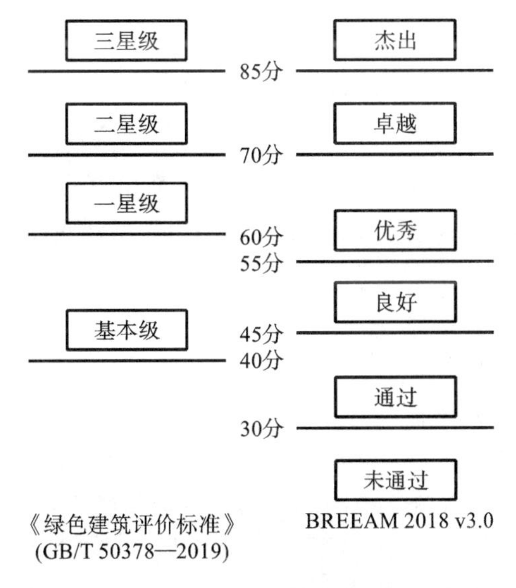

图 2-3-1 中英绿色建筑评价标准评估等级对比

2.3.4 评价计算方式对比

如表2-3-3所示，《绿色建筑评价标准》(GB/T 50378—2019)评价计算方式采用算数平均算法，最终得分为各个条文得分的累加除以10；而英国的BREEAM采用加权平均算法评分，最终得分为各章得分与对应章总分比值的总和乘以建筑的权重比值。而《绿色建筑评价标准》(GB/T 50378—2014)采用的计算方式与BREEAM类似，即对各个指标分类设定权重，各个部分的得分与权重乘积之和为最终绿色建筑评价得分。但在实施过程中却发现相同条文在不同类型建筑的权重并不统一，导致在设计过程中针对不同类型建筑，较难明确措施的侧重点，因此《绿色建筑评价标准》(GB/T 50378—2019)在计算方式上作了修改。

表2-3-3 《绿色建筑评价标准》(GB/T 50378—2019)与BREEAM 2018 v3.0计算公式对比

评价标准	计算方式	注解
《绿色建筑评价标准》(GB/T 50378—2019)	$Q=(Q_0+Q_1+Q_2+Q_3+Q_4+Q_5+Q_A)/10$	Q——总得分； Q_0——控制项基础分值，当满足所有控制项的要求时取400分； $Q_1,\cdots,Q_5$——分别为评价指标体系类指标评分项得分； Q_A——提高与创新加分项得分
BREEAM 2018 v3.0	$Q=\sum_i[W_i\times(\sum Q_i/\mathrm{Tot}_i)]$	Q——总得分； W_i——对应项目类型比重； $\sum Q_i$——i章得分总和； Tot_i——i章总分

加权平均算法的特点在于设置的权重表明了该部分内容在总体内容中的影响程度，权重越高，表明其对总体的影响越大，在每一个权数都相同的状态下加权平均数等于平均值。BREEAM 2018 v3.0的计算方式较难体现不同类型建筑之间绿色技术的侧重点，但优势在于建筑的总体绿色性能较易把控。

2.3.5 对比结论

"土地利用和生态环境"方面：我国《绿色建筑评价标准》(GB/T 50378—2019)侧重点在"土地利用"上，重视节约土地，而英国的BREEAM 2018 v3.0更侧重生态环境的评估与恢复，这由两国国情不同所致。中国的人均土地面积较少，土地的高效利用尤为重要，故而在《绿色建筑评价标准》(GB/T 50378—2019)中不仅约束项目的地上土地利用，也通过设定加分项促进对地下空间的合理利用。但英国的人均土地面积较多，并不十分需要开采和利用地下空间，故而BREEAM 2018 v3.0涉及节约土地方面的内容较少。

“建材”与“能源”方面：BREEAM 2018 v3.0 对能源与建材方面的评估是考虑其全寿命期内的碳消耗，但《绿色建筑评价标准》(GB/T 50378—2019)考虑得不太全面，导致目前中国项目在申请 BREEAM 2018 v3.0 评估时，可能会出现在建材、能源方面得分相对较低的情况。

“交通”管理方面：BREEAM 2018 v3.0 涉及这方面的内容较多，得分权重也较大，包括对项目前期的交通规划与项目管理预想等，以及到项目完成后的后期服务与可持续的交通规划。《绿色建筑评价标准》(GB/T 50378—2019)虽对项目交通的前期约束等内容也有涉及，但相对 BREEAM 2018 v3.0 得分权重设置较低，导致可能出现同一项目两个标准在这方面的评估得分差异较大。

2.4 中美绿色建筑评价标准对比

2.4.1 评估体系对比

美国 LEED v4.1 评估体系如图 2-4-1 所示。

LEED v4.1 评估体系评价类别	LEED v4.1 建筑标准
建筑设计与施工 LEED for Building Design and Construction	LEED BD+C:新建建筑（LEED BD+C:New Construction） LEED BD+C:核心与外壳（LEED BD+C:Core and Shell） LEED BD+C:数据中心（LEED BD+C:Data Centers） LEED BD+C:医疗保健（LEED BD+C:Healthcare） LEED BD+C:宾馆接待（LEED BD+C:Hospitality） LEED BD+C:零售商店（LEED BD+C:Retail） LEED BD+C:学校（LEED BD+C:Schools） LEED BD+C:仓储和配送中心（LEED BD+C:Warehouse and Distribution Centers）
	LEED BD+C:独立住宅（LEED BD+C:Homes） LEED BD+C:多户低层住宅（LEED BD+C:Multifamily Midrise）
建筑运营与维护 LEED for Building Operations and Maintenance	LEED O+M:既有建筑（LEED O+M:Existing Buildings） LEED O+M:数据中心（LEED O+M:Data Centers） LEED O+M:宾馆接待（LEED O+M:Hospitality） LEED O+M:零售商店（LEED O+M:Retail） LEED O+M:学校（LEED O+M:Schools） LEED O+M:仓储和配送中心（LEED O+M:Warehouse and Distribution Centers）
室内设计与施工 LEED for Interior Design and Construction	LEED ID+C:商业内部（LEED ID+C:Commercial Interiors） LEED ID+C:宾馆接待（LEED ID+C:Hospitality） LEED ID+C:零售商店（LEED ID+C:Retail）
社区开发 LEED for Neighborhood Development	LEED ND:社区开发计划（LEED ND:Plan） LEED ND:社区开发建造项目（LEED ND:Built Project）

图 2-4-1 美国 LEED v4.1 评估体系

2019 年的美国 LEED v4.1 评估体系几乎涵盖了各种建筑类型，覆盖了建筑的各个阶段，它将建筑划分为四大评价类别，每个类别下又包括各种建筑类型，总共有 21 部评价手册。四大类别为建筑设计与施工、建筑运营与维护、室内设计与施工及社区开发。其中，建筑设计与施工适用范围最广，也是从最早版本 LEED-NC10 延续至今的分类，包括新建建筑、核心与外壳、数据中心、医疗保健、宾馆接待、零售商店、学校和配送中心八种类型的建筑标准。

目前，我国绿色建筑评价体系除《绿色建筑评价标准》(GB/T 50378—2019)，还有针对既有建筑改造的《既有建筑绿色改造评价标准》(GB/T 51141—2015)、针对区域的《绿色生态城区评价标准》(GB/T 51255—2017)，以及对于各种建筑类型的专项评价标准，如《绿色办公建筑评价标准》(GB/T 50908—2013)、《绿色医院建筑评价标准》(GB/T 51153—2015)、《绿色商店建筑评价标准》(GB/T 51100—2015)等，如图 2-4-2 所示；此外，针对不同的地区也有各自的评价标准，如各省也基本在国标的基础上制定颁布地方标准。

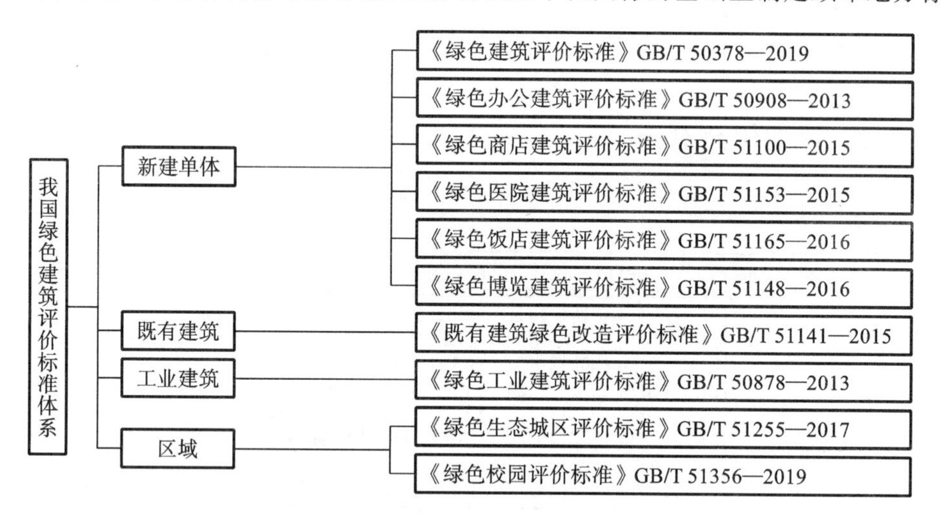

图 2-4-2 目前我国绿色建筑评价标准体系[12]

2.4.2 指标大类对比

美国的 LEED v4.1 评估体系在评价标准指标大类的构成上与 LEED v4.0 无异。以 LEED v4.0-BD+C 为例，BD+C 下的八个类别(新建建筑、核心与外壳、数据中心、医疗保健、宾馆接待、零售商店、学校、仓储和配送中心)评价标准包含的指标大类及分项内容基本相似，指标大类都采用“6+2”，即“选址与交通”“可持续场址”“用水效率”“能源与大气”“材料与资源”“室内环境质量”，再加上“创新”与“地域优先”。但在不同类型建筑中某些项是作为“必须项”还是“评分项”有所区别，针对不同类型的建筑，每项分值大小(代表了权重)也有所不同。指标大类及其权重可作为评价绿色建筑标准的第一个层级，它直接反映该标准的核心理念、评价方向和指标重要性的差异，其设定和确立与评价阶段、建筑类型、评价尺度、地域等多方面因素相关。

如图 2-4-3 所示，我国《绿色建筑评价标准》(GB/T 50378—2014)在指标大类设置上很大程度上与美国的LEED相似，但在施工与运营管理方面就不太明确。《绿色建筑评价标准》(GB/T 50378—2014)单独列出两章，即“施工管理”与“运营管理”，但在《绿色建筑评价标准》(GB/T 50378—2019)中，原“运营管理”大部分内容调整到“生活便利”部分，而“施工管理”除一条条文调整到“提高与创新”外，几乎整章内容被删，施工阶段的绿色管理还有待补充、加强。建筑物从规划设计到施工，再到运行使用及最终的拆除的整个过程，应该被绿色建筑的评价全面覆盖。美国LEED v4.1虽没有将“施工管理”作为单独的指标大类，但把施工阶段应注意的事项渗透到每个指标大类的相关内容里。而对于“运营管理”，LEED有专门的建筑运营与维护阶段的绿色建筑评价标准(LEED for Building Operations and Maintenance)。我国《绿色建筑评价标准》(GB/T 50378—2019)把2014年版的“运营管理”有关内容调整到新的指标大类之中，且竣工后才进行评价，有效保证运营阶段的绿色管理。

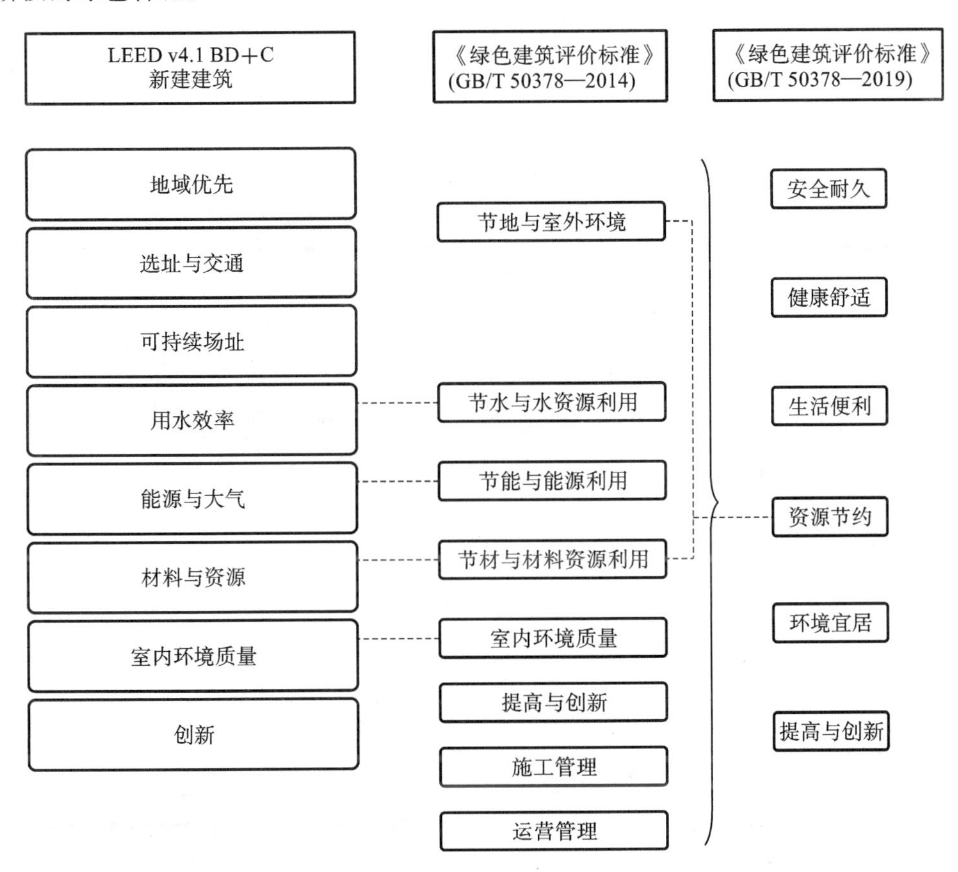

图 2-4-3　我国《绿色建筑评价标准》与美国 LEED v4.1 指标大类对比

2.4.3　指标权重对比

我国《绿色建筑评价标准》(GB/T 50378—2019)取消了前一版的各类指标评分项的不同权重值。所有章权重系数均为0.1。基本级及以上等级的绿色建筑在控制项上必须得满分400分。其余各章在预评价和评价时的分值见表2-4-1。除“资源节约”章满分为

200 分外，其他各章满分为 100 分。“资源节约”章指标包含了节地、节能、节水、节材的相关内容，故该部分的总分值高于其他指标。另“生活便利”章中“物业管理”小节为建筑项目投入运行后的技术要求，因此预评价时的“生活便利”的满分值比评价时的低。

表 2-4-1 《绿色建筑评价标准》(GB/T 50378—2019)各指标评价分值

	控制项基础分值	评价指标评分项满分值					提高与创新加分项满分值
		安全耐久	健康舒适	生活便利	资源节约	环境宜居	
预评价分值	400	100	100	70	200	100	100
评价分值	400	100	100	100	200	100	100

美国 LEED 自 LEED v2009 引入了权重的概念，尝试通过各个指标的分值体现其权重，到 LEED v4.1 也沿用此方式。上面已提到，美国 LEED 对于不同类型的建筑各指标的权重有所差异，这里借助图 2-4-4，以新建建筑为例，让大家初步了解 LEED 各指标评价所占的分值。

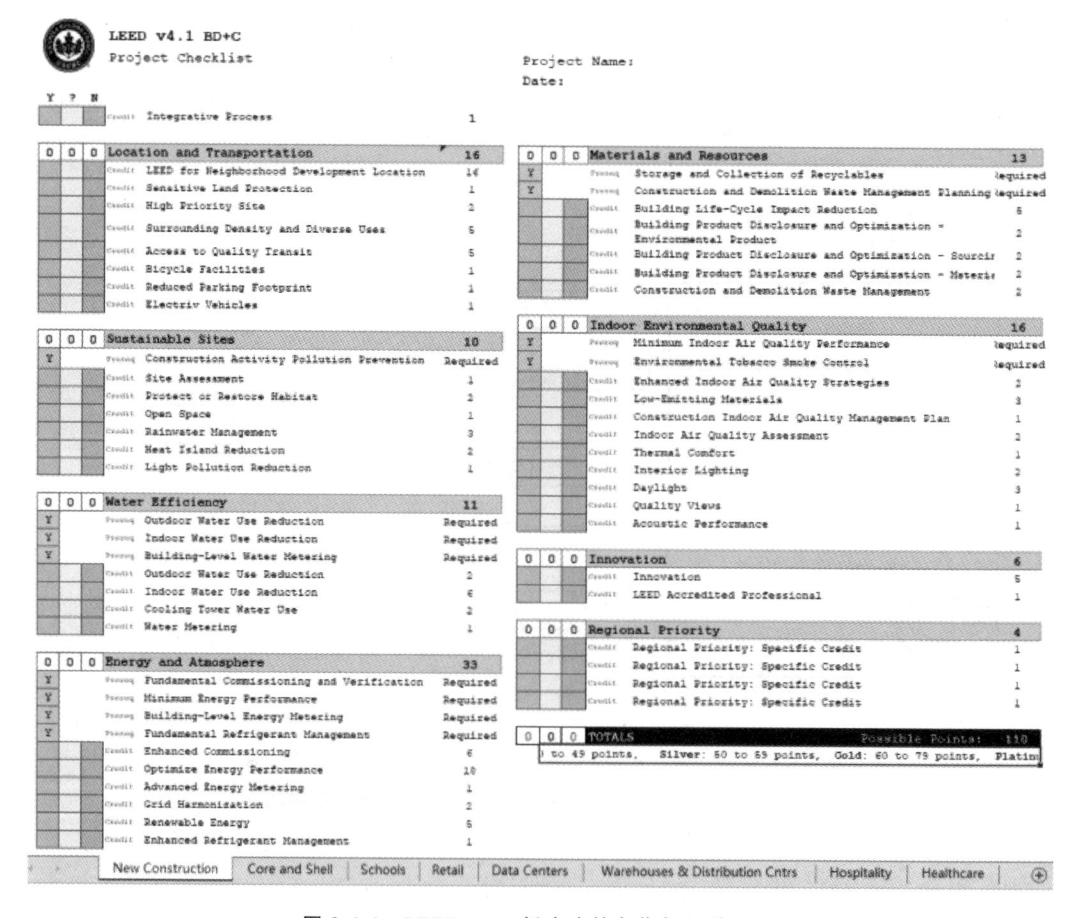

图 2-4-4 LEED v4.1 新建建筑各指标评价分值

(图片来源：美国 USGBC 官网 https//www.usgbc.org)

2.4.4 评价等级对比

我国《绿色建筑评价标准》(GB/T 50378—2019)将绿色建筑划分为基本级、一星级、二星级、三星级四个等级。当满足全部控制项要求时,绿色建筑等级为基本级。在满足全部控制项要求的基础上,每类指标的评分项得分不应小于其评分项满分值的30%;且一星级、二星级、三星级三个等级的绿色建筑均应进行全装修,全装修工程质量、选用材料及产品质量应符合国家现行有关标准的规定。在此基础上当总得分分别达到60分、70分、85分且满足相应技术要求时,绿色建筑等级分别为一星级、二星级、三星级,如图2-4-5所示。此外,在评价定级上,我国的《绿色建筑评价标准》(GB/T 50378—2019)增加了一个"基本级";美国的LEED在认证分级中,除铂金级、金级、银级之外还有"认证级",如图2-4-6所示;国际上主流的其他绿色建筑评价标准都有类似基本级的一个等级,增加"基本级"便于与其他国家认证时交流,也利于将我国《绿色建筑评价标准》(GB/T 50378—2019)推向世界。

图 2-4-5 《绿色建筑评价标准》(GB/T 50378—2019)评分等级与对应的评分标准

图 2-4-6 LEED评分等级与对应的评分标准

(图片来源:https://zhuanlan.zhihu.com/p/205596232? utm_source=wechat_session)

2.4.5 认证商业化对比

美国的LEED认证最重要的优势在于其具有的商业价值,它借助一整套商业化的经营模式来持续完善、推广其评估体系。对采用LEED认证的建筑项目,市场认可度会较高,如采用LEED认证的房屋在出租时能获得更多人的青睐、更高的租金,这将激励开发商开发采用LEED认证的项目。

一直以来，我国的绿色建筑认证与开发商和使用者的联系很少，导致开发商和使用者对绿色建筑认证认识不足，绿色建筑的认证主要靠政府推动，市场意识薄弱，没有形成有力的商业互动。为此，《绿色建筑评价标准》(GB/T 50378—2019)已尝试做出改变，新标准构建以市场为导向的绿色技术创新体系，健全低碳循环发展的经济体系，推进资源全面节约和循环利用，实现生产系统和生活系统循环链接，倡导简约适度、绿色低碳的生活方式等。但与美国 LEED 相比，我国绿色建筑认证的商业化、市场化程度还存在不小差距，有待今后依据国情进一步加强。

3 建筑建模

建筑模型包含建筑所有墙体、门窗、幕墙、天花板、结构柱、结构板、屋顶等构件，单体建模以创建体量的方式观察、研究和分析单体建筑尺度上的各种构件的相互关系。选项卡切换到“单体建模”（见图 3-0-1），其中包括提取导入、单体建筑、单体基准、构件、房间设置和材料。

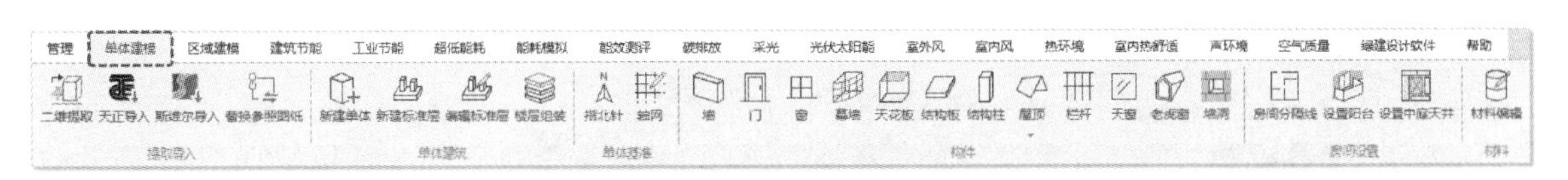

图 3-0-1 “单体建模”选项卡

3.1 二维提取与三维导入

若已经创建好了图纸，可以直接使用图纸转成三维模型，软件提供二维提取与三维导入两种方式，导入的图纸均为. dwg 格式。

3.1.1 二维提取

二维提取的原理是将相同图层的内容转换成三维构件，所以在进行二维提取之前，需要先保证图纸的图层无误，若图纸中有块，需要先将其分解（快捷键 X），再进行提取。

二维提取，操作步骤如下：

Step 1. 点击“单体建模”选项卡→“提取导入”面板→“二维提取”按钮，右侧面板会弹出“提取导入”面板，如图 3-1-1 所示；

Step 2. 点击“打开参照图纸”按钮，在弹出的“文件管理器”中选择一个. dwg 格式的图纸；

Step 3. 点击“参数设置”按钮，根据图纸特点合理设置；

Step 4. 按面板提示依次提取指北针、门窗表、结构柱、墙、门窗、幕墙、房间名称等内容；

Step 5. 点击“转换标准层”按钮，将同一层的构件框选转换。

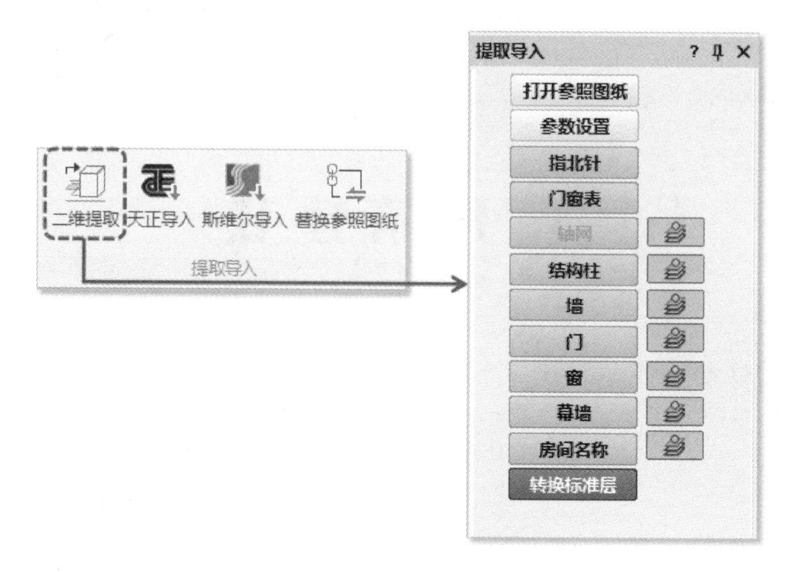

图 3-1-1 二维提取

1. 参数设置

点击“参数设置”按钮，会弹出“转图参数”界面，如图 3-1-2 所示。

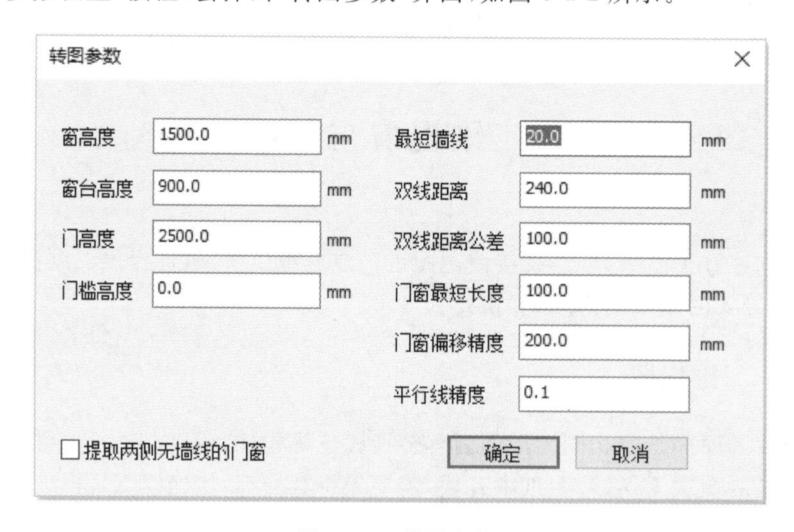

图 3-1-2 转图参数

(1) 高度设置

二维图纸不包含高度信息，所以在此处统一对窗高度、窗台高度、门高度、门槛高度进行设置。

(2) 长度设置

此处可设置最短墙线、门窗最短长度。

(3) 精度设置

此处可设置墙体厚度、门窗偏移精度、平行线精度等。

(4) 两侧无墙线的门窗

在墙体提取之后，才能提取门窗，此功能考虑到某一侧是柱的门窗，勾选后，可提取这种类型的门窗。

2. 转换标准层

在转换标准层之前，建议先检查一遍是否所有图元构件都已提取。转换标准层操作步骤如下：

Step 1. 根据左下角提示，框选一层的范围，需把要转换的构件框选在内；

Step 2. 根据提示点击基点，建议以 A 轴和 1 轴的交点作为基点；

Step 3. 根据提示输入该层层高，此处单位为 mm；

Step 4. 根据提示可继续框选下一层，重复第 1～3 步；

Step 5. 框选完所有标准层后，点击鼠标右键（或按回车键/空格键），软件会生成标准层和对应的构件，可以在项目浏览器中切换视图进行查看。

3. 按图层绘制

在提取图纸的过程中，若某一构件需要补充绘制，可以使用该构件按钮右侧的图层命令（见图 3-1-3）手动绘制该构件的提取线。

比如模型中通过图层提取还缺少某段墙的提取线，可以点击墙右侧的图层按钮，在绘图区域中绘制线段，该线段会自动变成墙的提取线，接着点击“转换标准层”按钮就可以直接将这段墙进行转换了。

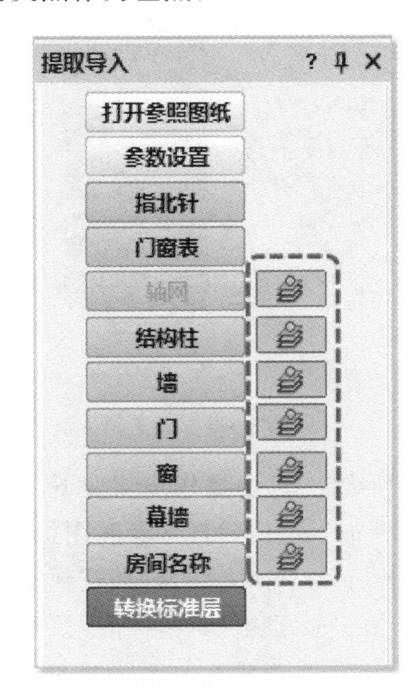

图 3-1-3 补充提取线

3.1.2 天正导入

若有天正软件制作的三维图纸，可以导入软件直接生成三维模型。点击“天正导入”按钮后，右侧会出现“提取导入”面板（见图 3-1-4），软件会提示识别插件成功，此时就可以导入图纸提取信息了。

天正导入，操作步骤如下：

Step 1. 点击“打开参照图纸”按钮；

Step 2. 待“文件管理器”弹出后，选择要导入的. dwg 图纸（T5 以上的图纸）；

Step 3. 点击“转换标准层”按钮进行标准层转换；

Step 4. 若转换后有柱未被提取，可点击“补充提柱”按钮进行补充；

Step 5. 若转换后有房间名未被提取，可点击“补充提房间名”按钮进行补充；

Step 6. 若导入的图纸是天正节能创建的，可以点击“一键提取”按钮，直接提取模型。

需注意，导入的图纸需要是天正三维 T5 以上版本的图纸；很遗憾，浩辰 CAD 所有版本和中望 CAD 2022 暂不支持使用此功能。可以将 T5 图纸转换成 T3 图纸，用“二维提取”功能进行提取，“二维提取”是支持所有版本 CAD 的。

3.1.3 斯维尔导入

若有斯维尔软件制作的三维图纸，软件也支持直接导入生成三维模型。点击“斯维尔导入”按钮后，右侧会出现“提取导入”面板（见图 3-1-5），软件会提示识别插件成功，此时就可以导入图纸提取信息了。

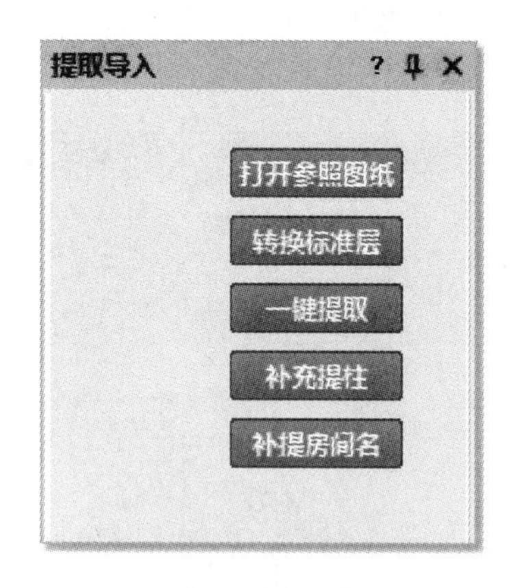

图 3-1-4 天正导入

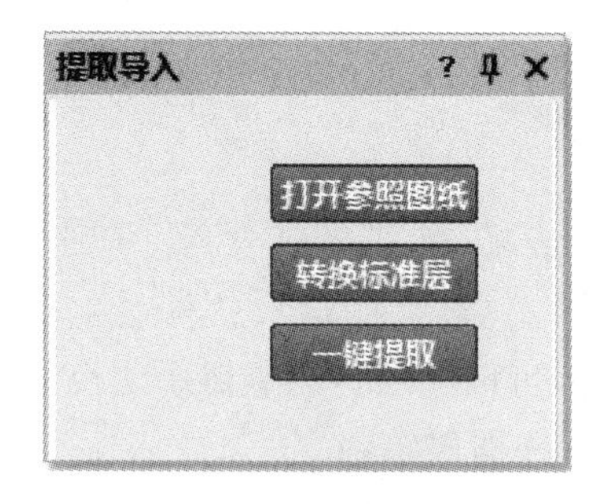

图 3-1-5 斯维尔导入

斯维尔导入，操作步骤如下：

Step 1. 点击“打开参照图纸”按钮；

Step 2. 待“文件管理器”弹出后，选择要导入的斯维尔图纸；

Step 3. 点击“转换标准层”按钮进行标准层转换；

Step 4. 若导入的图纸是斯维尔节能创建的，可以点击“一键提取”按钮，直接提取模型。

需注意，“天正导入”和“斯维尔导入”是两个互斥的功能，若已经点击过“天正导入”，该模型则无法再加载“斯维尔导入”的插件，需要重启软件。很遗憾，浩辰 CAD 所有版本和 CAD 2017 及以上版本暂不支持导入斯维尔模型。

3.1.4 替换参照图纸

无论是二维提取还是三维导入，若图纸有改动，需要替换，均可点击“单体建模”选项卡→“提取导入”面板→“替换参照图纸”按钮（见图 3-1-6），重新选择图纸。

图 3-1-6 替换参照图纸

3.2　单体建模

3.2.1　新建单体

软件支持一个项目(.bdls 文件)中含有多个单体模型,软件默认提供一个单体建筑,一个区域建筑,可以新建多个单体建筑。新建单体建筑有两种方式。

1. 点击"新建单体"按钮

点击"单体建模"选项卡→"单体建筑"面板→"新建单体"按钮(见图 3-2-1),即可新建一个单体建筑,新建的单体会自动命名成建筑 1、建筑 2……以此类推。新建后会出现在项目浏览器中,可以在项目浏览器中进行重命名和删除。

图 3-2-1　新建单体

2. 在项目浏览器中点击"新建"按钮

在项目浏览器中点击"新建"按钮(见图 3-2-2),即可新建一个单体建筑。

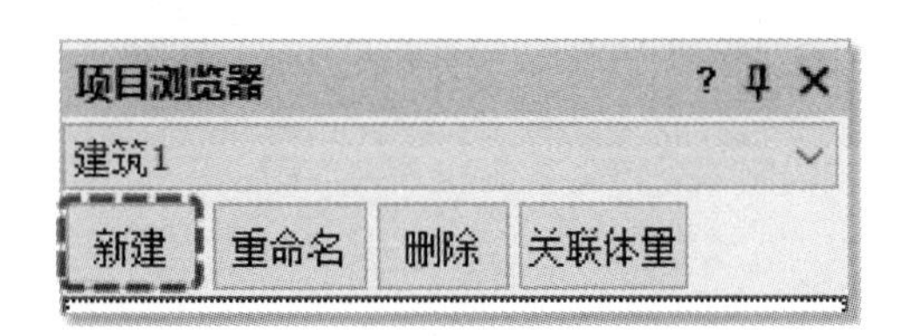

图 3-2-2　在项目浏览器中点击"新建"按钮

3.2.2　新建标准层

标准层由范围框、基点、层高、指北针等基本要素组成,在创建构件之前,需要至少有一个标准层来承载这些构件。点击"单体建模"选项卡→"单体建筑"面板→"新建标准层"按钮(见图 3-2-3)即可新建一个标准层,新建的标准层会以标准层 1 开始顺序命名。

新建标准层,操作步骤如下:

Step 1. 点击"单体建模"选项卡→"单体建筑"面板→"新建标准层"按钮;

Step 2. 根据提示,框选标准层的范围;

Step 3. 根据提示,点击基点,此处基点可以任意点击一点,后续添加上构件后再移动;

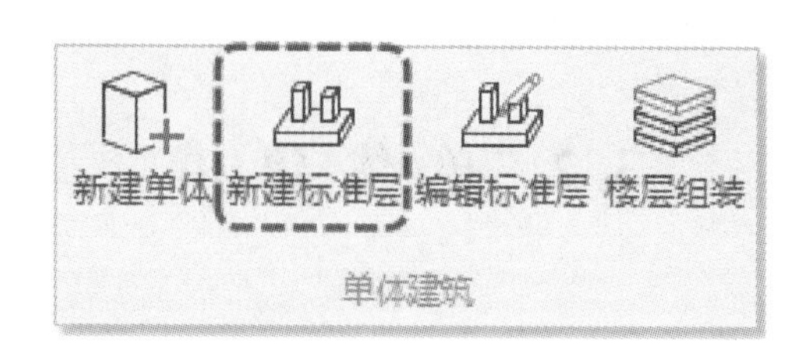

图 3-2-3　新建标准层

Step 4. 根据提示输入该层层高，此处单位为 mm；

Step 5. 按空格键（或者按回车键，或者点击鼠标右键）表示确认，完成标准层的创建。

3.2.3　编辑标准层

点击“单体建模”选项卡→“单体建筑”面板→“编辑标准层”按钮，会弹出“编辑标准层”界面（见图 3-2-4），可以对当前项目浏览器所显示的单体建筑所有的标准层进行修改、复制和删除等操作。

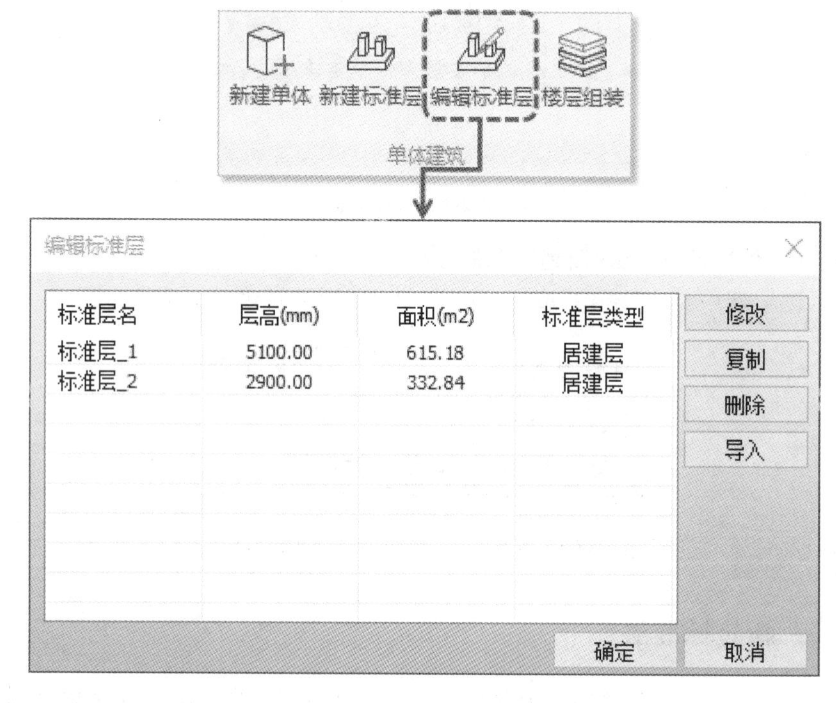

图 3-2-4　编辑标准层

需注意，若所选标准层已经进行楼层组装，则不能对该标准层进行修改和删除操作。

3.2.4　楼层组装

创建完所有标准层后，需要将标准层组装成一栋建筑，点击“单体建模”选项卡→“单体建筑”面板→“楼层组装”按钮，会弹出“楼层组装”界面，如图 3-2-5 所示。界面左边是楼层列表，右边是三维示意图，点击其中一层，对应的三维示意图会高亮显示。若没有在标准层中创建楼板和屋顶，待楼层组装后，软件会自动根据房间生成楼板和屋顶。

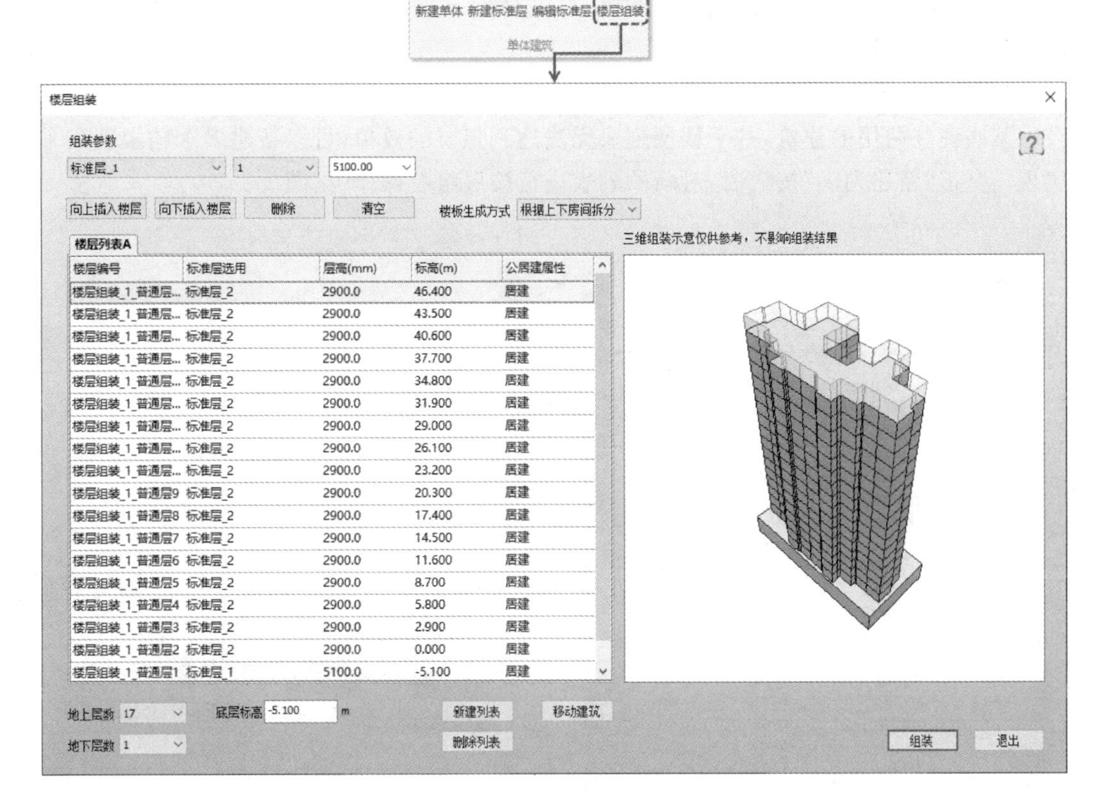

图 3-2-5　楼层组装

楼层组装，操作步骤如下：

Step 1. 点击“单体建模”选项卡→“单体建筑”面板→“楼层组装”按钮；

Step 2. 在“组装参数”中选择标准层和层数(默认为 1)，输入层高；

Step 3. 点击“向上插入楼层”或者“向下插入楼层”(默认起始标高为±0)；

Step 4. 继续选择标准层插入，可以点击列表中的某一层，向上插入或向下插入；

Step 5. 插入标准层后，点击“组装”按钮，即可完成楼层组装。

此外，可以选中楼层列表中的某层点击“删除”按钮，即可将该层删除，但不会影响到标准层中的内容。若遇到有地下室的建筑(使用方法见“1. 建地下室”)，底层标高会根据地下室底部标高显示；若遇到商住两用的复合建筑，可以创建多个楼层列表进行组装(见“2. 建多个楼层列表”)。

1. 建地下室

建地下室有两种方式。

①方法一：在组装第一层时，直接点击“向下插入楼层”，软件会以±0 往下组装所选的标准层，以创建地下室，底层标高亦会根据实际情况自动修改。若有多层地下室，则须

按照地下一层、地下二层……的顺序依次向下插入。建议有多层地下室的建筑，按照方法二来操作。

②方法二：所有标准层都“向上插入楼层”，需注意，楼层必须是从下至上依次操作，插入楼层后，在楼层列表下方的地下层数下拉，选择地下室的层数，软件会自动计算底层标高和各个楼层的标高。

2. 建多个楼层列表

某些商住两用的建筑，一个楼层列表无法达到想要的效果，可以新建多个楼层列表来实现。点击“新建列表”按钮后，对新的列表进行楼层组装操作（见图 3-2-6）。

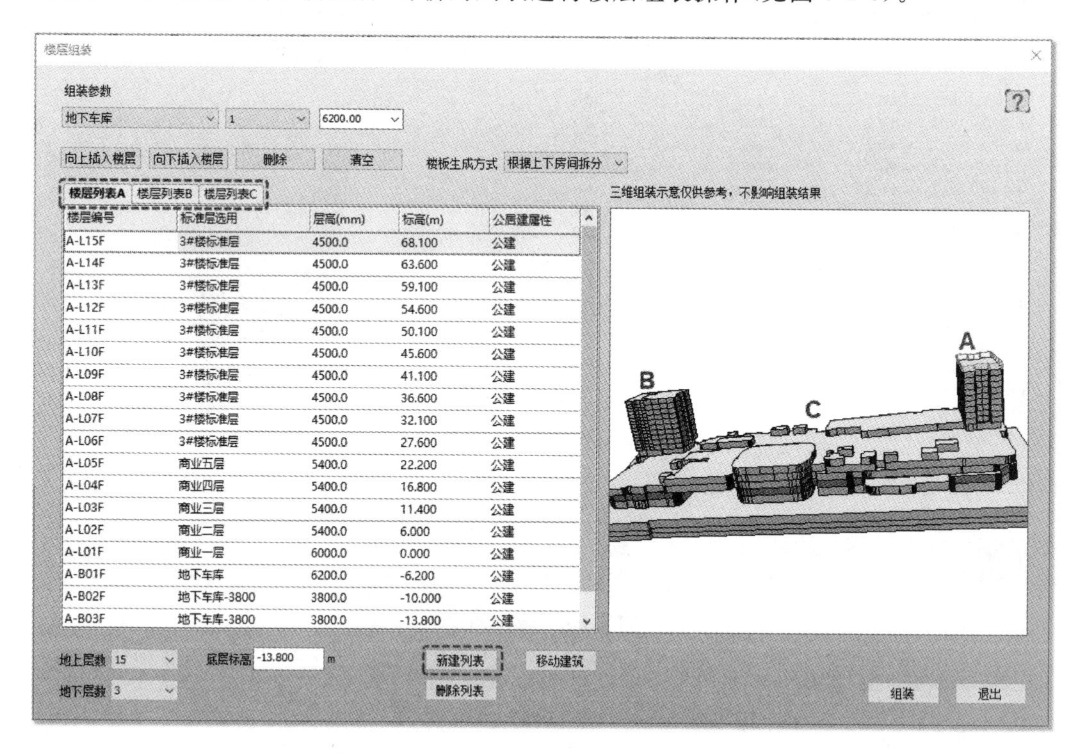

图 3-2-6 新建列表

3.2.5 指北针

指北针用于指示北方方位，其设置会影响与方位有关的计算、分析。点击“单体建模”选项卡→“单体基准”面板→“指北针”按钮，右侧会弹出“创建指北针”面板，创建方式有绘制和输入角度。

1. 绘制

操作步骤如下：

Step 1. 点击“单体建模”选项卡下的“指北针”；

Step 2. 在右侧工具面板，选择创建方式为“绘制”，如图 3-2-7 所示；

Step 3. 在绘图区域单击以点取指北针的起点；

Step 4. 在绘图区域单击以点取指北针终点，完成指北针绘制。

2. 输入角度

操作步骤如下：

Step 1. 点击“单体建模”选项卡下的“指北针”；

Step 2. 在右侧工具面板，选择创建方式为“输入角度”；

Step 3. 选择方向，输入角度值，如图 3-2-8 所示；

Step 4. 点击右下角的“应用”，新的指北针将取代单体模型中的默认指北针。

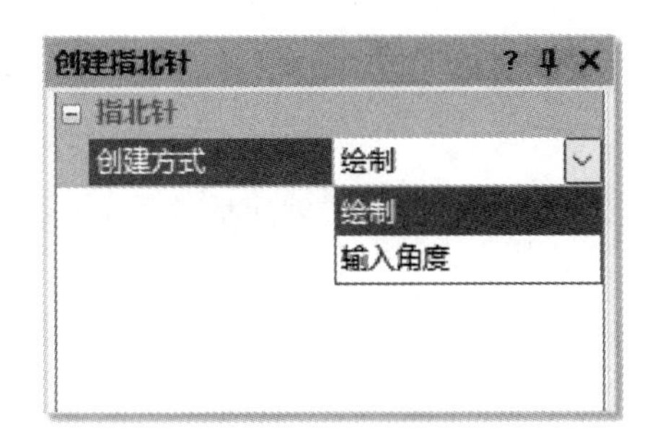

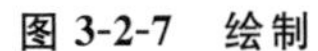

图 3-2-7 绘制

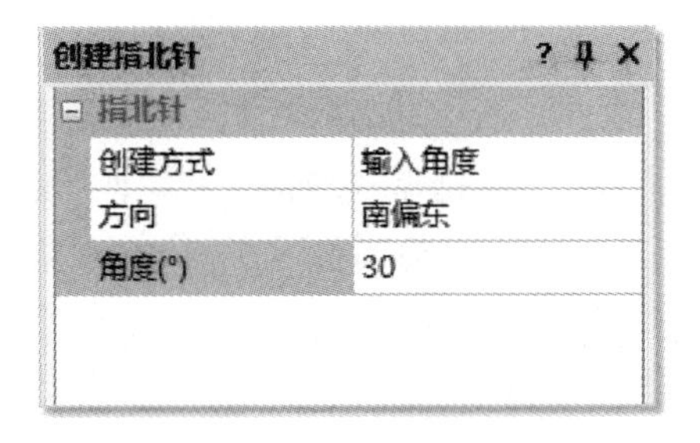

图 3-2-8 输入角度

3.2.6 轴网

轴网在建筑设计中起到辅助定位的作用，主要由轴线、轴号组成。点击“单体建模”选项卡→“单体基准”面板→“轴网”按钮，右侧会弹出“创建轴网”面板（见图 3-2-9），标注方式可以选择单侧或双侧，默认轴号为 A，可以手动修改。

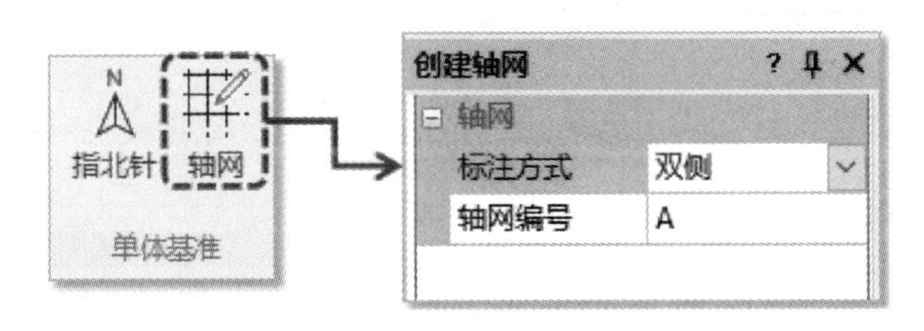

图 3-2-9 创建轴网

创建轴网，操作步骤如下：

Step 1. 点击“单体建模”选项卡→“单体基准”面板→“轴网”按钮；

Step 2. 在右侧工具面板，选择标注方式、输入轴网编号；

Step 3. 在绘图区域单击指定直线轴线的起点，按“A”可以切换为绘制圆弧轴线；

Step 4. 在绘图区域再次单击指定轴线的终点；

Step 5. 按 Esc 键（空格键 / 回车键）或点击鼠标右键，完成轴线的绘制；

Step 6. 可以继续绘制（重复第 3～5 步）或者按 Esc 键结束轴网绘制，此时创建面板会关闭。

3.3　各类构件建模

建模方式除了直接从图纸中提取以外，软件还提供手动创建的方式，“单体建模”选项卡下的构件功能组中几乎包括建筑物的所有构件。绘制构件的前提是需要创建一个标准层(参见 3.2.3 节)。

3.3.1　墙

点击“单体建模”选项卡→“构件”面板→“墙”按钮，右侧会弹出“创建墙体”面板，如图 3-3-1 所示。可以绘制普通直墙、弧形墙和斜墙。

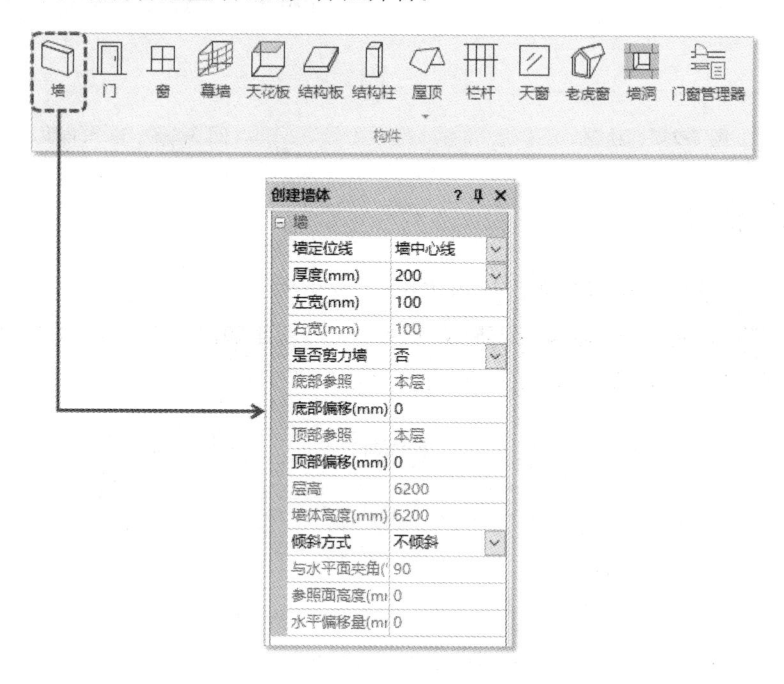

图 3-3-1　创建墙体

1. 绘制普通直墙

操作步骤如下：

Step 1. 点击“单体建模”选项卡→“构件”面板→“墙”按钮；

Step 2. 在“创建墙体”面板中设置墙定位线、墙体厚度、剪力墙属性、底部和顶部的偏移值(默认为 0)等内容；

Step 3. 在绘图区域单击指定墙体的起点，根据左下角提示，可以切换成矩形、圆弧形等形状绘制；

Step 4. 在绘图区域再次单击指定墙体的终点(或者转折点)，软件提供连续绘制墙体(上一段终点是下一段的起点)；

Step 5. 按 Esc 键(空格键 / 回车键)或点击鼠标右键,完成该墙体的绘制;

Step 6. 可继续绘制(重复第 3～5 步)或者按 Esc 键结束墙体绘制,此时创建面板会关闭。

需注意,左宽是墙体定位线与墙左边缘的距离,默认值为 100 mm,可输入左宽数值,墙体定位线将改变;右宽＝厚度－左宽,根据厚度和左宽进行自动计算,无法修改。墙体默认为填充墙,修改其剪力墙属性后,在“材料编辑”中软件会将其判断为剪力墙。

2. 绘制斜墙

操作步骤如下:

Step 1. 点击“单体建模”选项卡→“构件”面板→“墙”按钮;

Step 2. 在“创建墙体”面板中下拉“倾斜方式”,选择“角度控制”,如图 3-3-2 所示;

Step 3. 输入与水平面夹角值;

Step 4. 其余操作与绘制垂直墙一致。

需注意,与水平面的夹角是顺时针的,如图 3-3-3 所示。

图 3-3-2　绘制斜墙

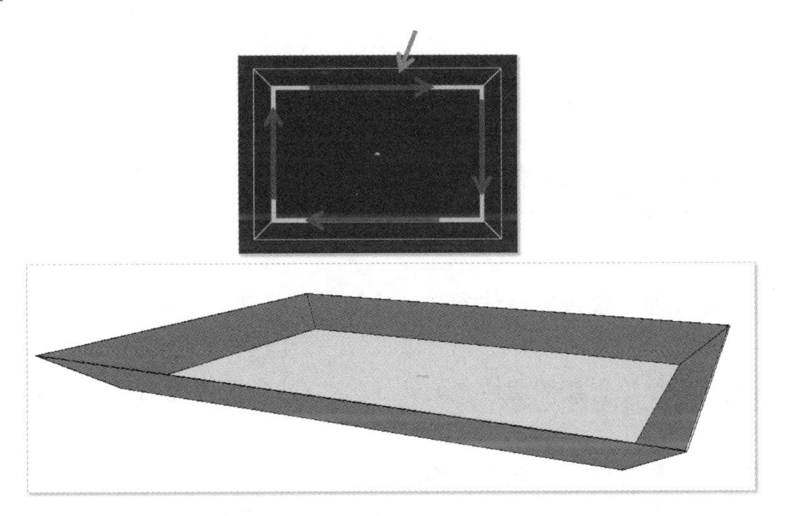

图 3-3-3　夹角

(彩图见二维码)

3. 其他操作

选中墙体后点击鼠标右键,可以对墙体进行更多操作(见图 3-3-4)。

(1) 延伸至屋顶或楼板

将选中的墙体延伸至指定的屋顶或楼板下方,超出屋顶或楼板的墙体部分将被剪切,如图 3-3-5 所示。

图 3-3-4　选中墙体后点击鼠标右键弹出的选项

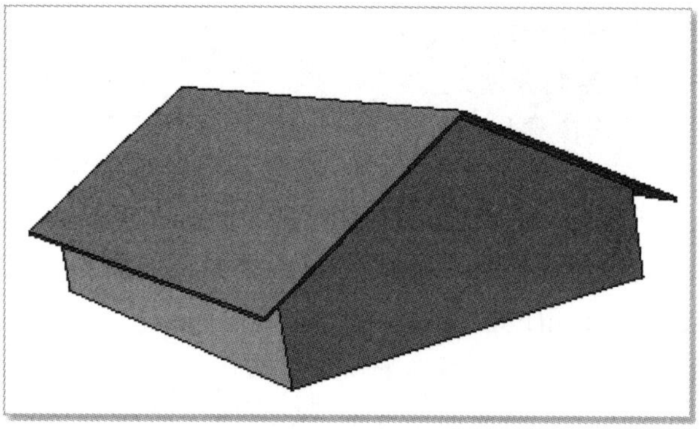

图 3-3-5　延伸至屋顶

（2）取消延伸

取消已延伸至屋顶或楼板的墙体的延伸效果。

（3）拆分墙体

将选中的墙体在指定的位置打断、拆分为两段。需注意，被拆分的墙体上已有的门窗会因墙体的拆分消失，所以建议在布置门窗前进行墙体的拆分。

（4）墙转幕墙

将选中的墙体在原位置按照墙体参数转换为默认样式的幕墙。

（5）墙转栏杆

将选中的墙体在原位置按照墙体参数转换为栏杆，且围合成的房间变为阳台。

（6）属性

点击“属性”选项后右侧面板弹出墙属性。

墙属性包含基本参数、几何参数、材料节能信息、热桥信息和朝向，如图 3-3-6 所示。其中，灰显的参数无法直接在属性中进行修改；黑色的参数能修改后按回车键，该构件会根据属性参数直接变化。

3.3.2　门

点击“单体建模”选项卡→“构件”面板→“门”按钮，右侧会弹出“创建门”面板（见图 3-3-7），可以在墙体或者幕墙上创建门，软件会自动开门洞。

模型属性	
外墙(1个)	
基本参数	
所属楼层	标准层2
高度(mm)	同层高
剪力墙	否
女儿墙	否
墙的有效性	是
倾斜角度	0.00
ID	EW02249
基高(mm)	同层标高
几何参数	
厚度(mm)	200
长度(mm)	14820.00
左宽(mm)	100.00
右宽(mm)	100.00

外墙材料节能信息	
构造名称	填充墙9
传热系数	0.32
热惰性指标	4.73
保温材料类型	岩棉板
保温材料厚度	80.00
外墙材料热桥信息	
热桥框架柱	框架柱8
热桥框架柱面积	0.00
热桥梁	热桥梁9
热桥梁面积	5.56
热桥过梁	热桥过梁9
热桥过梁面积	0.00
热桥楼板	热桥楼板9
热桥楼板面积	1.75
防火隔离带	防火隔离带10
防火隔离带面积	0.00
朝向	
所属朝向	西
立面名称	--

图 3-3-6 墙属性

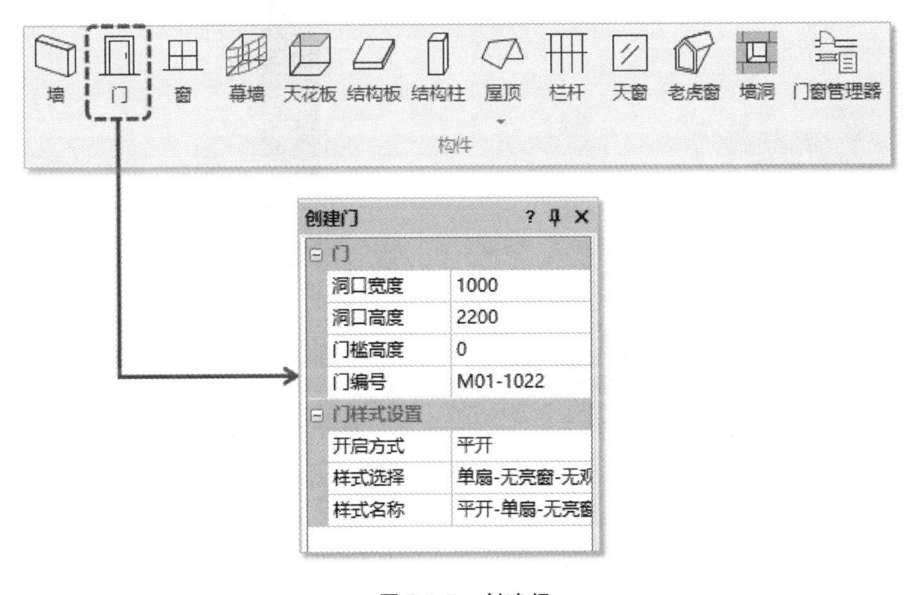

图 3-3-7 创建门

1. 绘制门

操作步骤如下：

Step 1. 点击“单体建模”选项卡→“构件”面板→“门”按钮；

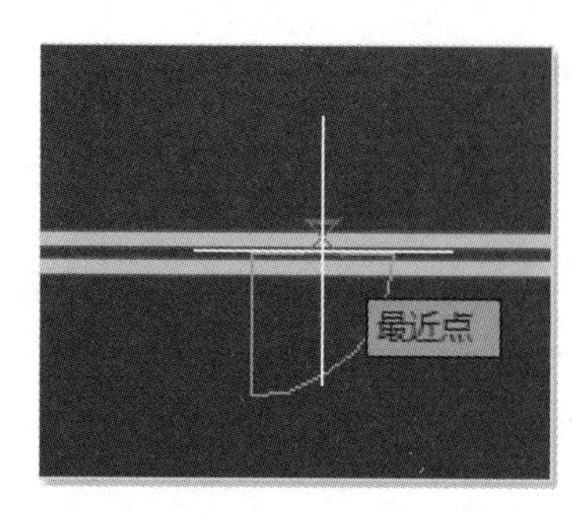

图 3-3-8　门图例

Step 2. 在“创建门”面板中设置门的洞口宽度、洞口高度、门槛高度以及门样式；

Step 3. 将鼠标移动到墙构件上，会显示门的图例（见图 3-3-8）；

Step 4. 单击以插入门；

Step 5. 可继续绘制门或者按 Esc 键退出绘制状态，此时右侧创建面板会自动关闭。

2. 门样式设置

操作步骤如下：

Step 1. 选择开启方式；

Step 2. 点击样式名称后的设置按钮[...]，会弹出“门样式设置”界面（见图 3-3-9）；

Step 3. 在“门样式设置”界面中可以修改门的样式名称、开启方式、门扇数量、门框宽度、门框高度、门框厚度等相关参数；

Step 4. 设置好后点击“确定”按钮。

门样式设置
样式名称　平开-双扇-无亮窗-无观察窗
开启方式　平开
门扇数量　双扇
门框宽度　30 mm
门框高度　30 mm
门框厚度　30 mm
门扇可开启角度　90 (0-90)
门扇可开启比例　50 (0-100)
亮窗　无
亮窗高度　300 mm
亮窗开启方式　左平开
亮窗可开启角度　45 °
当前选择门扇　1
门扇是否透明　否
观察窗　无
观察窗宽度　150 mm
观察窗高度　1000 mm
观察底高度　800 mm
与开启侧距离　150 mm
确定　取消

图 3-3-9　门样式设置

3. 其他操作

选中门后点击鼠标右键，可以对门进行更多操作（见图 3-3-10）。

（1）翻转开启方向

点击“翻转开启方向”选项后翻转门的内外开启方向。

（2）门窗转换

将所选择的门，在原位转换为相同几何尺寸的窗。

(3) 显示编号

勾选后在平面视图显示门的编号。

(4) 属性

点击后右侧面板弹出门属性。

门属性包含基本参数、样式参数、节能参数和透明部分设置，如图 3-3-11 所示。其中，灰显的参数无法直接在属性中进行修改；黑色的参数能修改后按回车键，该构件会根据属性参数直接变化。

图 3-3-10 选中门后点击鼠标右键弹出的选项

图 3-3-11 门属性

3.3.3 窗

点击“单体建模”选项卡→“构件”面板→“窗”按钮，右侧会弹出“创建窗”的面板（见图 3-3-12），可以在墙体或者幕墙上创建窗，软件会自动开窗洞。

1. 绘制窗

操作步骤如下：

Step 1. 点击“单体建模”选项卡→“构件”面板→“窗”按钮；

Step 2. 在“创建窗”面板中设置窗的宽度、高度、窗台高度以及窗样式；

Step 3. 将鼠标移动到墙构件上，会显示窗的图例（见图 3-3-13）；

Step 4. 单击以插入窗；

Step 5. 可继续绘制窗或者按 Esc 键退出绘制状态，此时右侧创建面板会自动关闭。

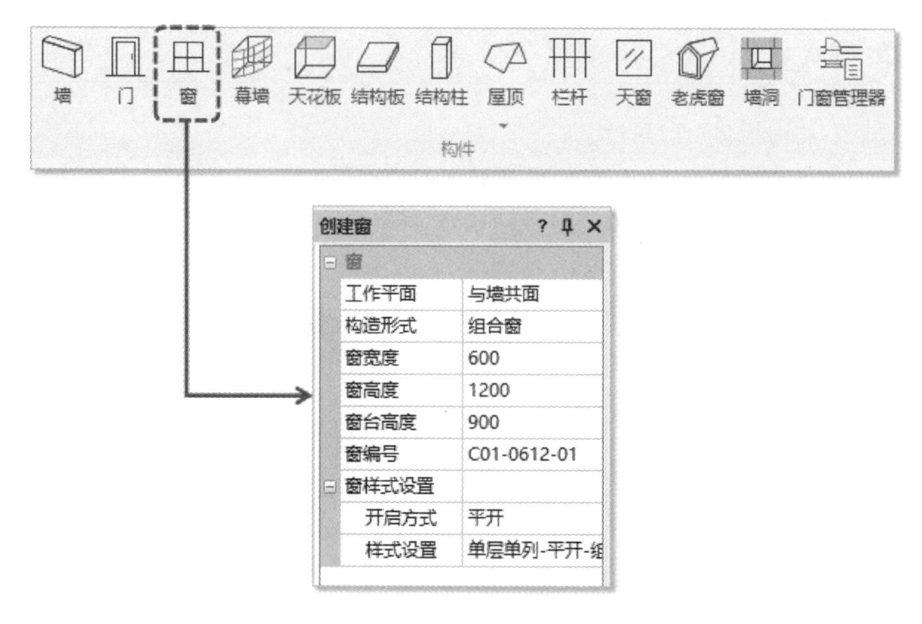

图 3-3-12　创建窗

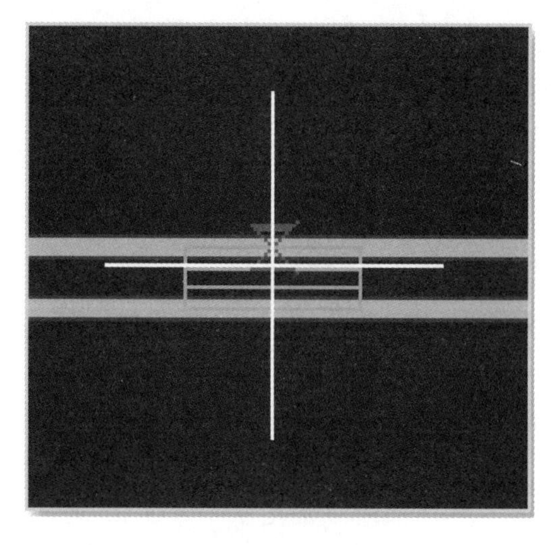

图 3-3-13　窗图例

2. 窗样式设置

操作步骤如下：

Step 1. 选择开启方式；

Step 2. 点击样式名称后的设置按钮[...]，会弹出“窗样式设置”界面(见图 3-3-14)；

Step 3. 在“窗样式设置”界面中可以修改窗的开启方式、样式名称、窗框宽度、窗框高度、窗框厚度等相关参数；

Step 4. 设置好后点击“确定”按钮。

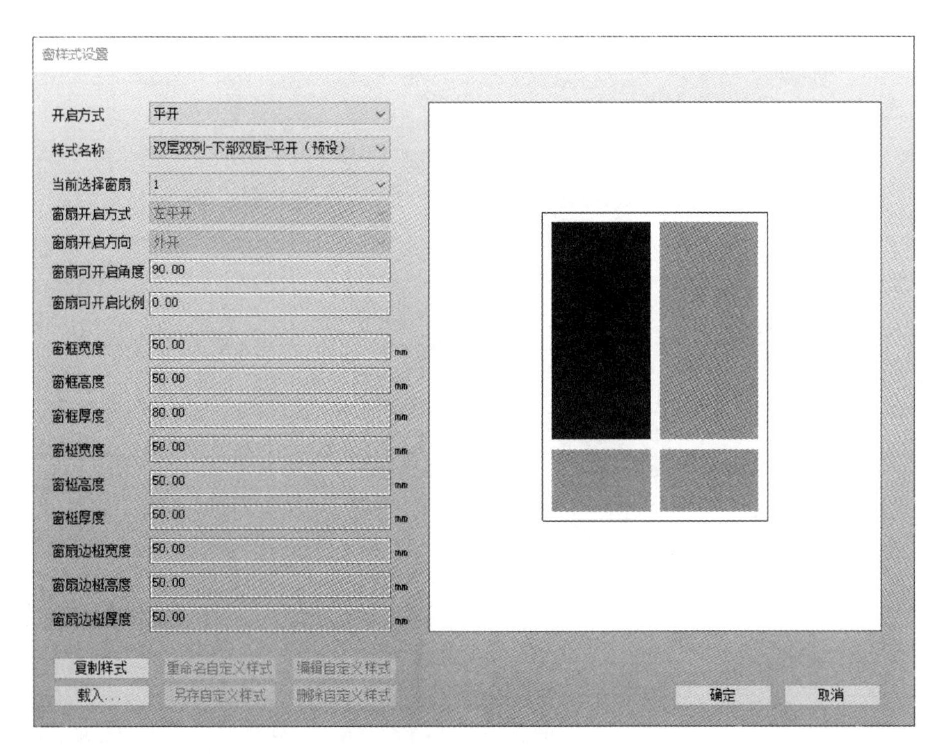

图 3-3-14 窗样式设置

3. 其他操作

选中窗后点击鼠标右键，可以对窗进行更多操作（见图 3-3-15）。举例如下。

（1）翻转开启方向

点击“翻转开启方向”后翻转窗的内外开启方向。

（2）门窗转换

将所选择的窗，在原位转换为相同几何尺寸的门。

（3）窗转凸窗

将所选择的窗，在原位转换为凸窗。

（4）显示编号

勾选后在平面视图显示窗的编号。

（5）属性

点击后右侧面板弹出窗属性。

窗属性包含基本参数、样式参数、有效通风面积、节能参数和其他信息，如图 3-3-16 所示。其中，灰色的参数无法直接在属性中进行修改；黑色的参数能修改后按回车键，该构件会根据属性参数直接变化。

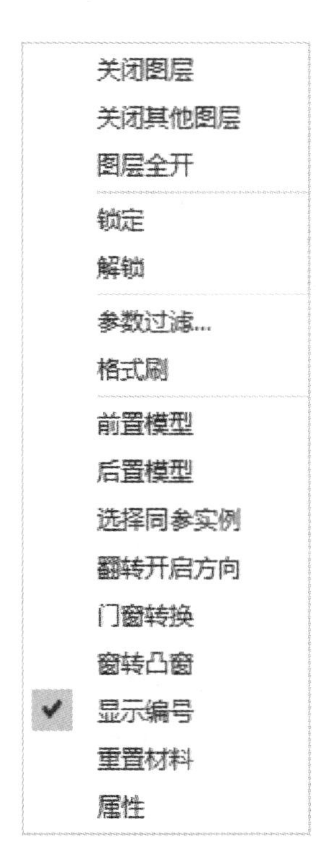

图 3-3-15 选中窗后点击鼠标右键弹出的选项

模型属性	? ⊥ ×
外窗(1个)	
⊟ 基本参数	
所属楼层	标准层2
ID	WIN02026
工作平面	保持竖直
防火属性	普通窗
构造形式	组合窗
窗宽度	1200.00
窗高度	1400.00
窗台高度	900.00
窗编号	C15-1214-01
⊟ 样式参数	
开启方式	平开
样式名称	双层双列-下部双扇-平
⊟ 有效通风面积	
面积	1.02
百分比(%)	60.94
⊟ 节能参数	
构造名称	外窗4
传热系数	1.70
夏季遮阳	0.32
冬季遮阳	0.32
空气层厚度	0.00
⊟ 其他信息	
设定节能开启	否
开启比例%	50.00
窗框面积百分比	25.00
气密性等级	6.00
可见光透射比(%)	40.00

图 3-3-16 窗属性

3.3.4 幕墙

点击“单体建模”选项卡→“构件”面板→“幕墙”按钮，右侧会弹出“创建幕墙”面板，如图 3-3-17 所示。可以绘制普通直墙、弧形墙和斜墙。

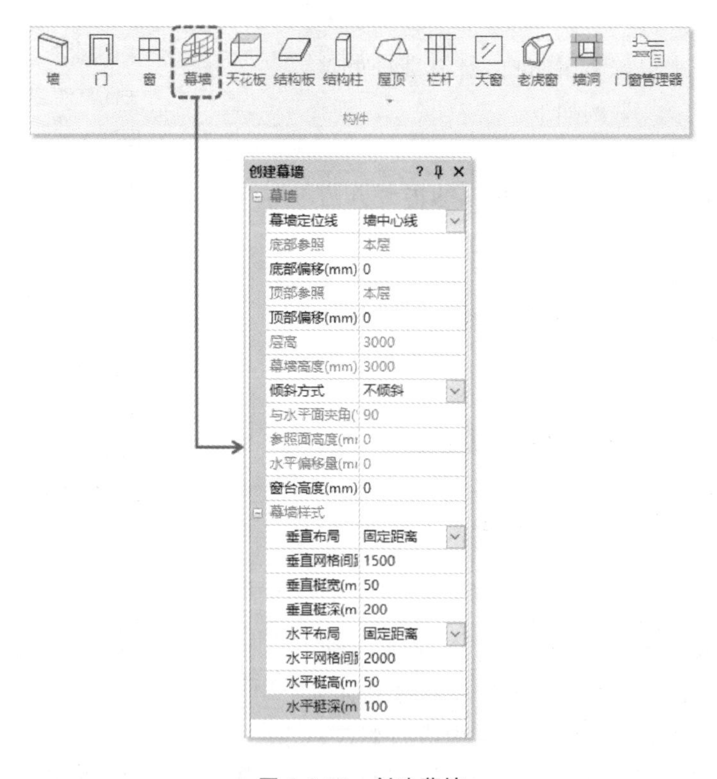

图 3-3-17 创建幕墙

1. 绘制幕墙

绘制幕墙与绘制墙体操作方法一致。

2. 幕墙样式设置

幕墙样式设置用于划分幕墙网格和设置竖梃尺寸，分为垂直和水平两个方向，有固定距离和固定数量两种设置方式。

(1) 固定距离

垂直方向默认距离为1500，水平方向默认距离为2000，可以根据项目具体情况修改，修改后直接在绘图区域绘制即可。

(2) 固定数量

两个方向的固定数量默认均为5，软件会根据墙体的高度和长度自动划分，可以修改数量后直接在绘图区域绘制。

(3) 竖梃宽度/高度

无论是垂直方向还是水平方向的竖梃，“宽度/高度”即与幕墙表面平行的方向。

(4) 竖梃深度

无论是垂直方向还是水平方向的竖梃，“深度”即与幕墙表面垂直的方向。

3. 其他操作

选中幕墙后点击鼠标右键，可以对幕墙进行更多操作，操作方法与墙体一致。其中，点击“属性”后右侧面板会弹出幕墙属性。

幕墙属性包含基本参数、几何参数、非透明部分参数、幕墙材料节能信息、幕墙材料热桥信息、朝向和其他信息，如图3-3-18所示。其中，灰色的参数无法直接在属性中进行修改；黑色的参数能修改后按回车键，该构件会根据属性参数直接变化。

模型属性 ? ₽ ×

直线幕墙(1个)

基本参数	
所属楼层	标准层2
倾斜角度	0.00
高度(mm)	同层高
ID	IW02260
基高(mm)	同层标高
几何参数	
垂直布局方式	固定距离
垂直网格间距	1500.00
垂直梃宽	50.00
垂直梃深	200.00
水平布局方式	固定距离
水平网格间距	2000.00
水平梃深	100.00
长度(mm)	9448.07
水平梃高	50.00
非透明部分参数	
窗台高度(mm)	0.00
踢脚构造	默认内幕墙窗台

幕墙材料节能信息	
构造名称	默认内幕墙
传热系数	3.20
夏季遮阳	0.86
冬季遮阳	0.86
幕墙材料热桥信息	
热桥梁	默认内幕墙热桥梁
热桥梁面积	3.59
热桥过梁	默认内幕墙热桥过梁
热桥过梁面积	0.00
热桥楼板	默认内幕墙热桥楼板
热桥楼板面积	1.13
热桥框架柱	默认内幕墙框架柱
热桥框架柱面积	0.00
朝向	
立面名称	--
所属朝向	东
其他信息	
设定节能开启	否
开启比例%	10.00

图3-3-18 幕墙属性

3.3.5 天花板

点击“单体建模”选项卡→“构件”面板→“天花板”按钮，右侧会弹出“创建天花板”面板，如图 3-3-19 所示。软件提供绘制和选择房间两种方式。

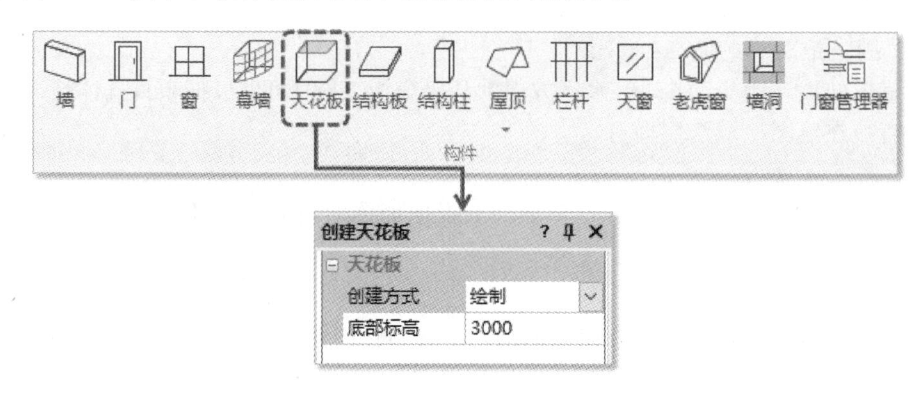

图 3-3-19 创建天花板

1. 绘制天花板

操作步骤如下：

Step 1. 点击“单体建模”选项卡→“构件”面板→“天花板”按钮；

Step 2. 在“创建天花板”面板中选择创建方式为“绘制”；

Step 3. 输入底部标高；

Step 4. 将鼠标移动到绘图区域，单击以确定天花板的第一点；

Step 5. 继续单击确定第二点、第三点……

Step 6. 按空格键(或回车键)或点击鼠标右键结束轮廓绘制，软件会自动将轮廓闭合(需注意，要绘制 3 个及以上的定位点后按空格键，软件才会自动闭合轮廓)，生成天花板，同时自动关闭右侧创建面板。

2. 选择房间

选择“选择房间”创建方式创建天花板，操作步骤如下：

Step 1. 点击“单体建模”选项卡→“构件”面板→“天花板”按钮；

Step 2. 在“创建天花板”面板中选择创建方式为“选择房间”；

Step 3. 输入底部标高；

Step 4. 将鼠标移动到绘图区域，单击选择房间，被选中的房间会高亮显示；

Step 5. 继续单击选择房间，或按空格键(按回车键或点击鼠标右键)确认，生成天花板，同时软件自动关闭右侧创建面板。

3. 其他操作

选中“天花板”后点击鼠标右键，可以对天花板进行更多操作。其中，点击“属性”后右侧面板会弹出天花板属性。

天花板属性包含所属楼层、基高、楼面面积、厚度和构造名称，如图 3-3-20 所示。其中，基高和构造名称可以直接修改。

模型属性

水平天花板(1个)

基本参数	
所属楼层	标准层2
基高(mm)	3000.00
楼面面积(m²)	53.75
厚度(mm)	200.00
构造名称	层间楼板3

图 3-3-20 天花板属性

3.3.6 结构板

点击“单体建模”选项卡→“构件”面板→“结构板”按钮，右侧会弹出“创建结构板”面板，如图 3-3-21 所示。软件提供绘制和拾取两种方式。

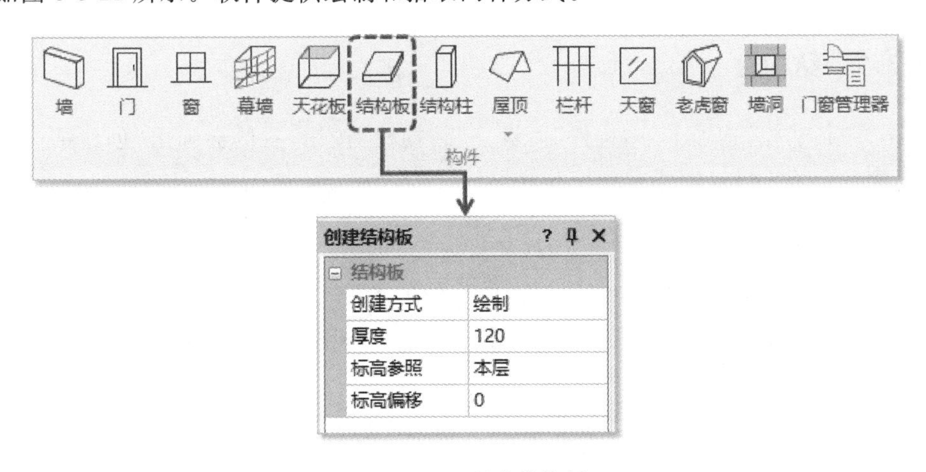

图 3-3-21 创建结构板

1. 绘制结构板

绘制方式：选择“绘制”方式创建结构板，操作方法与天花板一致。

拾取方式：选择“拾取”方式创建结构板，其操作步骤如下：

Step 1. 点击“单体建模”选项卡→“构件”面板→“结构板”按钮；

Step 2. 在“创建结构板”面板中选择创建方式为“拾取”；

Step 3. 输入厚度、标高偏移值等；

Step 4. 将鼠标移动到绘图区域，单击选择闭合轮廓，被选中的轮廓会高亮显示；

Step 5. 继续单击选择轮廓，或按空格键(按回车键或点击鼠标右键)确认，生成结构板，同时软件自动关闭右侧创建面板。

2. 其他操作

选中“结构板”后点击鼠标右键，可以对结构板进行更多操作。其中，点击“属性”后右侧面板会弹出结构板属性。

结构板属性包含所属楼层、基高、构造名称、面积、厚度等，如图 3-3-22 所示。其中，基高和构造名称可以直接修改。

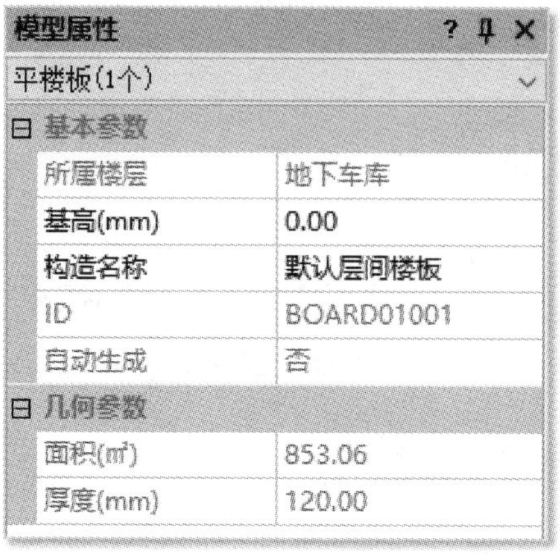

模型属性	
平楼板(1个)	
基本参数	
所属楼层	地下车库
基高(mm)	0.00
构造名称	默认层间楼板
ID	BOARD01001
自动生成	否
几何参数	
面积(㎡)	853.06
厚度(mm)	120.00

图 3-3-22　结构板属性

3.3.7　结构柱

点击“单体建模”选项卡→“构件”面板→“结构柱”按钮，右侧会弹出“创建结构柱”的面板（见图 3-3-23），可以创建常规柱和异形柱。

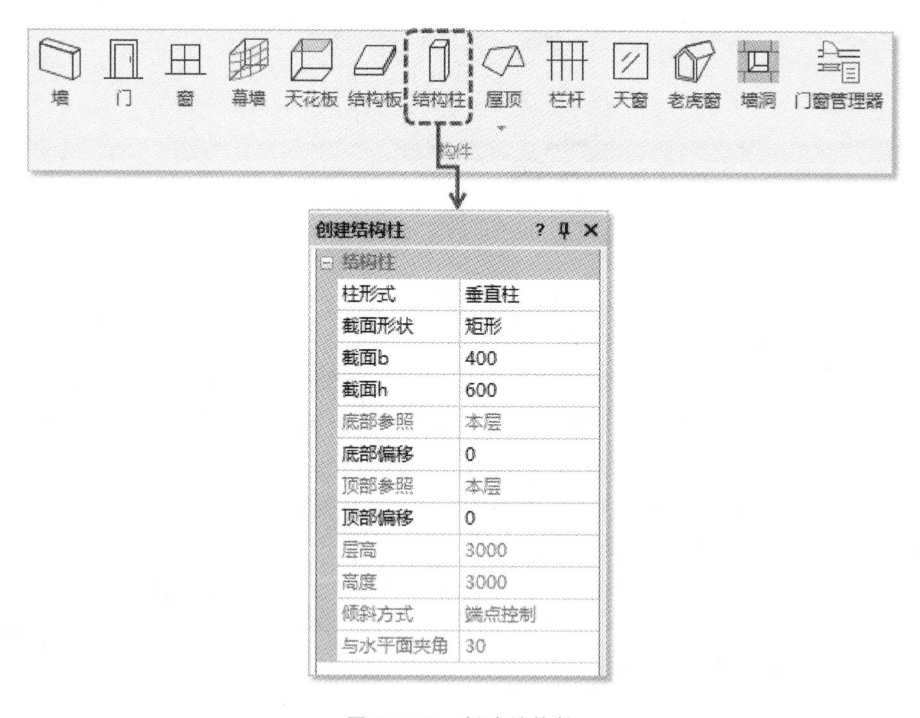

图 3-3-23　创建结构柱

1. 绘制常规柱

操作步骤如下：

Step 1. 点击“单体建模”选项卡→“构件”面板→“结构柱”按钮；

Step 2. 在“创建结构柱”面板中选择柱形式；

Step 3. 选择截面形状为“矩形”(“圆形”或“正多边形”)；

Step 4. 设置截面尺寸(长和宽或半径)；

Step 5. 设置底部、顶部的偏移值，默认为 0，单位为 mm；

Step 6. 将鼠标移动到绘图区域，单击创建柱，按 Esc 键退出创建命令，同时右侧创建面板会自动关闭。

2. 绘制异形柱

操作步骤如下：

Step 1. 点击“单体建模”选项卡→“构件”面板→“结构柱”按钮；

Step 2. 在“创建结构柱”面板中选择柱形式；

Step 3. 选择截面形状为任意形状；

Step 4. 将鼠标移动到绘图区域，单击以确定结构柱截面的第一点；

Step 5. 继续单击确定第二点、第三点……

Step 6. 按空格键(或回车键)或点击鼠标右键结束截面轮廓绘制，软件会自动将轮廓闭合，生成结构柱，同时自动关闭右侧创建面板。

3. 其他操作

选中“结构柱”后点击鼠标右键，可以对结构柱进行更多操作(见图 3-3-24)。

关闭图层
关闭其他图层
图层全开
锁定
解锁
参数过滤...
格式刷
前置模型
后置模型
选择同参实例
编辑轮廓
延伸至屋顶或楼板
取消延伸
重置材料
属性

图 3-3-24　选中结构柱后点击鼠标右键弹出的选项

(1) 延伸至屋顶或楼板

将选中的结构柱延伸至指定的屋顶或楼板下方，超出屋顶或楼板的墙体部分将被剪切，如图 3-3-25 所示。

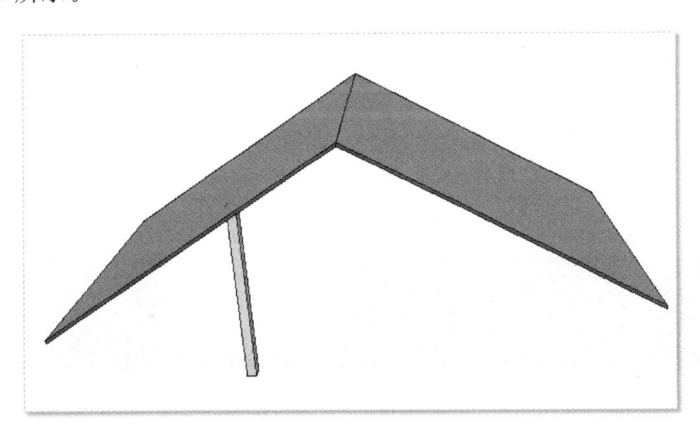

图 3-3-25　延伸至屋顶

（2）取消延伸

取消已延伸至屋顶或楼板的结构柱的延伸效果。

（3）属性

点击“属性”后右侧面板弹出结构柱属性。

结构柱属性包含基本参数、几何参数和节能参数，如图 3-3-26 所示。可以在属性面板中修改结构柱的高度等。

模型属性

柱(1个)

基本参数	
所属楼层	标准层1
ID	PL01001
基高(mm)	同层标高
高度(mm)	同层高
剪力墙	否
几何参数	
形状	矩形
旋转角度	0.00
长(mm)	400.00
宽(mm)	600.00
截面积(m²)	0.24
节能参数	
构造名称	默认内墙框架柱
墙构造名称	

图 3-3-26　结构柱属性

3.3.8　屋顶

点击“单体建模”选项卡→“构件”面板→“屋顶”按钮（见图 3-3-27），软件提供五种屋顶的创建方式，在屋顶按钮下方可以下拉选择，软件会记住上一次的选择，自动置顶。

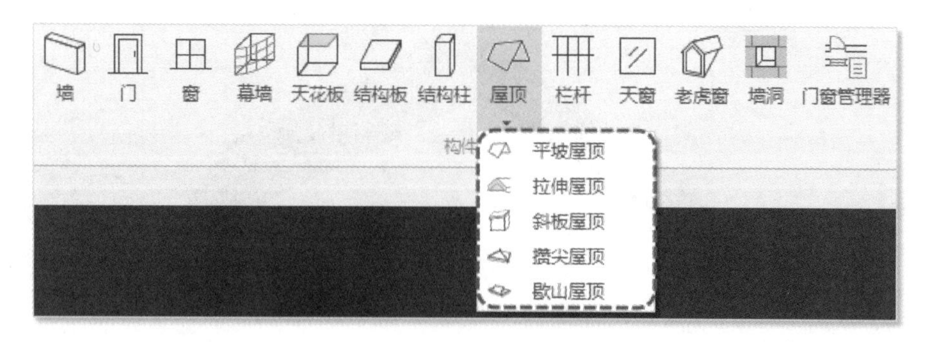

图 3-3-27　创建屋顶

1. 平坡屋顶

平坡屋顶有三种创建方式:绘制、拾取和框选范围。

(1) 绘制方式

选择"绘制"方式创建平坡屋顶,操作步骤如下:

Step 1. 点击"单体建模"选项卡→"构件"面板→"屋顶"按钮,右侧默认弹出"创建平坡屋顶"面板(见图 3-3-28);

Step 2. 选择创建方式为"绘制",设置屋顶厚度和底部偏移值;

Step 3. 在绘图区域绘制屋顶轮廓,按空格键(或回车键)确认轮廓;

Step 4. 根据提示输入屋顶的坡角,输入 0°即创建平屋顶;

Step 5. 按空格键(或回车键)确认,软件会根据轮廓和坡度生成屋顶。

创建平坡屋顶　? ⊥ ×

⊟ 平坡屋顶	
创建方式	绘制
限制条件	坡角
厚度	150
底部标高	屋顶层
底部偏移	0
最高屋脊	0
是否限高	否

图 3-3-28　创建平坡屋顶

(2) 拾取方式

选择"拾取"方式创建平坡屋顶,操作步骤如下:

Step 1. 点击"单体建模"选项卡→"构件"面板→"屋顶"按钮,右侧默认弹出"创建平坡屋顶"面板;

Step 2. 选择创建方式为"拾取",设置屋顶厚度和偏移值;

Step 3. 将鼠标移动到绘图区域,单击选择闭合轮廓,被选中的轮廓会高亮显示;

Step 4. 按空格键(或回车键)或点击鼠标右键,确定轮廓;

Step 5. 根据提示输入屋顶的坡角,输入 0°即创建平屋顶;

Step 6. 按空格键(或回车键)确认,软件会根据轮廓和坡度生成屋顶。

(3) 框选范围方式

选择"框选范围"方式创建平坡屋顶,操作步骤如下:

Step 1. 点击"单体建模"选项卡→"构件"面板→"屋顶"按钮,右侧默认弹出"创建平坡屋顶"面板。

Step 2. 选择创建方式为"框选范围",设置屋顶厚度和偏移值;

Step 3. 将鼠标移动到绘图区域,框选要布置屋顶的范围;

Step 4. 根据提示输入屋顶的坡角,输入 0°即创建平屋顶;

Step 5. 按空格键(或回车键)确认,软件会根据所框选的外墙和坡度生成屋顶。

2. 拉伸屋顶

曲面的屋顶用"平坡屋顶"无法实现,可以使用"拉伸屋顶"。拉伸屋顶即确定屋顶截面轮廓和路径,轮廓根据路径所形成的图形确定,具有屋顶性质。拉伸屋顶有两种创建方式:绘制和拾取。

(1) 绘制方式

选择"绘制"方式创建拉伸屋顶,操作步骤如下:

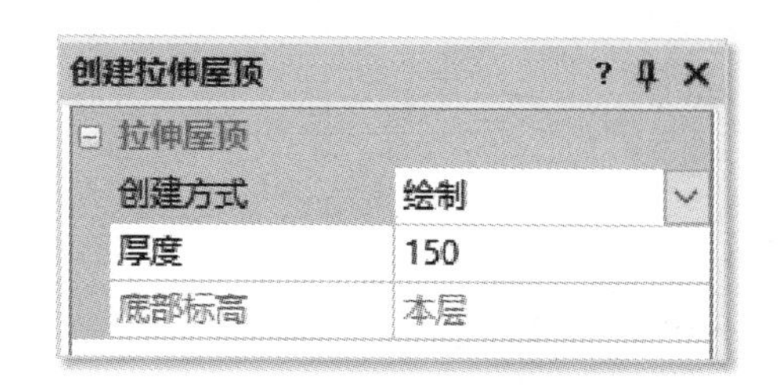

图 3-3-29 创建拉伸屋顶

Step 1. 点击“单体建模”选项卡→“构件”面板→“屋顶”按钮，在下拉菜单中点击“拉伸屋顶”，右侧弹出“创建拉伸屋顶”面板（见图 3-3-29）；

Step 2. 选择创建方式为“绘制”，设置屋顶厚度；

Step 3. 在绘图区域绘制屋顶的截面形状（不要考虑厚度，一般是不封闭的轮廓），根据左下角提示，可以绘制圆弧；

Step 4. 按空格键（或回车键）或点击鼠标右键，确定截面轮廓；

Step 5. 根据提示，选取定位点，可以任意点击一点；

Step 6. 根据提示，输入拉伸屋顶的高度偏移值，单位为 mm；

Step 7. 根据提示，指定拉伸的起点和终点，按空格键（或回车键）或点击鼠标右键确认路径，软件会根据轮廓和路径生成屋顶，如图 3-3-30 所示。

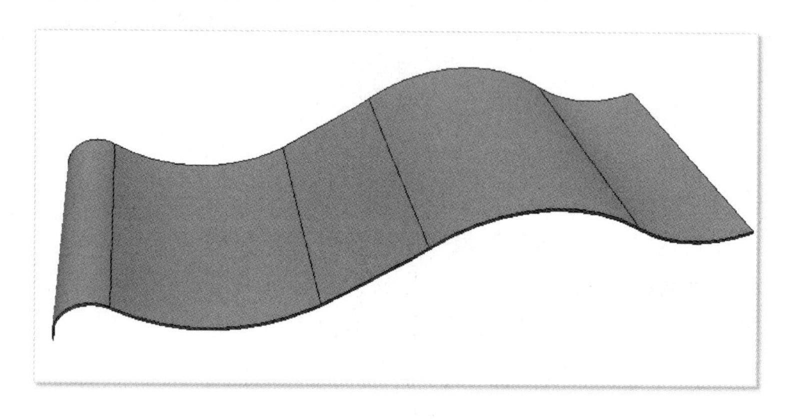

图 3-3-30 拉伸屋顶效果

（2）拾取方式

选择“拾取”方式创建拉伸屋顶，操作步骤如下：

Step 1. 点击“单体建模”选项卡→“构件”面板→“屋顶”按钮，在下拉菜单中点击“拉伸屋顶”，右侧弹出“创建拉伸屋顶”面板；

Step 2. 选择创建方式为“拾取”，设置屋顶厚度；

Step 3. 在绘图区域拾取屋顶的截面形状（不要考虑厚度，是不封闭的轮廓）；

Step 4. 根据提示，选取定位点，可以任意点击一点；

Step 5. 根据提示，输入拉伸屋顶的高度偏移值，单位为 mm；

Step 6. 根据提示，指定拉伸的起点和终点，按空格键（或回车键）或点击鼠标右键确认路径，软件会根据轮廓和路径生成屋顶。

3. 斜板屋顶

斜板屋顶即一个方向有坡度的屋顶，它有两种创建方式：绘制和拾取。

(1) 绘制方式

选择"绘制"方式创建斜板屋顶,操作步骤如下:

Step 1. 点击"单体建模"选项卡→"构件"面板→"屋顶"按钮,在下拉菜单中点击"斜板屋顶",右侧弹出"创建斜板屋顶"面板,如图 3-3-31 所示;

创建斜板屋顶	
斜板屋顶	
创建方式	绘制
厚度	150
底部标高	本层
底部偏移	0

图 3-3-31　创建斜板屋顶

Step 2. 选择创建方式为"绘制",设置屋顶厚度和底部偏移值;

Step 3. 在绘图区域绘制屋顶俯视轮廓,该轮廓必须是闭合轮廓;

Step 4. 按空格键(或回车键)或点击鼠标右键,确定轮廓;

Step 5. 根据提示,依次单击指定坡头(高点)和坡尾(低点);

Step 6. 根据提示,输入坡度,默认为 30°;

Step 7. 按空格键(或回车键)确认角度,软件生成斜板屋顶。

(2) 拾取方式

选择"拾取"方式创建斜板屋顶,操作步骤如下:

Step 1. 点击"单体建模"选项卡→"构件"面板→"屋顶"按钮,在下拉菜单中点击"斜板屋顶",右侧弹出"创建斜板屋顶"面板;

Step 2. 选择创建方式为"拾取",设置屋顶厚度和底部偏移值;

Step 3. 在绘图区域拾取闭合轮廓,被选中的轮廓会高亮显示;

Step 4. 按空格键(或回车键)或点击鼠标右键,确定轮廓;

Step 5. 根据提示,依次单击指定坡头(高点)和坡尾(低点);

Step 6. 根据提示,输入坡度,默认为 30°;

Step 7. 按空格键(或回车键)确认角度,软件生成斜板屋顶。

4. 攒尖屋顶

创建攒尖屋顶,操作步骤如下:

创建攒尖屋顶	
攒尖屋顶	
标高(mm)	同层高
半径	6000
边数	6
坡角	30

图 3-3-32　创建攒尖屋顶

Step 1. 点击"单体建模"选项卡→"构件"面板→"屋顶"按钮,在下拉菜单中点击"攒尖屋顶",右侧弹出"创建攒尖屋顶"面板,如图 3-3-32 所示;

Step 2. 设置攒尖屋顶的标高、半径、边数和坡角;

Step 3. 将鼠标移动到绘图区域,单击放置攒尖屋顶,完成攒尖屋顶创建,同时创建面板会自动关闭。

5. 歇山屋顶

创建歇山屋顶,操作步骤如下:

Step 1. 点击"单体建模"选项卡→"构件"面板→"屋顶"按钮,在下拉菜单中点击"歇山屋顶”，右侧弹出“创建歇山屋顶”面板（见图 3-3-33）；

Step 2. 设置歇山屋顶的标高、歇山高度、主坡和侧坡的坡角；

Step 3. 将鼠标移动到绘图区域，根据提示，单击确定主坡的左下角点；

Step 4. 根据提示，单击确定主坡的右下角点；

Step 5. 根据提示，单击确定侧坡角点，生成歇山屋顶。

6. 其他操作

此外，选中屋顶后点击鼠标右键，可以对结构柱进行更多操作（见图 3-3-34）。

创建歇山屋顶

⊟ 歇山屋顶

标高(mm)	同层高
歇山高度	1200
主坡坡角	30
侧坡坡角	30

图 3-3-33　创建歇山屋顶

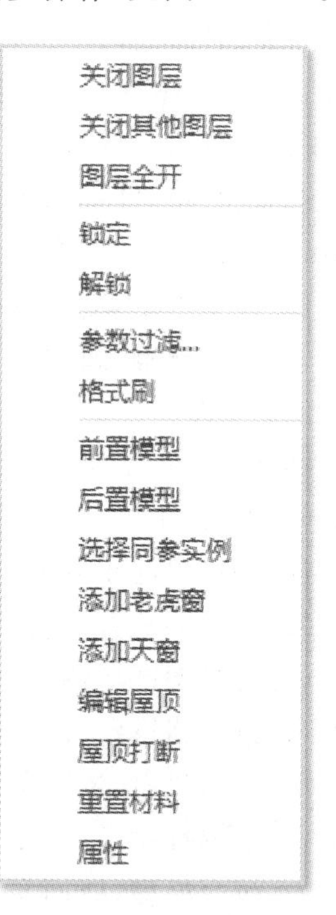

图 3-3-34　选中屋顶后点击鼠标右键弹出的选项

（1）添加老虎窗

可以在选中的屋顶上添加老虎窗，详见 3.3.11 节。

（2）添加天窗

可以在选中的屋顶上添加天窗，详见 3.3.10 节。

（3）编辑屋顶

此功能只针对平坡屋顶，点击后屋顶上的边会加上序号，且会弹出“编辑屋顶”界面。双击屋顶也能直接打开这个功能。

此外，双击坡度可以直接修改对应边的坡度（见图 3-3-35），列表下方可以限制屋顶高度。

（4）屋顶打断

此功能只针对平坡屋顶，点击后将平坡屋顶按不同的面分成多个屋顶，可以单独选中某一个屋面。

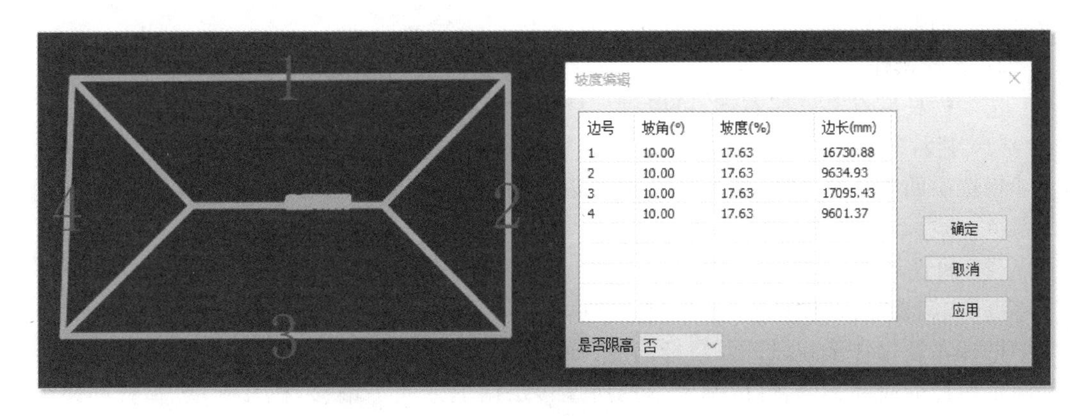

图 3-3-35 编辑屋顶

3.3.9 栏杆

点击“单体建模”选项卡→“构件”面板→“栏杆”按钮，右侧会弹出“创建栏杆”面板，如图 3-3-36 所示。

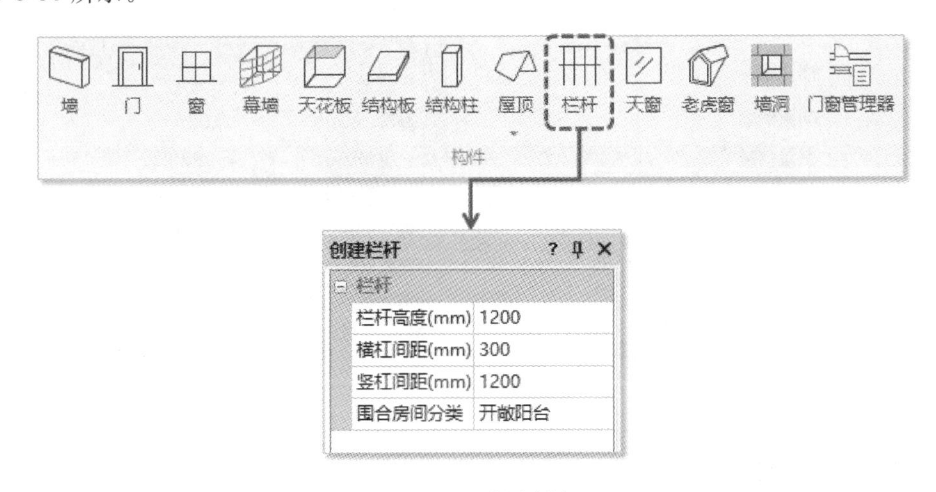

图 3-3-36 创建栏杆

1. 绘制栏杆

操作步骤如下：

Step 1. 点击“单体建模”选项卡→“构件”面板→“栏杆”按钮；

Step 2. 在“创建栏杆”面板中设置栏杆高度、横杠间距、竖杠间距；

Step 3. 设置栏杆围合房间分类(默认为开敞阳台)，栏杆与墙围合成的房间会自动设置成所选类型；

Step 4. 在绘图区域单击指定栏杆的起点；

Step 5. 在绘图区域再次单击指定栏杆的终点(或者转折点)，软件提供连续绘制栏杆(上一段终点是下一段的起点)；

Step 6. 按 Esc 键(空格键 / 回车键)或点击鼠标右键，完成该栏杆的绘制；

Step 7. 可以继续绘制(重复第 4～6 步)或者再按 Esc 键结束栏杆绘制，此时创建面板也会自动关闭。

2. 其他操作

选中栏杆后点击鼠标右键，可以对栏杆进行更多操作(见图 3-3-37)。

(1) 栏杆转墙

将选中的栏杆在原位，按照原几何参数转换为墙体，墙体的高度、底部标高参数与栏杆保持一致。

(2) 属性

点击“属性”后右侧面板弹出栏杆属性。

栏杆属性包含基高、长度、栏杆高度、横杠间距和竖杠间距，如图 3-3-38 所示。其中，基高是栏杆的底部高度，可以基于当前所属楼层向上或向下偏移，栏杆高度、横杠间距和竖杠间距可以直接修改后按回车键，模型会做出对应的效果修改。

图 3-3-37　选中栏杆后点击鼠标右键弹出的选项

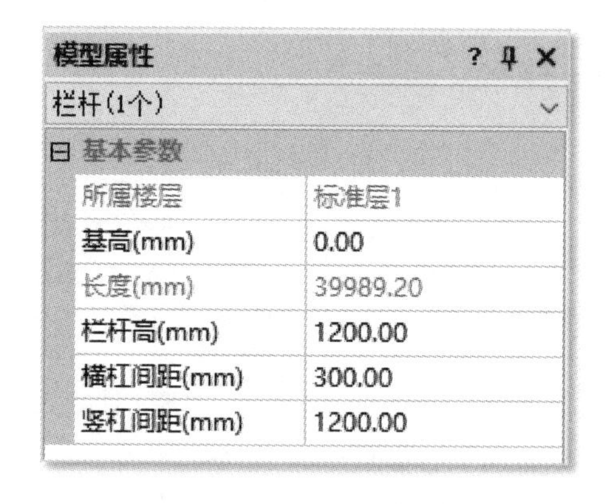

图 3-3-38　栏杆属性

3.3.10　天窗

点击“单体建模”选项卡→“构件”面板→“天窗”按钮，右侧会弹出“创建天窗”面板，如图 3-3-39 所示。

1. 绘制天窗

天窗的创建方式有三种：放置、绘制和拾取。

(1) 放置方式

选择“放置”方式创建的天窗是常规的矩形，操作步骤如下：

Step 1. 点击“单体建模”选项卡→“构件”面板→“天窗”按钮，右侧弹出“创建天窗”面板；

Step 2. 选择创建方式为“放置”(见图 3-3-39)；

Step 3. 设置窗宽度、窗高度、窗编号和窗样式；

Step 4. 根据提示，选择屋顶或者地板，选择好后按空格键(或回车键)确认；

Step 5. 根据提示在屋顶或者地板上单击放置天窗，完成天窗创建，同时创建面板会自动关闭。

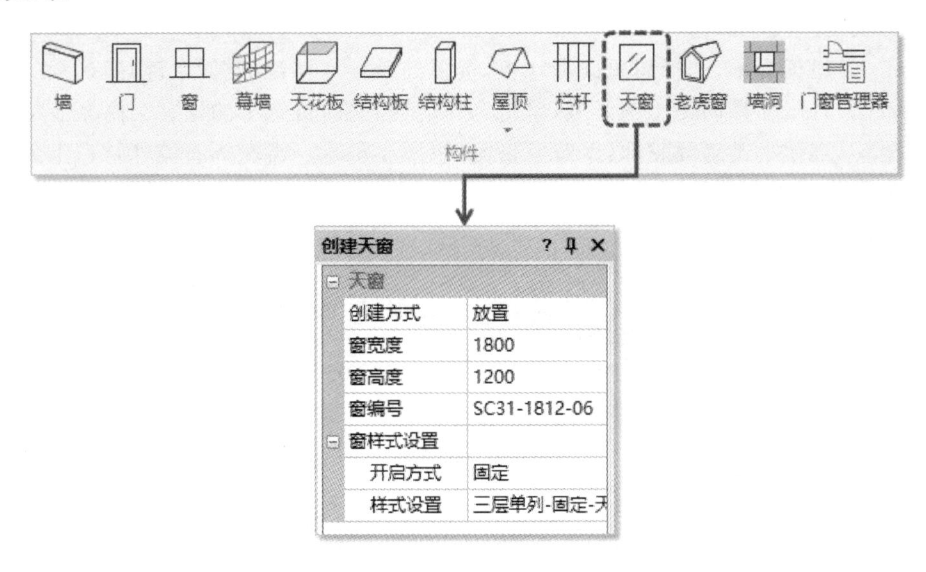

图 3-3-39　创建天窗

(2) 绘制方式

选择“绘制”方式可以创建异形的天窗，操作步骤如下：

Step 1. 点击“单体建模”选项卡→“构件”面板→“天窗”按钮，右侧弹出“创建天窗”面板；

Step 2. 选择创建方式为“绘制”(见图 3-3-40)；

Step 3. 设置窗编号；

Step 4. 根据提示，选择屋顶或者地板，选择好后按空格键(或回车键)确认；

Step 5. 根据提示在屋顶或者地板上单击确定天窗的第一个点；

Step 6. 继续单击确定第二点、第三点……

Step 7. 按空格键(或回车键)或点击鼠标右键结束轮廓绘制，软件会自动将轮廓闭合(需注意，要绘制 3 个及以上的定位点后按空格键，软件才会自动闭合轮廓)，创建出天窗，同时右侧的创建面板会自动关闭。

图 3-3-40　绘制天窗

(3) 拾取方式

选择“拾取”方式创建天窗，操作步骤如下：

Step 1. 点击“单体建模”选项卡→“构件”面板→“天窗”按钮，右侧弹出“创建天窗”

面板；

Step 2. 选择创建方式为“拾取”(见图 3-3-41)；

Step 3. 设置窗编号；

Step 4. 根据提示，选择屋顶或者地板，选择好后按空格键(或回车键)确认；

Step 5. 将鼠标移动到绘图区域，单击选择闭合轮廓，被选中的轮廓会高亮显示；

Step 6. 继续单击选择轮廓，或按空格键(按回车键或点击鼠标右键)确认，生成天窗，同时右侧创建面板自动关闭。

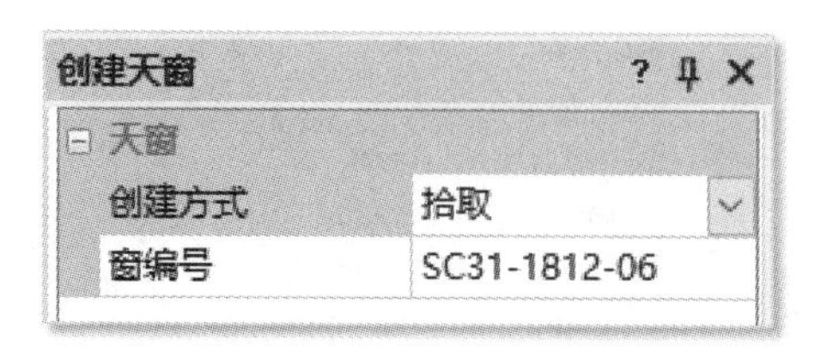

图 3-3-41　拾取天窗

2. 其他操作

选中“天窗”后点击鼠标右键，可以对天窗进行更多操作。其中，点击“属性”后右侧面板弹出天窗属性。

天窗属性包含基本参数、样式参数、有效通风面积、节能参数和其他信息，如图 3-3-42 所示。其中，样式名称和构造名称可以点击直接修改。

模型属性

天窗(1个)

基本参数	
所属楼层	标准层1
ID	DM01001
防火属性	
构造形式	天窗
天窗形状	矩形
窗宽度	1800.00
窗高度	1200.00
窗编号	SC31-1812-05
样式参数	
开启方式	固定
样式名称	三层单列-固定-天窗
有效通风面积	
面积	0.00
百分比(%)	0.00
节能参数	
构造名称	默认天窗
传热系数	3.20
夏季遮阳	0.86
冬季遮阳	0.86
空气层厚度	12.00
其他信息	
窗框面积百分比	20.00
气密性等级	6.00
可见光透射比(%)	81.00

图 3-3-42　天窗属性

3.3.11　老虎窗

点击“单体建模”选项卡→“构件”面板→“老虎窗”按钮，右侧会弹出“创建老虎窗”面板(见图 3-3-43)，可以在屋顶上创建老虎窗。

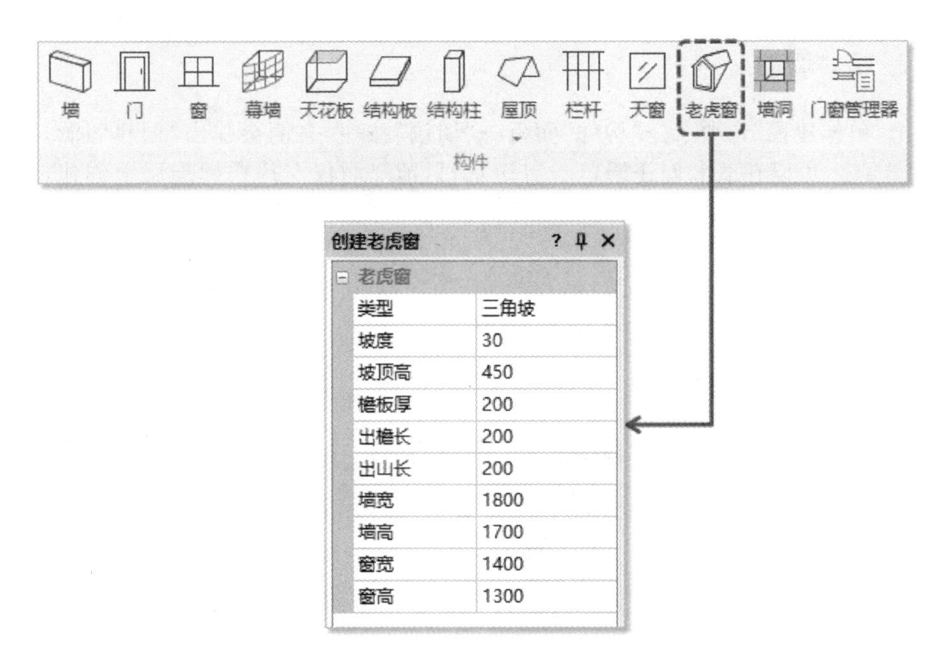

图 3-3-43　创建老虎窗

1. 绘制老虎窗

操作步骤如下：

Step 1. 点击“单体建模”选项卡→“构件”面板→“老虎窗”按钮；

Step 2. 下拉选择老虎窗的类型(三角坡、双坡、三坡、梯形坡、平顶窗)；

Step 3. 设置老虎窗屋顶的坡度、坡顶高、檐板厚、出檐长、出山长；

Step 4. 设置老虎窗的墙宽和墙高；

Step 5. 设置老虎窗的窗宽和窗高；

Step 6. 将鼠标移动到屋顶上，单击放置老虎窗，完成老虎窗的创建，同时右侧面板会自动关闭。

2. 其他操作

选中“老虎窗”后点击鼠标右键，可以对老虎窗进行更多操作。其中，点击“属性”后右侧面板弹出老虎窗属性。

老虎窗属性包含基本参数、几何参数和材料信息，如图 3-3-44 所示。其中，材料信息中的构造名称可以点击直接修改。

模型属性　? ᛫ ×

老虎窗(1个)

基本参数	
所属楼层	标准层1
ID	DMW01001
几何参数	
类型	双坡
坡角	30.00
坡顶高(mm)	450.00
檐板厚(mm)	200.00
出檐长(mm)	200.00
出山长(mm)	200.00
墙宽(mm)	1800.00
墙高(mm)	1700.00
窗宽度	1400.00
窗高度	1300.00
材料信息	
老虎窗上窗	默认老虎窗
老虎窗上墙	老虎窗上墙
老虎窗上屋顶	老虎窗上屋顶

图 3-3-44　老虎窗属性

3.3.12 墙洞

点击“单体建模”选项卡→“构件”面板→“墙洞”按钮，右侧会弹出“创建墙洞口”面板（见图 3-3-45），可以在墙上创建洞口。需注意，目前墙洞仅支持在标准层上创建，无法在普通层上创建。

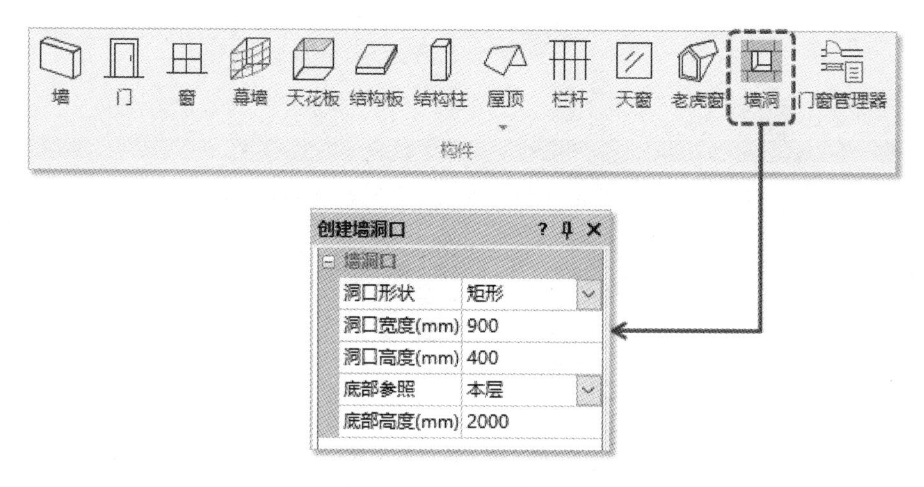

图 3-3-45 创建墙洞口

创建墙洞口，操作步骤如下：

Step 1. 切换到标准层，点击“单体建模”选项卡→“构件”面板→“墙洞”按钮；

Step 2. 下拉选择洞口形状，软件支持矩形和圆形；

Step 3. 设置洞口宽度和高度或者直径；

Step 4. 设置底部参照和底部高度；

Step 5. 将鼠标移动到墙构件上，单击以插入墙洞；

Step 6. 继续单击绘制墙洞或者按 Esc 键退出绘制状态，同时右侧创建面板会自动关闭。

3.3.13 门窗管理器

点击“单体建模”选项卡→“构件”面板→“门窗管理器”按钮，会弹出“门窗管理器”界面，如图 3-3-46 所示。“门窗管理器”将门窗分成组合窗、凸窗、转角凸窗和门四类，该界面展示当前单体建筑的门窗类型，可以进行类型管理和实例管理。

1. 类型管理

“类型管理”中可以针对某一类型的门窗修改其洞口高度、宽度、开启方式和样式，会直接影响到模型实体。

2. 实例管理

“实例管理”分为普通层和标准层，默认展示普通层的实例，列表左下角勾选上“显示标准层实例”后，列表会展示标准层的实例。点击列表中的某一个实例，右侧会定位到对应的位置，如图 3-3-47 所示。“实例管理”中能对每个实例的类型、窗台高度（门槛高度）和开启面积比进行修改。

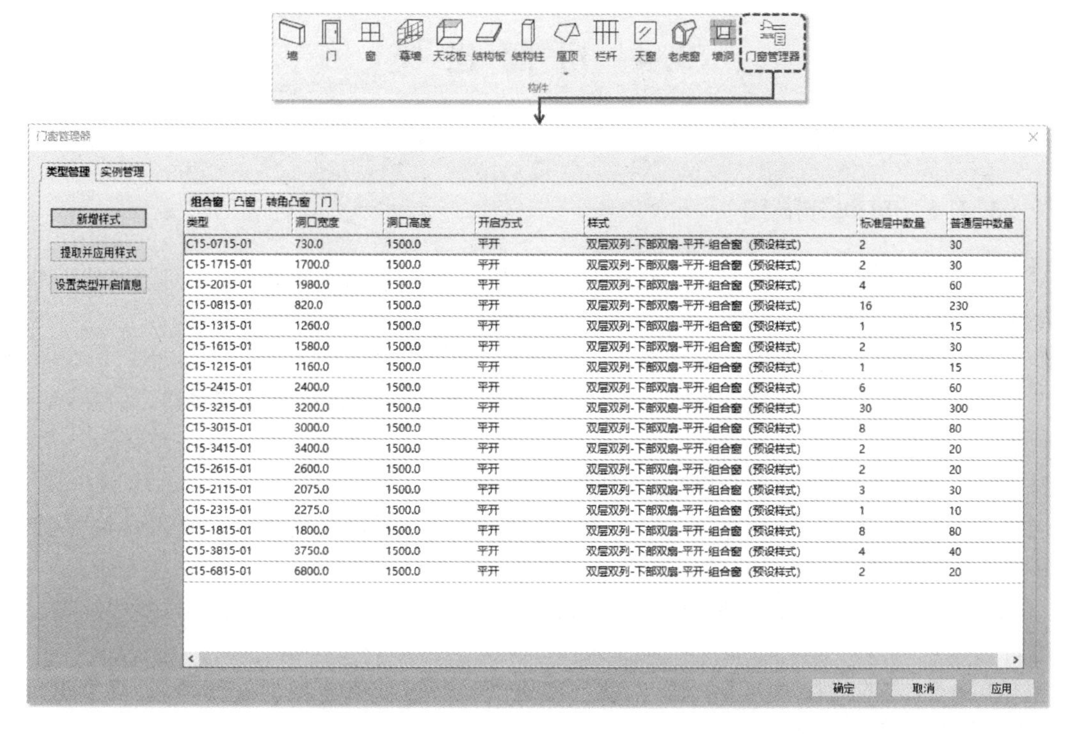

类型	洞口宽度	洞口高度	开启方式	样式	标准层中数量	普通层中数量
C15-0715-01	730.0	1500.0	平开	双层双列-下部双扇-平开-组合窗（预设样式）	2	30
C15-1715-01	1700.0	1500.0	平开	双层双列-下部双扇-平开-组合窗（预设样式）	2	30
C15-2015-01	1980.0	1500.0	平开	双层双列-下部双扇-平开-组合窗（预设样式）	4	60
C15-0815-01	820.0	1500.0	平开	双层双列-下部双扇-平开-组合窗（预设样式）	16	230
C15-1315-01	1260.0	1500.0	平开	双层双列-下部双扇-平开-组合窗（预设样式）	1	15
C15-1615-01	1580.0	1500.0	平开	双层双列-下部双扇-平开-组合窗（预设样式）	2	30
C15-1215-01	1160.0	1500.0	平开	双层双列-下部双扇-平开-组合窗（预设样式）	1	15
C15-2415-01	2400.0	1500.0	平开	双层双列-下部双扇-平开-组合窗（预设样式）	6	60
C15-3215-01	3200.0	1500.0	平开	双层双列-下部双扇-平开-组合窗（预设样式）	30	300
C15-3015-01	3000.0	1500.0	平开	双层双列-下部双扇-平开-组合窗（预设样式）	8	80
C15-3415-01	3400.0	1500.0	平开	双层双列-下部双扇-平开-组合窗（预设样式）	2	20
C15-2615-01	2600.0	1500.0	平开	双层双列-下部双扇-平开-组合窗（预设样式）	2	20
C15-2115-01	2075.0	1500.0	平开	双层双列-下部双扇-平开-组合窗（预设样式）	3	30
C15-2315-01	2275.0	1500.0	平开	双层双列-下部双扇-平开-组合窗（预设样式）	1	10
C15-1815-01	1800.0	1500.0	平开	双层双列-下部双扇-平开-组合窗（预设样式）	8	80
C15-3815-01	3750.0	1500.0	平开	双层双列-下部双扇-平开-组合窗（预设样式）	4	40
C15-6815-01	6800.0	1500.0	平开	双层双列-下部双扇-平开-组合窗（预设样式）	2	20

图 3-3-46　门窗管理器

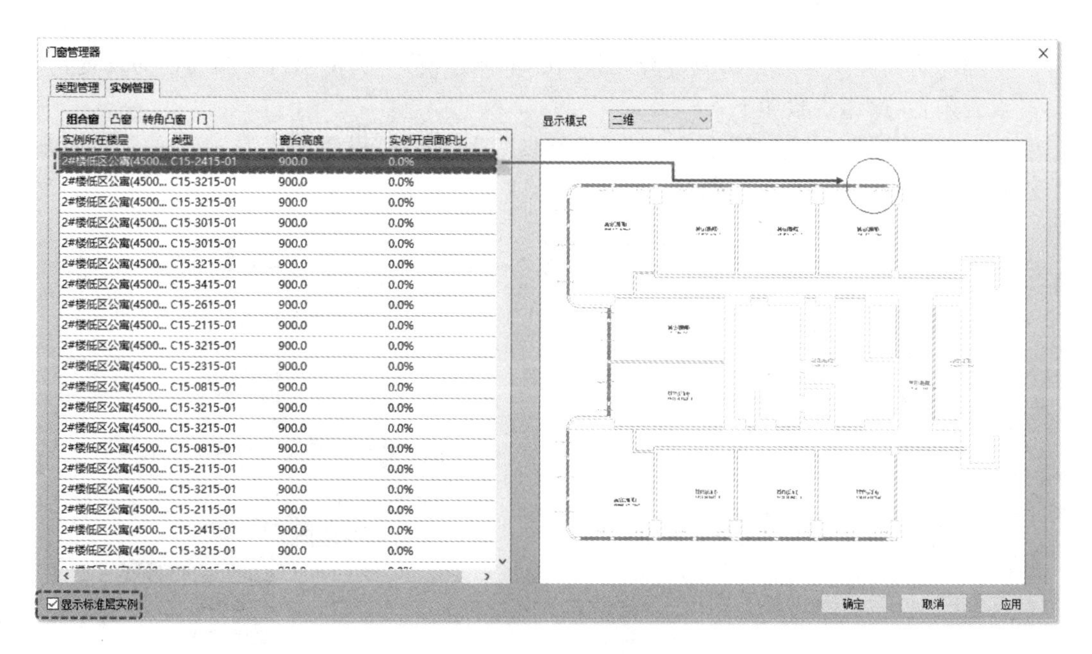

实例所在楼层	类型	窗台高度	实例开启面积比
2#楼低区公寓(4500...	C15-2415-01	900.0	0.0%
2#楼低区公寓(4500...	C15-3215-01	900.0	0.0%
2#楼低区公寓(4500...	C15-3215-01	900.0	0.0%
2#楼低区公寓(4500...	C15-3015-01	900.0	0.0%
2#楼低区公寓(4500...	C15-3015-01	900.0	0.0%
2#楼低区公寓(4500...	C15-3215-01	900.0	0.0%
2#楼低区公寓(4500...	C15-3415-01	900.0	0.0%
2#楼低区公寓(4500...	C15-2615-01	900.0	0.0%
2#楼低区公寓(4500...	C15-2115-01	900.0	0.0%
2#楼低区公寓(4500...	C15-3215-01	900.0	0.0%
2#楼低区公寓(4500...	C15-2315-01	900.0	0.0%
2#楼低区公寓(4500...	C15-0815-01	900.0	0.0%
2#楼低区公寓(4500...	C15-3215-01	900.0	0.0%
2#楼低区公寓(4500...	C15-3215-01	900.0	0.0%
2#楼低区公寓(4500...	C15-0815-01	900.0	0.0%
2#楼低区公寓(4500...	C15-2115-01	900.0	0.0%
2#楼低区公寓(4500...	C15-3215-01	900.0	0.0%
2#楼低区公寓(4500...	C15-2115-01	900.0	0.0%
2#楼低区公寓(4500...	C15-2415-01	900.0	0.0%
2#楼低区公寓(4500...	C15-3215-01	900.0	0.0%

图 3-3-47　实例管理

3.4 房间建模

3.4.1 房间分隔线

有些空间不通过墙体进行划分，而是在功能上划分，这就需要用到“房间分隔线”，将房间功能划分，形成闭合空间，且不生成实际的墙体。

创建房间分隔线，操作步骤如下：

Step 1. 点击“单体建模”选项卡→“房间设置”面板→“房间分隔线”按钮，如图 3-4-1 所示；

Step 2. 在绘图区域单击以指定房间分隔线的起点；

Step 3. 在绘图区域再次单击以指定终点，若房间分隔线与墙体围合成闭合轮廓，软件会自动生成房间；

Step 4. 房间分隔线提供连续绘制，可以按 Esc 键取消连续绘制状态，另起起点继续绘制；

Step 5. 若连续按两次 Esc 键(一次空格键/回车键)或点击鼠标右键确认，则会退出房间分隔线的创建状态。

3.4.2 设置阳台

不同的房间类型会直接影响计算结果，在“单体建模”中提供阳台房间属性的设置。

设置阳台，操作步骤如下：

Step 1. 点击“单体建模”选项卡→“房间设置”面板→“设置阳台”按钮，右侧会出现“设置阳台”面板，如图 3-4-2 所示；

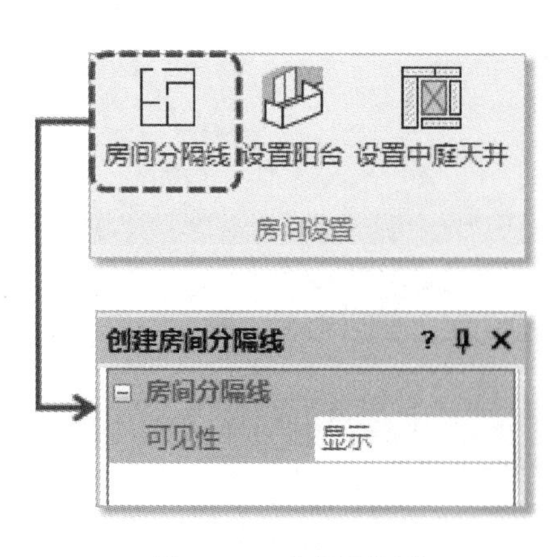

图 3-4-1　房间分隔线

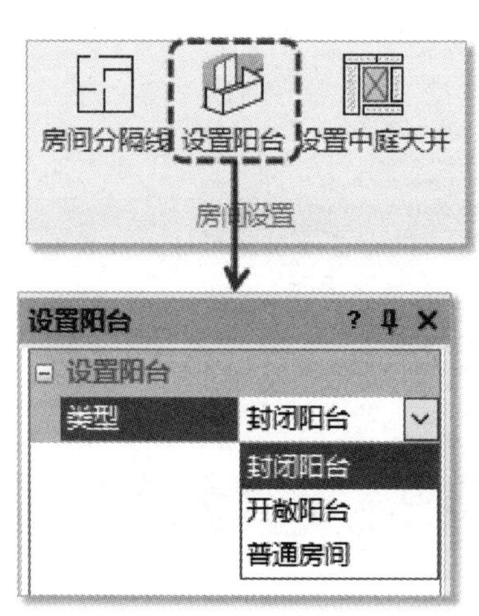

图 3-4-2　设置阳台

Step 2. 下拉选择阳台类型：封闭/开敞；

Step 3. 将鼠标移动到房间上，房间会高亮显示；

Step 4. 点击选择一个或多个要设置成该类型的房间(房间会呈现选中状态)；

Step 5. 选择好后按空格键(或回车键)或点击鼠标右键，即可设置完成，且右侧面板会自动关闭。

若要将阳台恢复成普通房间，只需在类型中选择普通房间，后重复第3～5步即可。

3.4.3 设置中庭天井

不同的房间类型会影响自动生成的楼板，在“单体建模”中提供中庭天井房间属性的设置。

设置中庭天井，操作步骤如下：

Step 1. 点击“单体建模”选项卡→“房间设置”面板→“设置中庭天井”按钮，右侧会出现“设置中庭天井”面板，如图3-4-3所示；

Step 2. 下拉选择中庭天井类型；

Step 3. 将鼠标移动到房间上，房间会高亮显示；

Step 4. 点击选择一个或多个要设置成该类型的房间(房间会呈现选中状态)；

Step 5. 选择好后按空格键(或回车键)或点击鼠标右键，即可设置完成，且右侧面板会自动关闭。

若要将中庭天井恢复成普通房间，只需将类型选择“普通房间”，后重复第3～5步即可。

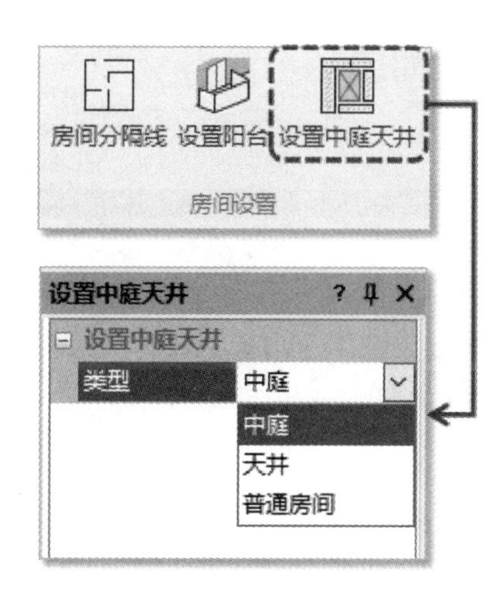

图3-4-3 设置中庭天井

3.5 材料编辑

模型创建完之后，需要对模型中的构件赋予材料，不同的材料属性不同，将直接影响到计算结果。点击“单体建模”选项卡下的“材料编辑”按钮，打开“材料编辑”对话框，如图3-5-1所示。在“其他专业计算”选项卡下，也有“材料编辑”按钮。

3.5.1 构件

1. 构件树

“材料编辑”中将建筑围护结构分成屋面、墙体、窗、幕墙、门、楼地面、建筑附属构件和老虎窗八类，如图3-5-2所示。若模型中没有某类构件，该类别会自动折叠。

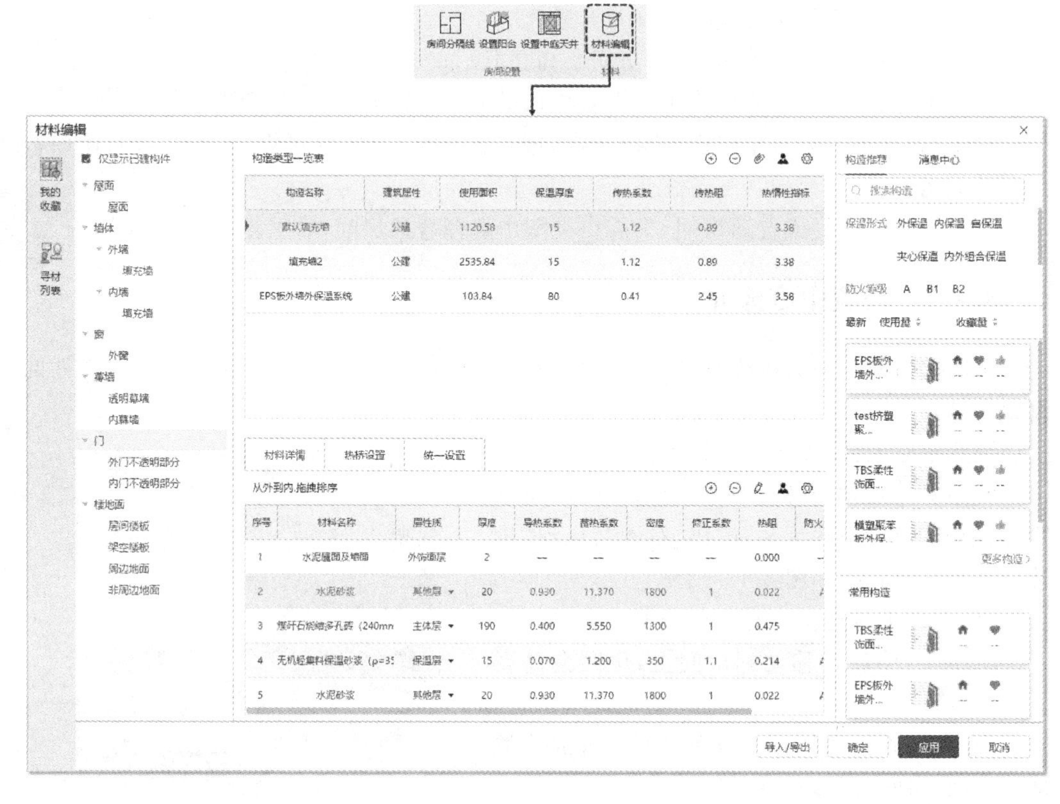

图 3-5-1　材料编辑

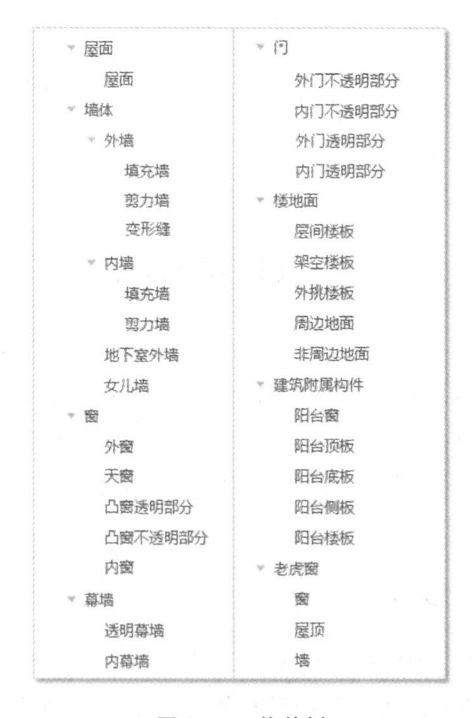

图 3-5-2　构件树

2. 仅显示已建构件

勾选“仅显示已建构件”，模型中没有的构件种类，在构件树中会被隐藏，这样选择构件时更加方便，此按钮在打开“材料编辑”时会默认勾上，如图 3-5-3 所示。

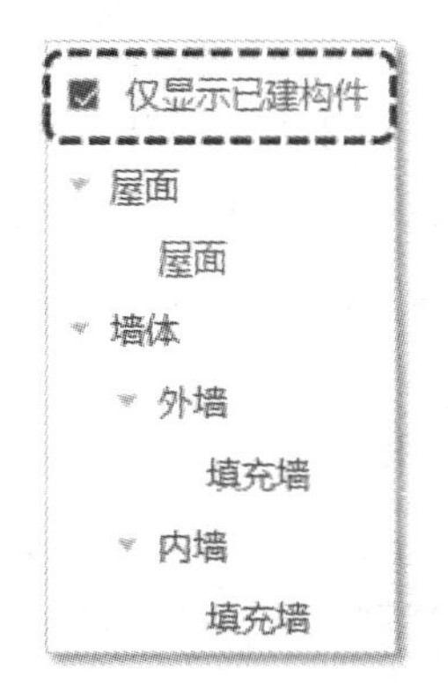

图 3-5-3　仅显示已建构件

3.5.2　构造

1. 构造类型一览表

同一种类的构件下可能会有不同的构造，“材料编辑”中提供“构造类型一览表”（见图 3-5-4）。

构造类型一览表

构造名称	建筑属性	使用面积	保温厚度	传热系数	传热阻	热惰性指标
默认填充墙	公建	1120.58	15	1.15	0.87	3.38
填充墙2	公建	103.84	15	1.15	0.87	3.38
EPS板外墙外保温系统	公建	2535.84	80	0.41	2.45	3.58

图 3-5-4　构造类型一览表

（1）按钮操作

表格右上方的按钮，在鼠标悬停在其上时会出现对应的功能名称。

①增加、删除构造。

在“构造类型一览表”右上方有增加和删除按钮⊕⊖，如图 3-5-5 所示。

构造类型一览表

构造名称	建筑属性	使用面积	保温厚度	传热系数	传热阻	热惰性指标
默认填充墙	公建	1120.58	15	1.15	0.87	3.38
填充墙2	公建	103.84	15	1.15	0.87	3.38
EPS板外墙外保温系统	公建	2535.84	80	0.41	2.45	3.58

图 3-5-5　增加、删除按钮⊕⊖

点击增加按钮⊕，在选中的构造下方将复制增加一个构造类型。

点击删除按钮⊖，被选中的构造将被删除。需注意，若被选中的构造被设置为默认构造或有使用面积，将无法被删除。

②设置默认构造。

每个构件类型都有一种构造是默认的，在“构造类型一览表”右上方点击“设置为默认”按钮（见图 3-5-6），被选中的构造前将出现蓝色的三角标志，表示该构造被设置成了默认构造。之后模型若增加构件，则赋予对应默认构造的材料。

构造类型一览表

构造名称	建筑属性	使用面积	保温厚度	传热系数	传热阻	热惰性指标
默认填充墙	公建	1120.58	15	1.15	0.87	3.38
填充墙2	公建	103.84	15	1.15	0.87	3.38
EPS板外墙外保温系统	公建	2535.84	80	0.41	2.45	3.58

图 3-5-6　设置为默认构造

(2) 右击某个构造操作

右击某个构造，可以对其进行复制、删除、收藏、重命名和设置为默认等操作，如图 3-5-7 所示。

①复制构造。

复制当前选择的构造，在此名称基础上加(1)(2)等，复制后的构造与原构造的材料相同。

②收藏构造。

若登录构力云账号，点击“收藏构造”，即可将当前选择的构造进行收藏，收藏后可在“我的构造”中调用。

③重命名构造。

点击“重命名构造”后弹出“提示”对话框（见图 3-5-8），可在横线上输入新的构造名称，点击“确定”后重命名成功。

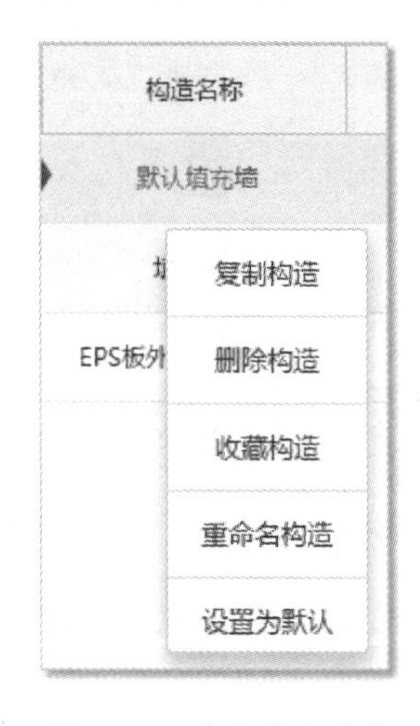

图 3-5-7　右击某个构造

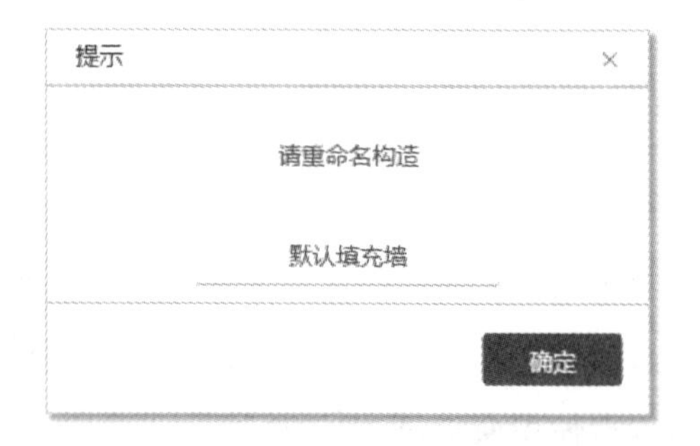

图 3-5-8　重命名构造

2. 构造参数显示设置

点击“参数显示设置”按钮，弹出“构造参数显示”界面(见图 3-5-9)，可对构造类型一览表的表头参数进行设置。需注意，此处的使用面积是普通层所应用到的面积。若某个构造仅在标准层，在普通层中没有，其使用面积会为 0。

图 3-5-9 构造参数显示

界面左边提供不同模块设计需要显示的参数参考，勾选后在右侧可进行排序，设置好后点击“确定”，将影响构造类型一览表的表头，如图 3-5-10 所示。

图 3-5-10 设置效果

图 3-5-11　构造推荐

3. 构造推荐

在“构造类型一览表”右侧提供“构造推荐”(见图 3-5-11),只需一步即可选择合规、即时的构造类型。

4. 搜索、筛选和排序

(1) 搜索

输入构造名称关键字可进行搜索。

(2) 筛选

根据提供的筛选条件进行筛选,不同构件所对应的筛选条件不同。

(3) 排序

排序方式有时间排序、使用量排序、收藏量排序,点击后先按升序进行排序,再次点击按降序进行排序。

5. 选用构造

双击可直接选用构造,选用后,软件会自动替换当前所选构造的保温系统(如图 3-5-12 所示,所选的是一个外保温系统,软件自动将所选构造的外保温材料进行了替换)。

6. 查看构造详细信息

单击可查看该构造的构造详细信息,可以对该构造进行收藏和选用,如图 3-5-13 所示。

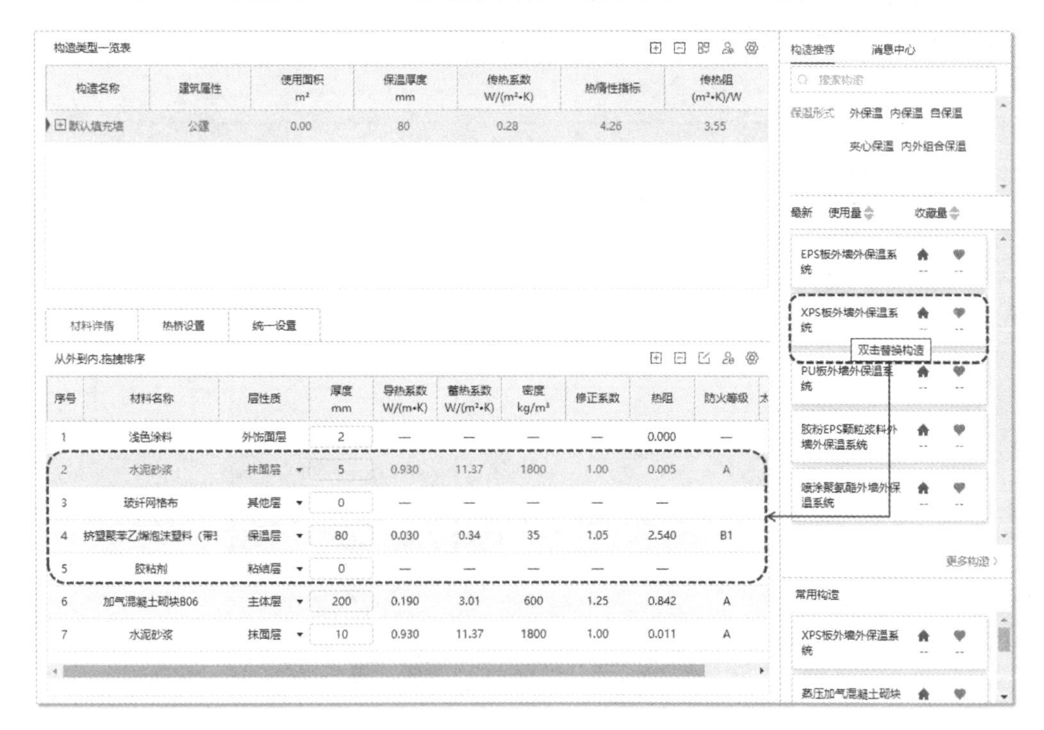

图 3-5-12　选用构造

构造详细信息

构造参数

构造名称：EPS板外墙外保温系统1

传热系数：0.41

传热阻：2.45

热惰性指标：3.58

参考计权隔声量：

依据规范：《建筑围护结构节能工程做法及数据》（09J908-3）

构造做法

材料名称	层性质	厚度
浅黄色涂料（浅黄）	外饰面层	2
水泥砂浆	抹面层	5
玻纤网格布	其他层	0
聚苯乙烯泡沫塑料	保温层	80

收藏　选用

图 3-5-13　构造详细信息

7. 选用构造、收藏构造和查看构造详情

右击某个构造，可以对其进行选用、收藏和查看详情操作，如图 3-5-14 所示。

选用构造

收藏构造

查看构造详情

图 3-5-14　右击构造

（1）选用构造

参考“5. 选用构造”。

（2）收藏构造

若登录构力云账号，点击“收藏构造”，即可将当前选择的构造进行收藏，收藏后可在“我的构造”中调用。

（3）查看构造详情

参考“6. 查看构造详细信息”。

8. 更多构造

点击“构造推荐”右下角的“更多构造”按钮，弹出“构造选择”界面，如图 3-5-15 所示。

在此对话框中可以对构造的参数、规范等进行筛选；在列表最后方，可以对该构造进行收藏；选择某个构造后，点击“确定”按钮，可以对该构造进行选用，在构造类型一览表中会新增该类型的构造。

9. 常用构造

若登录构力云账号，在“构造推荐”下方会显示该账号常用构造（见图 3-5-16），“常用构造”共显示 4 个，按照使用次数进行排序显示。

10. 我的构造

收藏后的构造都会保存在“我的构造”中。点击“构造类型一览表”右上方“我的构造”按钮，即可打开“我的构造”界面（见图 3-5-17），选择“构造列表”中的某个构造后点击“选用”，则将该构造以添加类型的形式加入构造类型一览表中。

此功能基于账号登录的情况下使用，只要登录账号，可以实现不同电脑登录，选用已收藏的构造，打破了硬件壁垒。

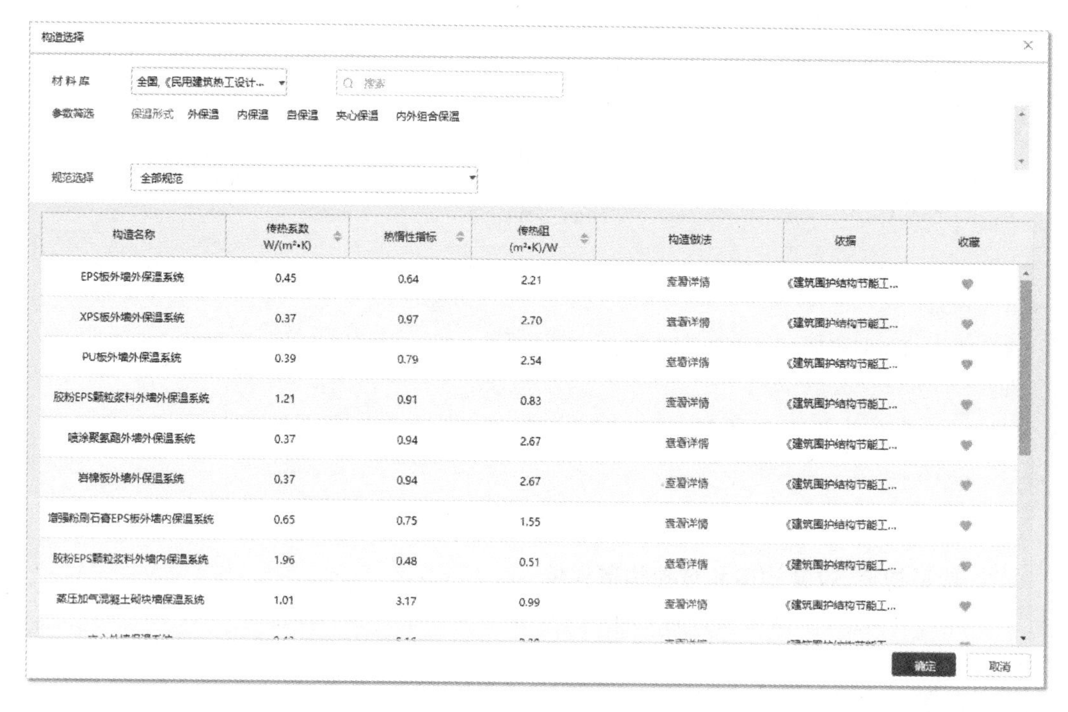

图 3-5-15　构造选择

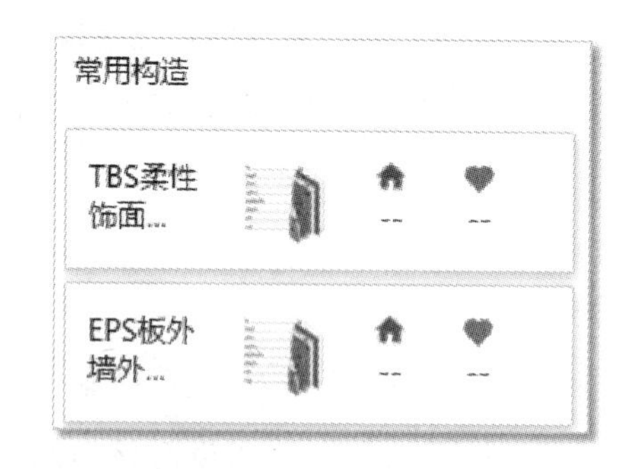

图 3-5-16　常用构造

11. 热桥设置

具有多层材料的构造下可以设置对应的热桥,在“构造类型一览表”下方切换到“热桥设置”,如图 3-5-18 所示。

“热桥类型”下拉可以选择该构件可能有的热桥类型;“联动热桥”按钮勾选后,将对应类型的热桥与主体结构进行联动;若未联动,列表右上方三个按钮会显示,可对下方的热桥材料层进行增加层、删除层、材料选择等操作。

主体构造展开,可以选择热桥,待选择热桥后,下方会自动定位到热桥的详情,如图 3-5-19 所示。

12. 统一设置

在“构造类型一览表”中选择某一构造,可将其统一赋予到某些位置构件上,在“构造类型一览表”下方切换到“统一设置”,如图 3-5-20 所示。

不同的构件对应的统一设置条件不同,具体内容可直接在软件上查看。勾选条件(须注意每个部分的条件均须勾选)后点击“设置”,即可设置成功。若有某一部分条件未勾选,“设置”按钮是不能点击的,鼠标移至“设置”按钮上方会有提示,如图 3-5-21 所示。

当两个构造设置条件相同时,软件会自动判断,并给出提示(见图 3-5-22),可以选择“覆盖”或者“取消”。需注意,“材料编辑”点击“应用”或者“确定”按钮之后,整体材料方案将被赋予到构件实体上,这个判断也将自动刷新。

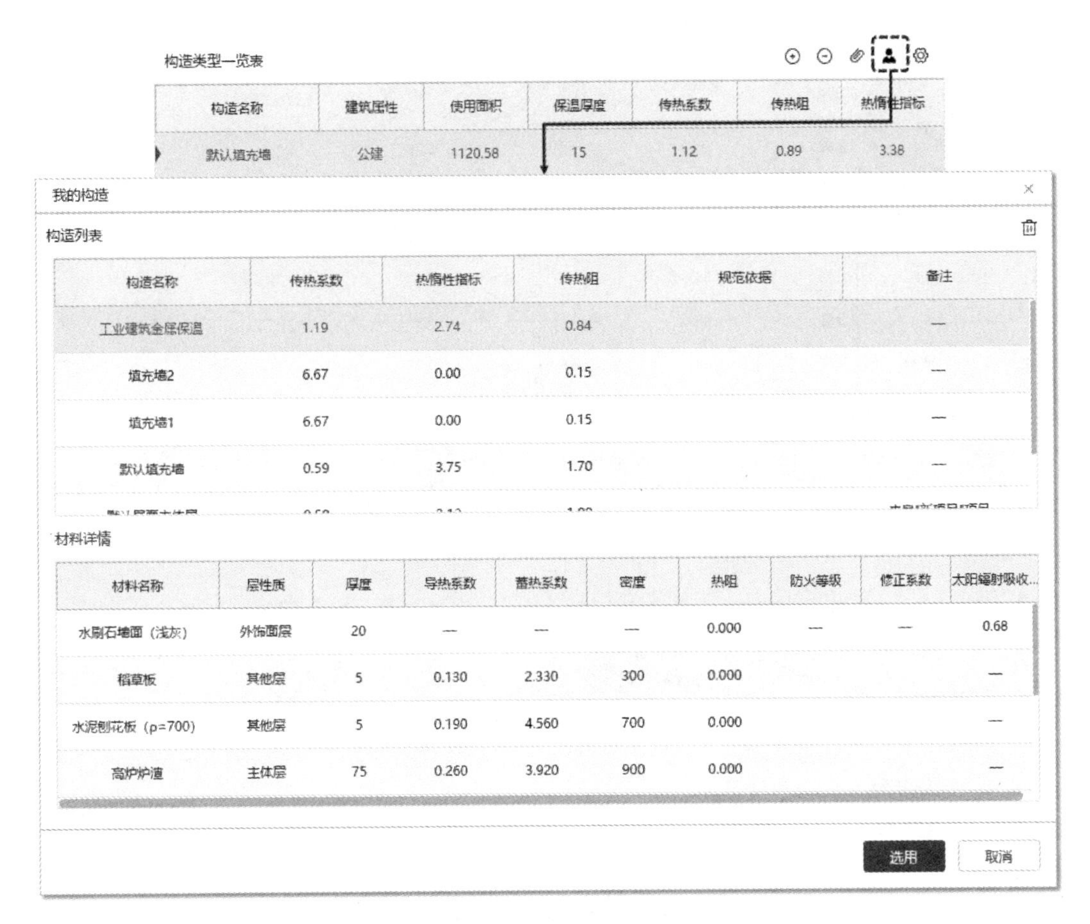

图 3-5-17　我的构造

材料详情　热桥设置　统一设置

热桥类型　热桥框架柱 ▼　联动热桥

热桥框架柱
热桥梁
热桥过梁
热桥楼板
防火隔离带

序号			厚度	导热系数	蓄热系数	密度	修正系数	热阻	防火
1			2	—	—	—	—	0.000	—
2	水泥砂浆	其他层 ▼	20	0.930	11.370	1800	1	0.022	A
3	岩棉板	保温层 ▼	80	0.035	0.470	110	1.1	2.078	
4	钢筋混凝土	主体层 ▼	200	1.740	17.200	2500	1	0.115	A
5	水泥砂浆	其他层 ▼	20	0.930	11.370	1800	1	0.022	A

图 3-5-18　热桥设置

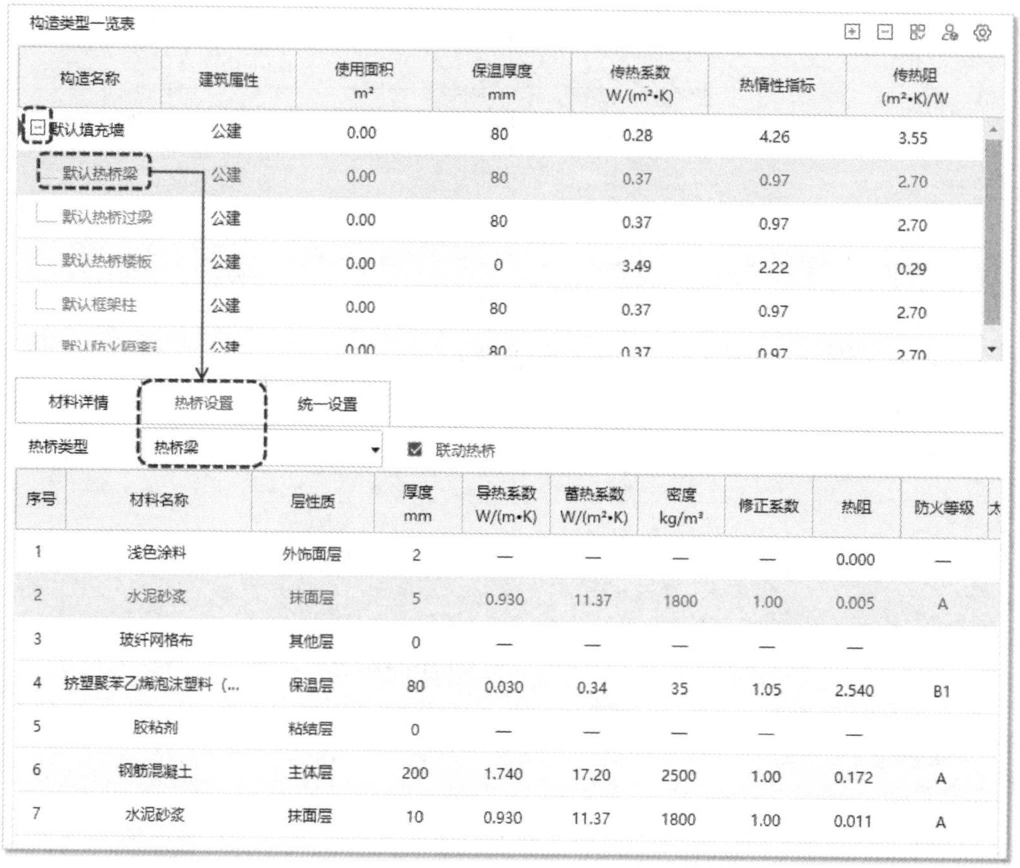

构造类型一览表

构造名称	建筑属性	使用面积 m²	保温厚度 mm	传热系数 W/(m²•K)	热惰性指标	传热阻 (m²•K)/W
默认填充墙	公建	0.00	80	0.28	4.26	3.55
默认热桥梁	公建	0.00	80	0.37	0.97	2.70
默认热桥过梁	公建	0.00	80	0.37	0.97	2.70
默认热桥楼板	公建	0.00	0	3.49	2.22	0.29
默认框架柱	公建	0.00	80	0.37	0.97	2.70
默认防火隔离带	公建	0.00	80	0.37	0.97	2.70

材料详情　热桥设置　统一设置

热桥类型　热桥梁　☑ 联动热桥

序号	材料名称	层性质	厚度 mm	导热系数 W/(m•K)	蓄热系数 W/(m²•K)	密度 kg/m³	修正系数	热阻	防火等级
1	浅色涂料	外饰面层	2	—	—	—	—	0.000	—
2	水泥砂浆	抹面层	5	0.930	11.37	1800	1.00	0.005	A
3	玻纤网格布	其他层	0	—	—	—	—	—	
4	挤塑聚苯乙烯泡沫塑料（...	保温层	80	0.030	0.34	35	1.05	2.540	B1
5	胶粘剂	粘结层	0	—	—	—	—	—	
6	钢筋混凝土	主体层	200	1.740	17.20	2500	1.00	0.172	A
7	水泥砂浆	抹面层	10	0.930	11.37	1800	1.00	0.011	A

图 3-5-19　展开热桥查看

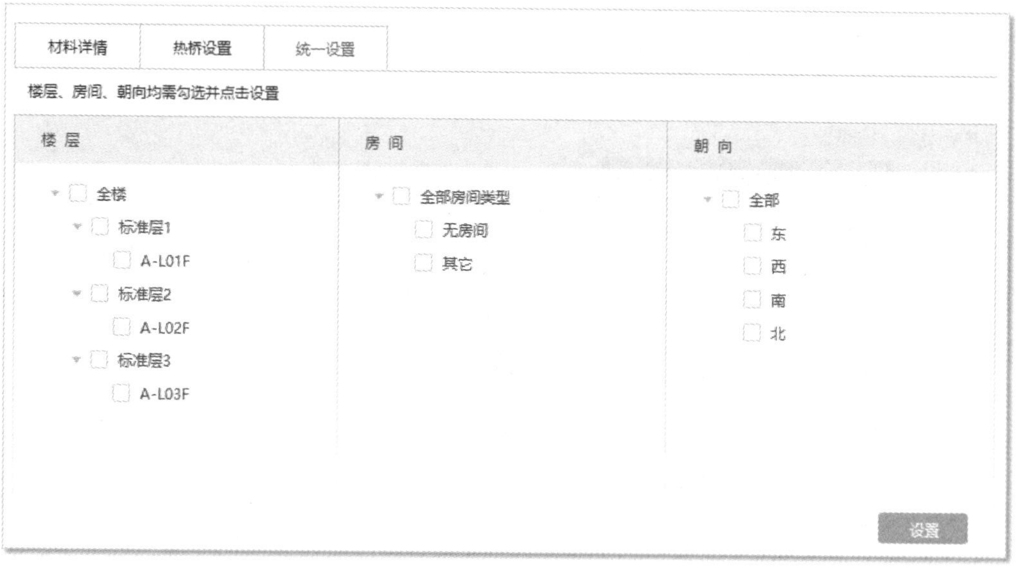

材料详情　热桥设置　统一设置

楼层、房间、朝向均需勾选并点击设置

楼 层	房 间	朝 向
全楼	全部房间类型	全部
标准层1	无房间	东
A-L01F	其它	西
标准层2		南
A-L02F		北
标准层3		
A-L03F		

设置

图 3-5-20　统一设置

图 3-5-21 统一设置

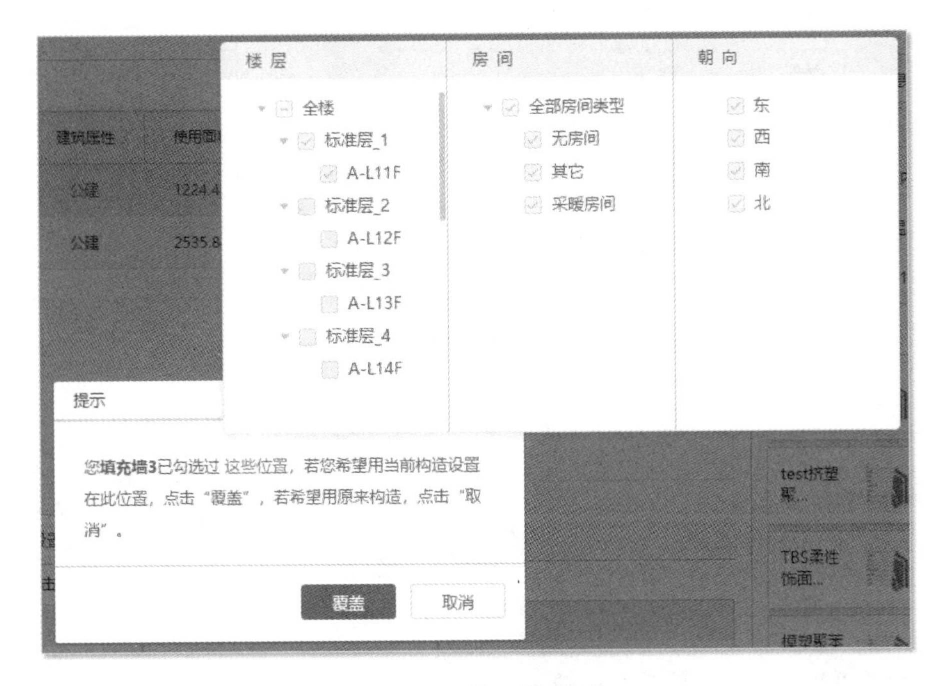

图 3-5-22 统一设置提示

3.5.3 材料

1. 材料详情

有的构造有多层材料（如墙），有的构造只有一种材料（如门窗），在"构造类型一览表"下方切换到"材料编辑"，如图 3-5-23 所示，即可查看材料详情和编辑材料。

(1) 增加、删除材料层

在材料列表右上方有增加和删除按钮⊕⊖，如图 3-5-24 所示。

增加层：点击增加按钮⊕，在选中的材料下方将复制增加一层被选中的材料。

删除层：点击删除按钮⊖，被选中的材料层将被删除。需要注意，第一层为外饰面层，若该构造具有外饰面，则无法删除第一层；一个构造至少须保留一层材料（除外饰面层以外）。

(2) 移动顺序

将鼠标移动到材料前的序号上，会出现移动的小图标（见图 3-5-25），点击移动图标进行拖拽，可以将该层材料移动到想要放置的位置。需注意，外饰面层固定在第一层，无法移动；其他层的材料无法移至外饰面层前面。

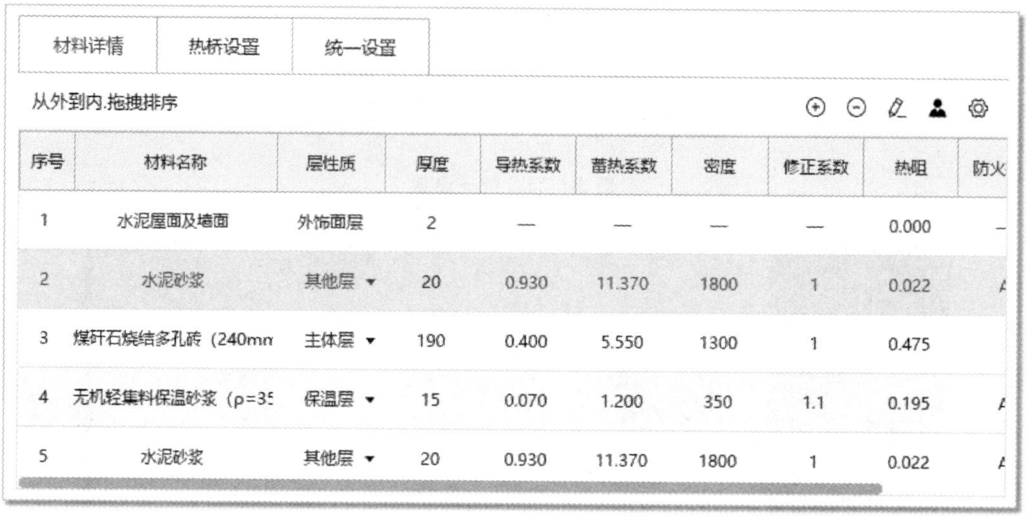

材料详情
热桥设置
统一设置
从外到内.拖拽排序

序号	材料名称	层性质	厚度	导热系数	蓄热系数	密度	修正系数	热阻	防火
1	水泥屋面及墙面	外饰面层	2	—	—	—	—	0.000	—
2	水泥砂浆	其他层	20	0.930	11.370	1800	1	0.022	A
3	煤矸石烧结多孔砖（240mn	主体层	190	0.400	5.550	1300	1	0.475	
4	无机轻集料保温砂浆（ρ=35	保温层	15	0.070	1.200	350	1.1	0.195	A
5	水泥砂浆	其他层	20	0.930	11.370	1800	1	0.022	A

图 3-5-23　材料详情

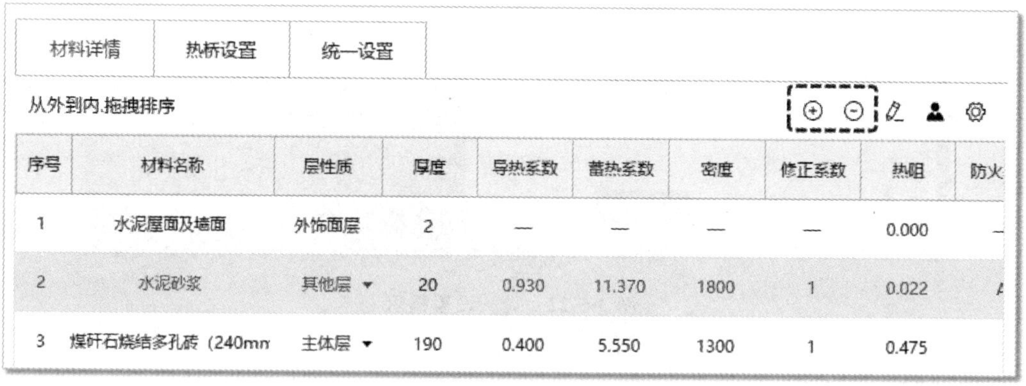

材料详情
热桥设置
统一设置
从外到内.拖拽排序

序号	材料名称	层性质	厚度	导热系数	蓄热系数	密度	修正系数	热阻	防火
1	水泥屋面及墙面	外饰面层	2	—	—	—	—	0.000	—
2	水泥砂浆	其他层	20	0.930	11.370	1800	1	0.022	A
3	煤矸石烧结多孔砖（240mn	主体层	190	0.400	5.550	1300	1	0.475	

图 3-5-24　增加、删除按钮

从外到内.拖拽排序
拖拽可排序

序号	材料名称	层性质
1	水泥屋面及墙面	外饰面层
2	水泥砂浆	其他层
3	煤矸石烧结多孔砖（240mn	主体层
4	无机轻集料保温砂浆（ρ=35	保温层

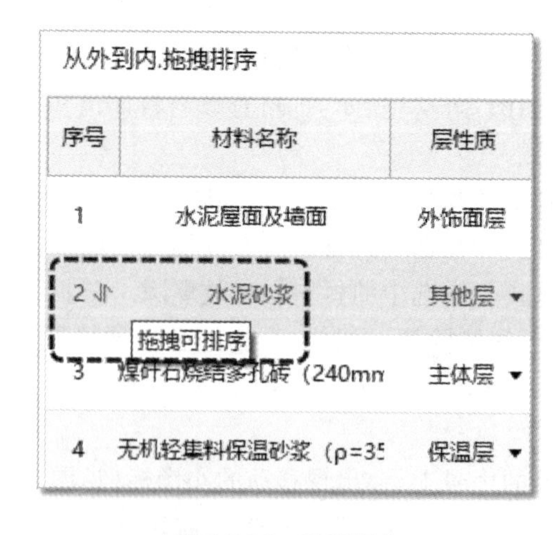

图 3-5-25　移动顺序

（3）层性质选择

多层材料的每一层起到的作用都不一样，在“层性质”列中可以下拉选择不同的层性质，如图 3-5-26 所示。

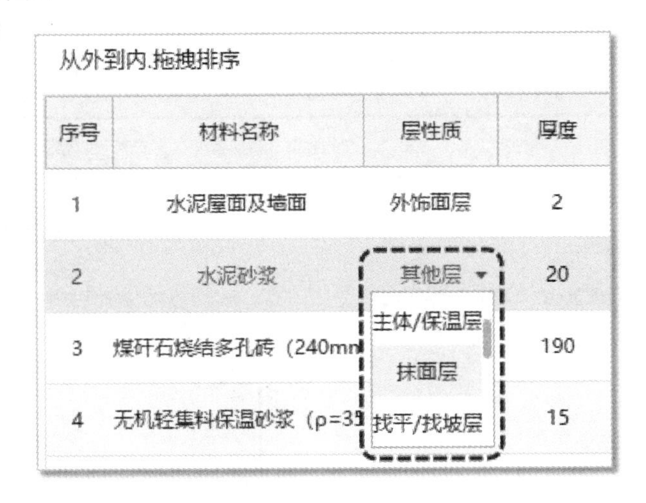

图 3-5-26　层性质选择

当材料是主体或保温材料时，软件会自动判断，选择到对应的层性质。其余材料默认均显示为“其他层”，可进行手动设置。

（4）参数显示设置

点击“参数显示设置”按钮，软件会弹出“材料参数显示”界面（见图 3-5-27），此时可对材料列表的表头参数进行设置。

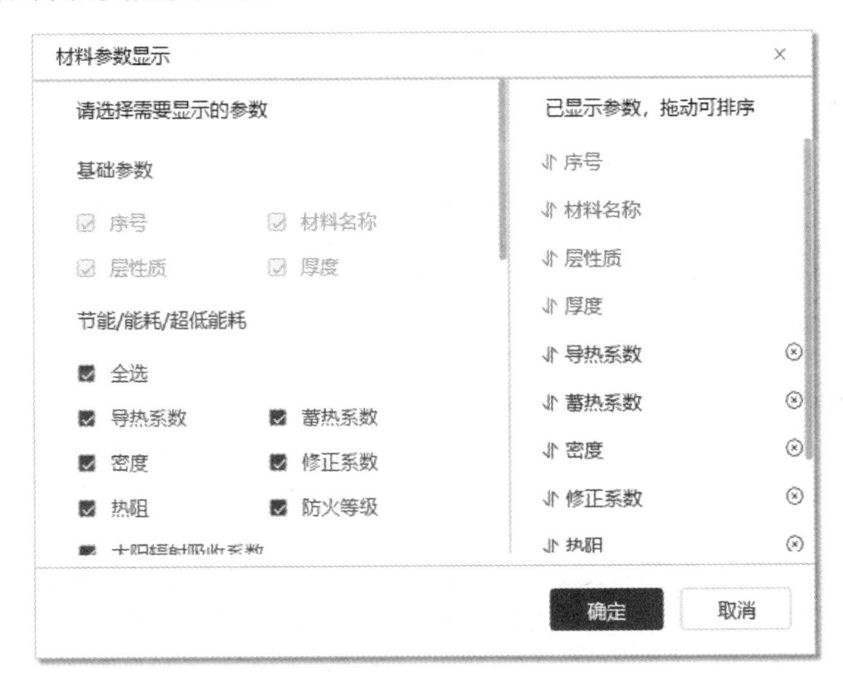

图 3-5-27　材料参数显示

界面左边提供不同模块设计需显示的参数参考，勾选后在右侧可进行排序，设置好后点击“确定”，将影响材料列表的表头，如图3-5-28所示。

图3-5-28　设置效果

2. 替换材料

当某种材料不符合预期时，可以对材料进行替换，只需打开“材料选择”界面（见图3-5-29），该界面所展示的材料包含系统自带的和厂商所提供的，以便选择出即时、合规、绿色的材料。厂商提供的材料可以点击查看此相关案例、查看材料的详情和所应用的节点图，并能和厂商直接沟通。

界面上方可以设置不同的筛选条件，列表中会显示符合条件的材料，选择想要的材料，点击“确定”，或者双击该材料，即可进行材料的替换。

不同的构件，替换材料进入的方式不同——当构件树中选择屋面、墙等有多层材料的构造时，双击材料名称即可进入，如图3-5-30所示；当选择门、窗时，点击名称后的小图标进入，如图3-5-31所示。

进行普通材料替换时，可以输入传热系数（或厚度）的目标值，试算值中会将此材料带入构件中，进行试算，得出相应的厚度值（或传热系数），方便选择材料时进行对比，如图3-5-32所示。需注意，试算出的厚度值，会以5的模数进行显示，如试算出厚度为52 mm，则显示55 mm。

材料选择-墙

材料库　全国,《民用建筑热工设计规范》(GB5...　　没有找到合适的材料？试试发布寻材

材料类别　混凝土及砂浆　子类别　全部　规格型号　全部

高级筛选　全部规范　目标值　[传热系数　厚度]

品牌	材料名称	导热系数 W/(m·K)	蓄热系数 W/(m²·K)	防火等级	密度 kg/m³	修正系数	比热 kJ/(kg·k)	热阻	材料详情	咨询	试算厚度	收藏
GB	钢筋混凝土	1.740	17.20	A	2500	1.00	0.920	0.003	查看详情	—	—	
GB	碎石、卵石混凝土（ρ=230(	1.510	15.36	A	2300	1.00	0.920	0.003	查看详情	—	—	
GB	碎石、卵石混凝土（ρ=210(	1.280	13.57	A	2100	1.00	0.920	0.004	查看详情	—	—	
GB	膨胀矿渣珠混凝土（ρ=200(	0.770	10.49	A	2000	1.00	0.960	0.006	查看详情	—	—	
GB	膨胀矿渣珠混凝土（ρ=180(	0.630	9.05	A	1800	1.00	0.960	0.008	查看详情	—	—	
GB	膨胀矿渣珠混凝土（ρ=160(	0.530	7.87	A	1600	1.00	0.960	0.009	查看详情	—	—	
GB	自然煤矸石、炉渣混凝土（	1.000	11.68	A	1700	1.00	1.050	0.005	查看详情	—	—	
GB	自然煤矸石、炉渣混凝土（	0.760	9.54	A	1500	1.00	1.050	0.007	查看详情	—	—	

其它地区相关材料

暂无数据

我的材料　确定

图 3-5-29　材料选择界面

3. 自定义材料

若在“材料选择”界面中没有找到自己想要的材料，软件提供“自定义材料”功能，点击材料列表右上方的“自定义材料”按钮，即可打开“自定义材料”界面，如图 3-5-33 所示。

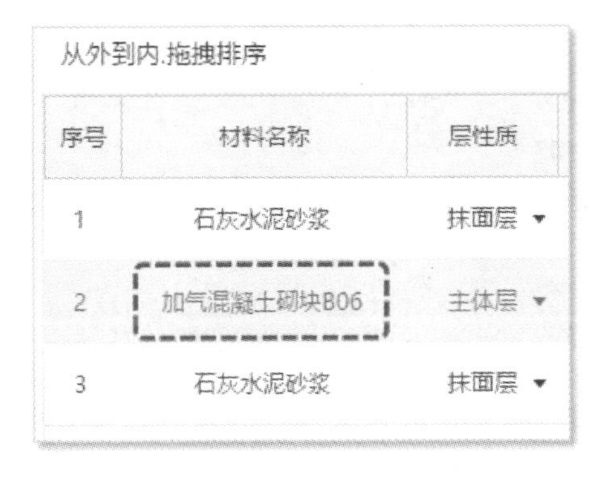

图 3-5-30　双击材料名称

软件提供标准材料参考，选择不同的材料类别，会影响参考列表的内容。选择左侧列表中的标准材料后，右侧会显示相关参数信息，手动修改参数后点击“应用”即可将自定义的材料替换成当前选中的材料；若想保存起来下次使用，可点击“应用并收藏”按钮，即可在“我的材料”中找到该材料并调用。

窗的自定义材料分为窗框型材和玻璃系统，软件同样提供模板选择，当然也可以手动输入数值，手动输入数值可点击“计算加权平均传热系数”，如图 3-5-34 所示。

4. 我的材料

已收藏的材料，都会保存在“我的材料”中，点击材料列表右上方“我的材料”按钮，即可打开“我的材料”界面，如图 3-5-35 所示。

此界面左侧提供材料类别选择，右侧则是该类别下所收藏的材料。选择列表中的某个材料后点击“选用”，则可将材料替换为当前所选中的材料；点击“删除”即将选中的材料删除。需注意，当构件选择门、窗时，此处没有“我的材料”按钮，因为门窗的材料即为构

图 3-5-31　点击图标

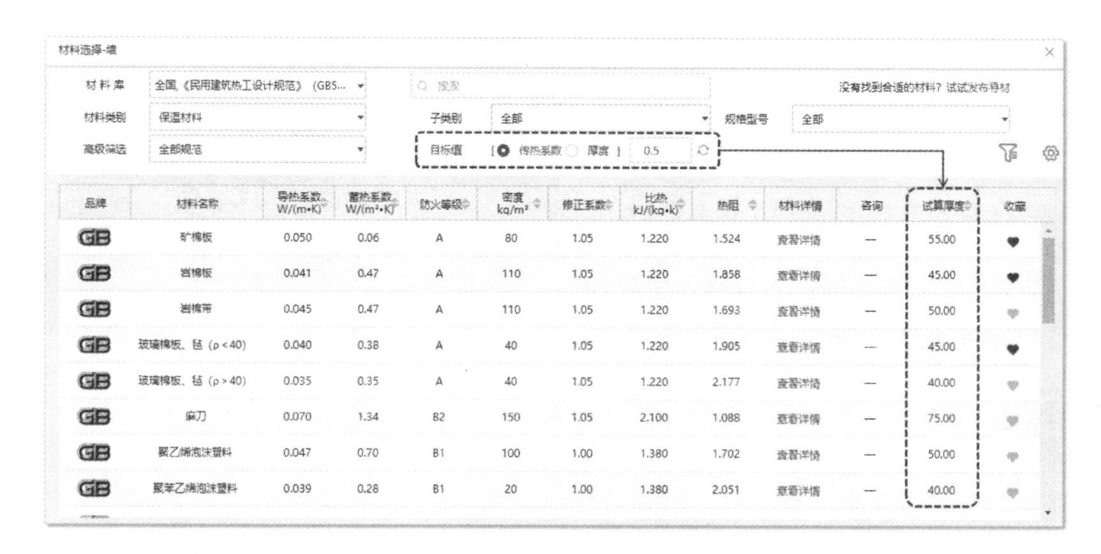

图 3-5-32　试算

造，可直接在“我的构造”界面中进行选用。

3.5.4　方案

某些项目的几栋单体建筑的材料一样(如小区)，软件提供方案导入和导出功能，简单几步就能完成材料的选择。

1. 方案导出

将鼠标滑动到“材料编辑”界面下方的“导入/导出”按钮，会出现“导出方案”按钮，点击“导出方案”，软件会弹出“导出方案”界面，如图 3-5-36 所示。

材料详情
热桥设置
统一设置
从外到内,拖拽排序
自定义材料
搜索
材料类别
请选择
序号
材料名称
1 真空绝热板
2 气凝胶
3 沥青防水卷材
4 硅塑防火保温板
5 聚能防火保温板
6 钢筋混凝土
7 碎石、卵石混凝土
8 细石混凝土
9 膨胀矿渣珠混凝土
材料参数
* 材料名称 真空绝热板
* 导热系数 0.010 W/(m•K)
蓄热系数 10.670 W/(m²•K)
* 密度 450 kg/m³
* 比热 0.700 kJ/(kg•K)
* 修正系数 1.00
* 蒸汽渗透系数 0.162 g/(m².h.Pa)
* 热阻 8.000
* 防火等级 A
* 选用依据 自定义
应用
应用并收藏
取消

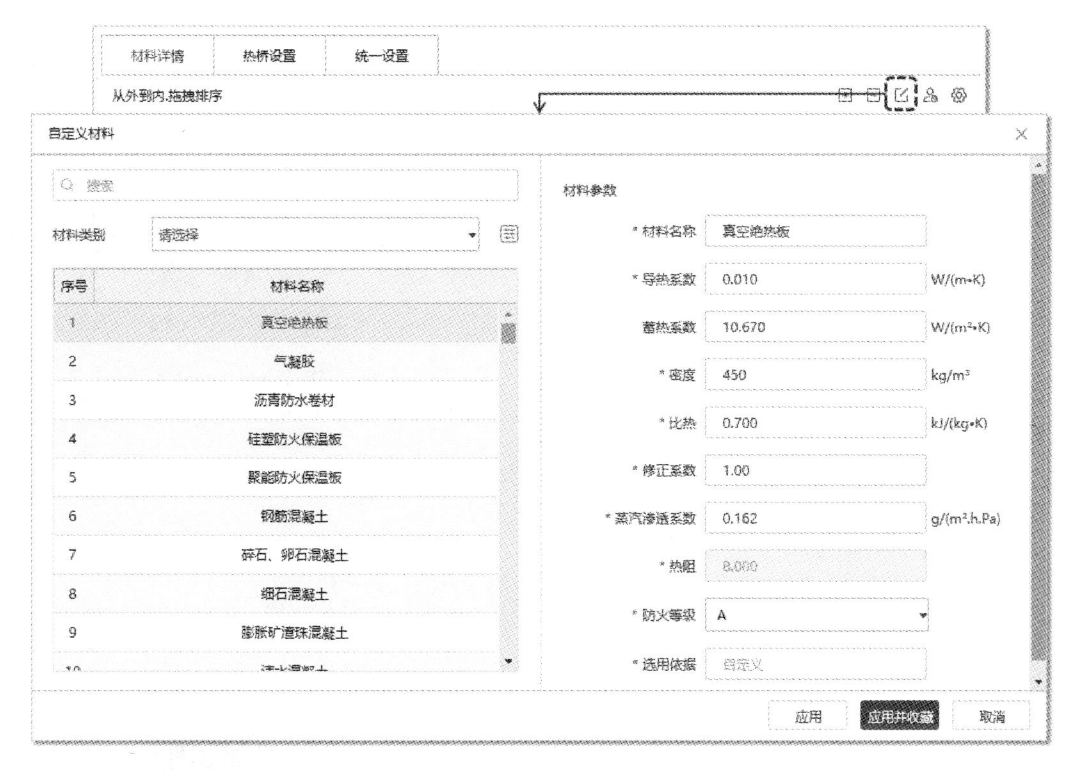

图 3-5-33 自定义材料

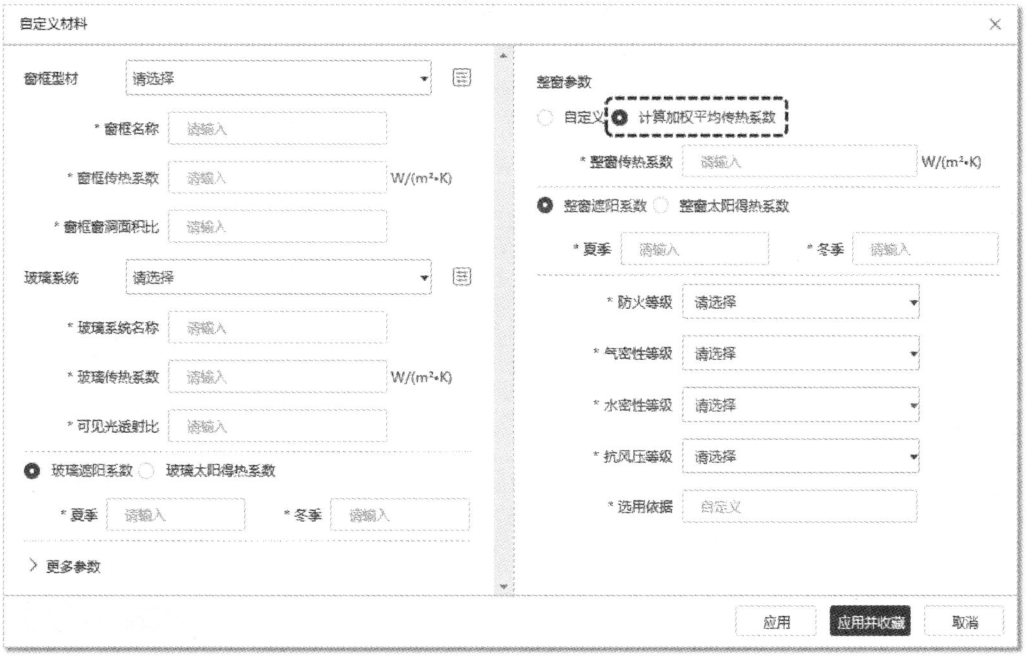

自定义材料
窗框型材 请选择
* 窗框名称 请输入
* 窗框传热系数 请输入 W/(m²•K)
* 窗框窗洞面积比 请输入
玻璃系统 请选择
* 玻璃系统名称 请输入
* 玻璃传热系数 请输入 W/(m²•K)
* 可见光透射比 请输入
玻璃遮阳系数 玻璃太阳得热系数
* 夏季 请输入 * 冬季 请输入
更多参数
整窗参数
自定义 计算加权平均传热系数
* 整窗传热系数 请输入 W/(m²•K)
整窗遮阳系数 整窗太阳得热系数
* 夏季 请输入 * 冬季 请输入
* 防火等级 请选择
* 气密性等级 请选择
* 水密性等级 请选择
* 抗风压等级 请选择
* 选用依据 自定义
应用
应用并收藏
取消

图 3-5-34 窗自定义材料

图 3-5-35 我的材料

图 3-5-36 导出方案

（1）基本信息

此处显示当前项目的基本信息，包括项目的名称、性质、位置以及建筑层高和建筑面积。

（2）详细信息

此处显示该项目所有的构造，展开类别可以看到“查看材料详情”按钮，点击后可以查看该构造的材料详情和相关参数，如图 3-5-37 所示。

图 3-5-37　查看材料详情

在复选框中可以勾选需要导出的构造，勾选好后可以选择“导出到云端”或者“导出到本地”，如图 3-5-38 所示。若选择“导出到云端”，下次登录相同的账号，即可在“导入方案”界面将保存的方案导入，如图 3-5-39 所示。若选择“导出到本地”，则会生成一个.gdb 格式的文件，可以选择本地的路径进行保存。

2. 方案导入

导入的方案有两种：导入云端方案和导入本地方案。

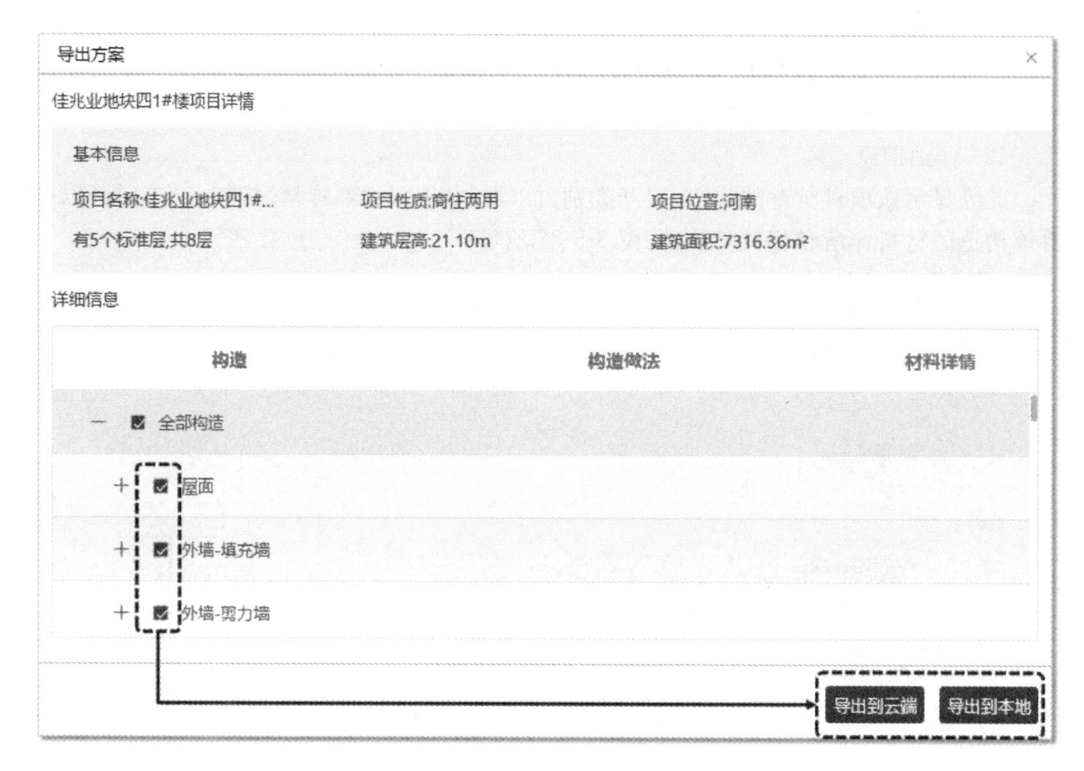

图 3-5-38　导出

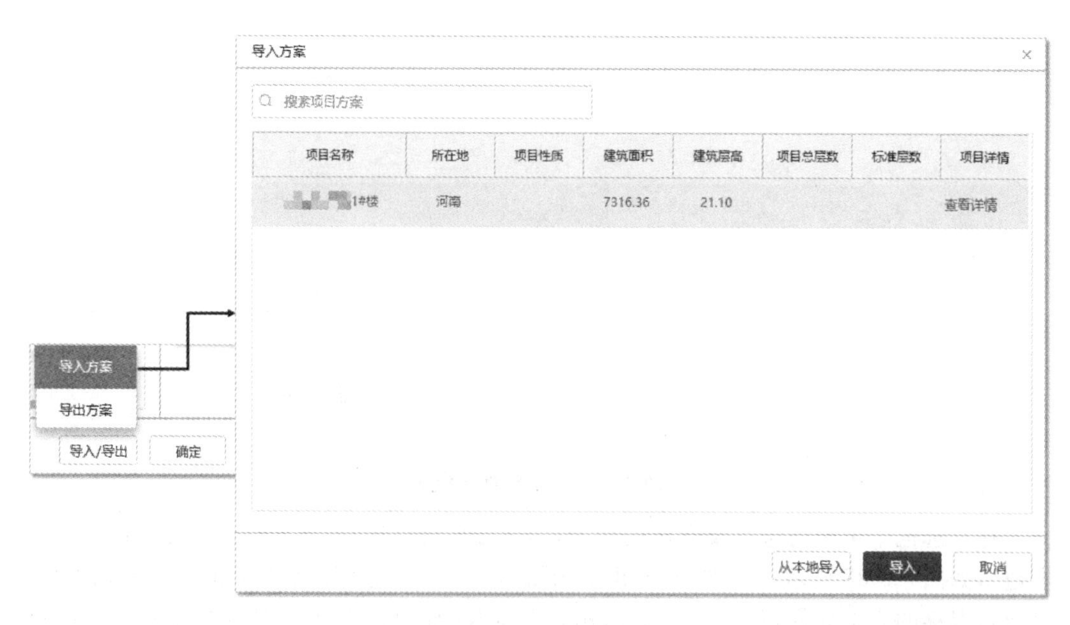

图 3-5-39　导入方案

(1) 导入本地方案

可以无视此列表,直接点击本界面的“从本地导入”,选择.gdb 格式的文件即可将该方案导入到当前打开的项目中。

（2）导入云端方案

选择列表中的某个方案后点击“导入”即可导入，若项目较多，可对项目名称进行搜索。若希望导入个别构件，可点击“查看详情”按钮，软件会弹出“项目详情”界面，勾选想要导入的构件后点击“导入”按钮，即可导入，如图 3-5-40 所示。

图 3-5-40　查看项目详情

点击“导入”按钮后，软件会提示是否要替换原有的内容（见图 3-5-41）。若希望替换原有的内容，则点击“替换”按钮；若希望保留原有的内容，则点击“添加”按钮。

3. 特别提醒

若当前未登录构力云账号，软件只提供方案导入（或导出）的本地操作，默认导入（或导出）方案中的所有构造，无法勾选需要导入（或导出）的构造，此功能是注册会员的特有权益。

3.5.5　消息中心

选择材料时若选择厂商所提供的材料，可以直接与厂商沟通，沟通的方式有三种：咨询了解、我要样品和发布寻材。

1. 咨询了解

在“材料选择”界面点击想要咨询的材料，会弹出“提示”，如图 3-5-42 所示。

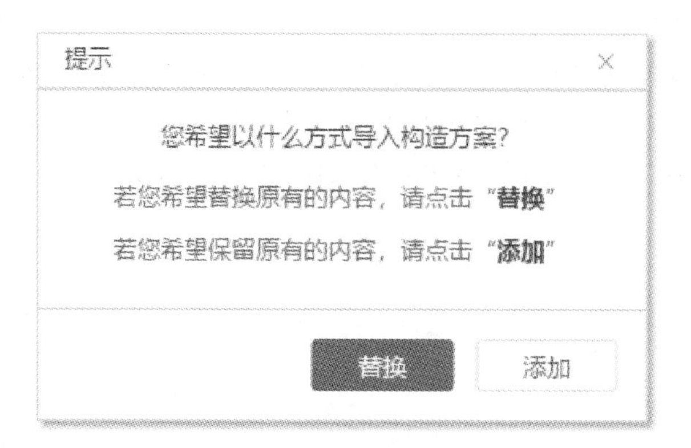

图 3-5-41　导入提示

图 3-5-42　咨询了解

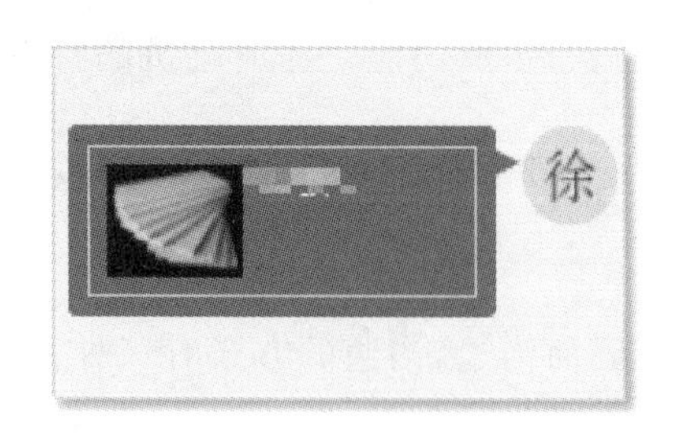

图 3-5-43　与厂商聊天

点击“消息中心”即可跳转到与该厂商聊天界面，系统会给厂商发送该材料的详情链接(见图 3-5-43)，点击该消息后浏览器会跳转到对应的链接，若厂商收到后予以回复，此处即可看到。此处除了发送文字以外，还可以发送本地图片和送样请求。

2. 我要样品

(1) 材料选择界面送样

在“材料选择”界面点击想要厂商送样上门的材

料，会弹出“送样请求”，如图 3-5-44 所示。选择设计模块后勾选同意将项目信息和联系方式一起发送，即可对该厂商发送送样请求。

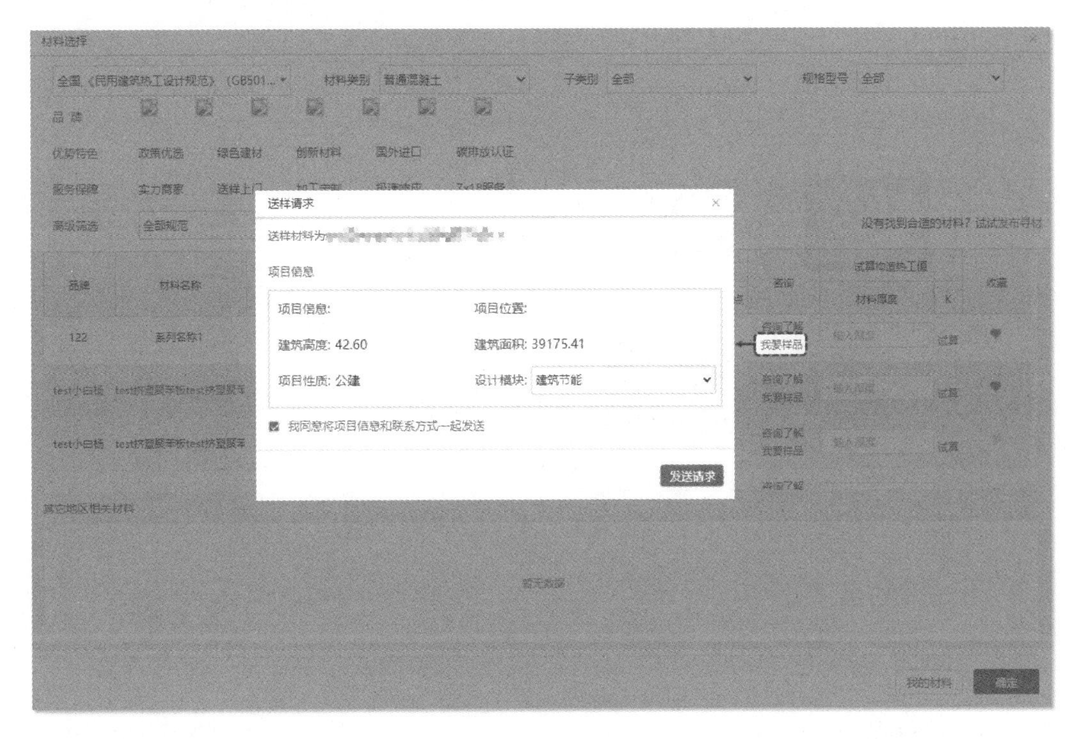

图 3-5-44　我要样品

发送成功后会弹出“提示”(见图 3-5-45)，点击“消息中心”即可跳转到与该厂商聊天界面。

系统会发送一条提示“你发送了一条送样请求”，并且会给厂商发送该材料的详情链接，如图 3-5-46 所示。点击该消息后浏览器会跳转到对应的链接，若厂商收到后予以回复，此处即可看到。

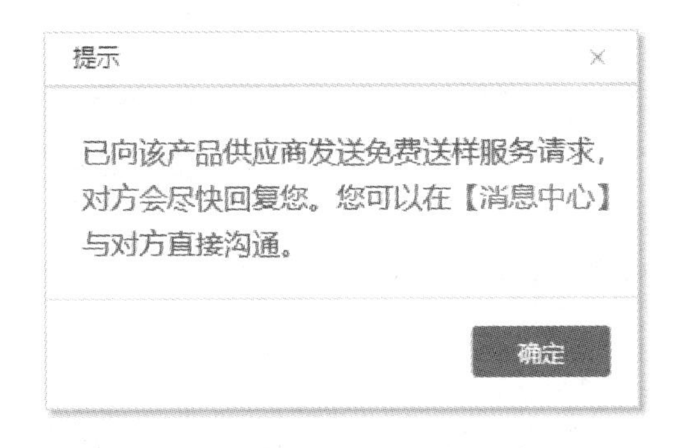

图 3-5-45　提示

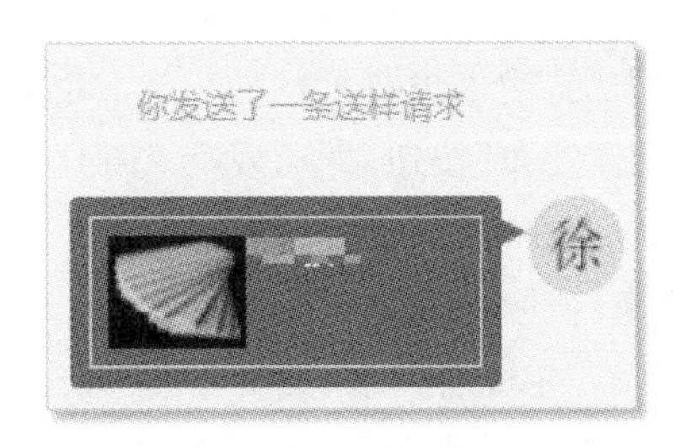

图 3-5-46　送样请求提示

(2) 聊天窗口送样

若选择材料时未发送送样请求，与厂商沟通了解后时也可发送，在聊天界面中点击送样的图标，会弹出该厂商能送样的材料以供选择(见图 3-5-47)，材料较多时可以通过搜索查找。

图 3-5-47　发送送样请求

选择材料后，再选择设计模块和勾选“将项目信息和联系方式一起发送”，点击“发送”按钮，会给厂商发送该材料的详情链接。

3. 发布寻材

若在“材料选择”界面没有找到想要的材料，软件提供“发布寻材”功能。

(1) 发布信息

在列表右上方点击“发布寻材”，然后在“发布寻材”对话框(见图 3-5-48)中选择要询问的类别，输入想要了解的内容，勾选上“我同意将项目信息、联系方式和问题一起发布”后点击“发布”按钮，即可发布一条寻材信息到寻材大厅。

厂商在寻材大厅查看到寻材信息，会主动取得联系，在“消息中心”中可以看到该厂商是否来自寻材(见图 3-5-49)。

(2) 寻材列表

发布寻材成功后，可以在“材料编辑”界面的左侧点击“寻材列表”，即可查看该账号下所发布的所有寻材信息，如图 3-5-50 所示。

点击查看图标◎即可查看寻材的详细信息。

点击删除图标🗑即可将本条寻材信息删除，厂商将看不到此条内容。

图 3-5-48　发布寻材

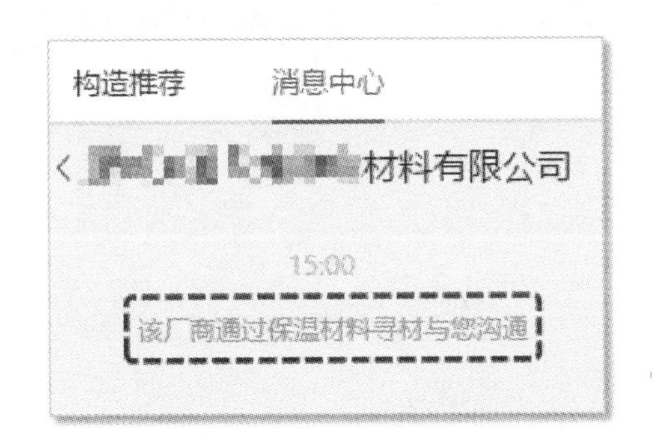

图 3-5-49　消息提示

若当前寻材内容未到期，点击终止图标可以手动终止，终止后当前状态会变为“已结束”，厂商将看不到此条内容。

3.5.6　收藏

对构造、材料以及方案的收藏，除了在对应位置能打开、调用，在“材料编辑”界面左侧可以打开统一查看（见图 3-5-51）。但需注意，此处无法直接调用，只是提供查看和删除功能，以便对收藏的内容进行管理，此功能需要登录构力云账号才能使用。

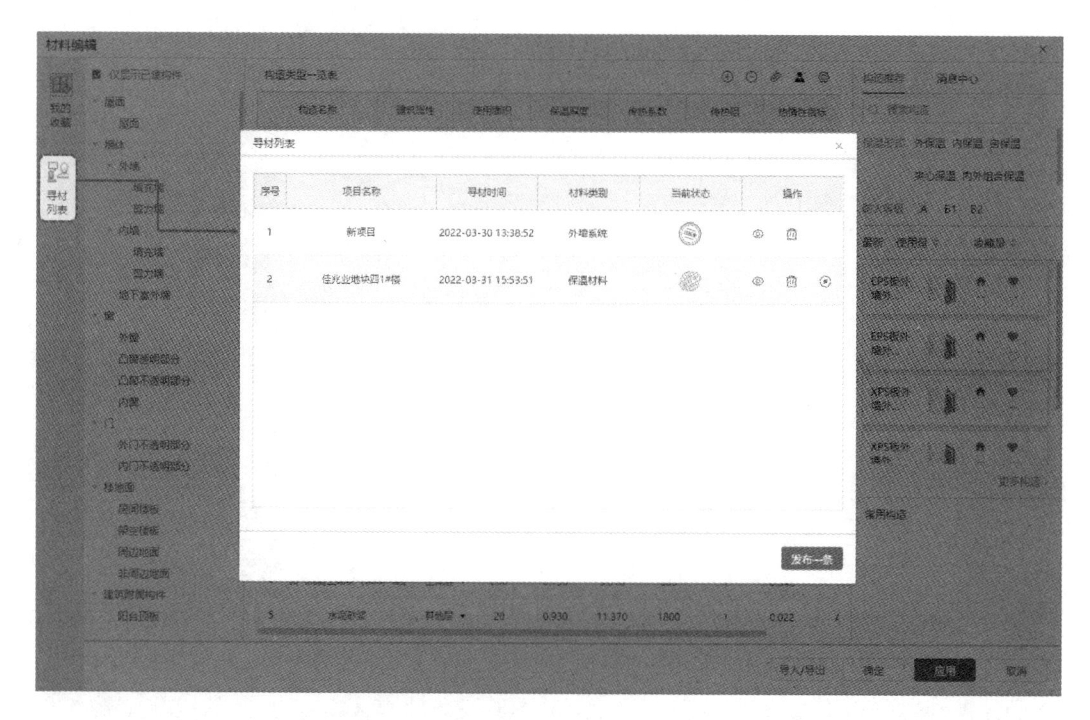

图 3-5-50　寻材列表

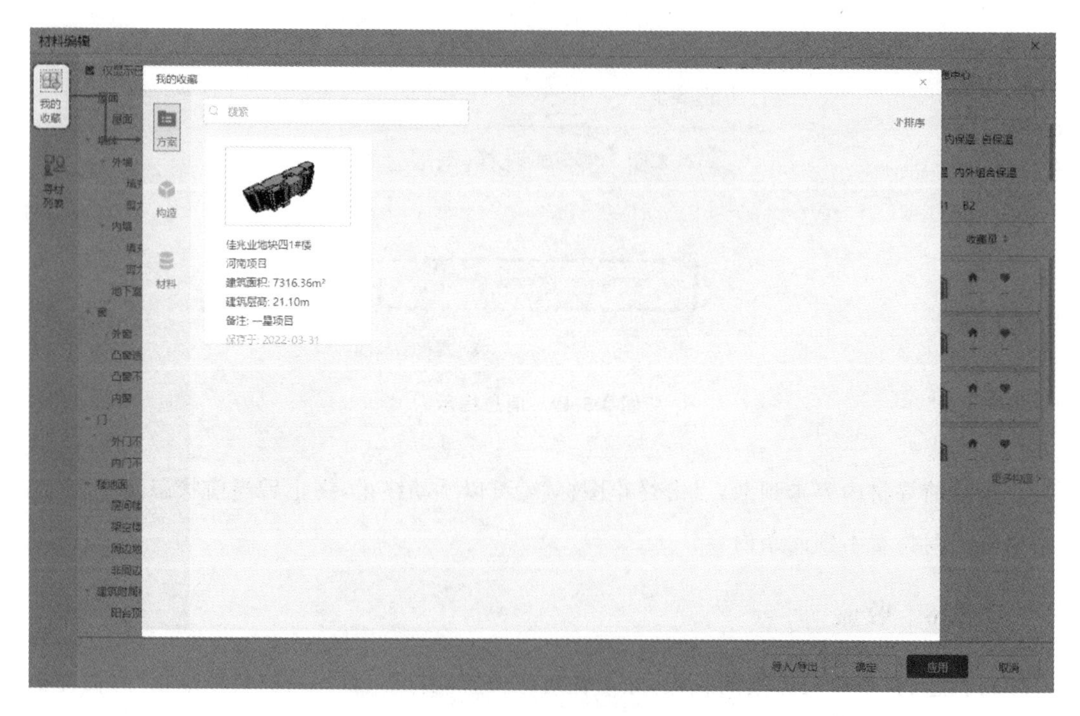

图 3-5-51　我的收藏

1. 方案收藏

该账号下收藏的所有方案显示在此处(见图 3-5-52),可双击查看详情,包含了项目的基本信息和详细信息,还可对该项目中所包含的方案进行删除。

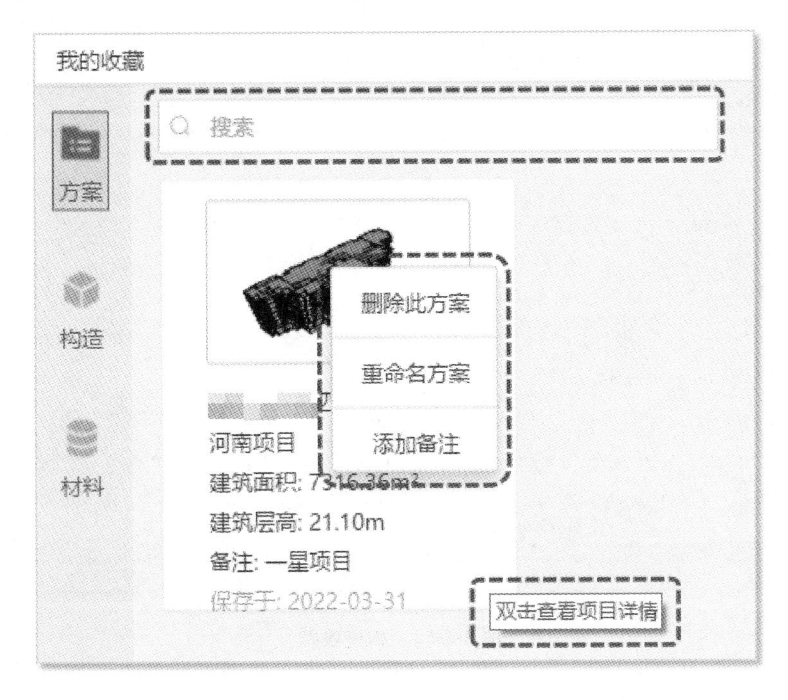

图 3-5-52 方案收藏

此外右击某一方案,可对方案进行删除、重命名和添加备注操作。若方案较多,可对方案名称进行关键字搜索,还可排序。

2. 构造收藏

该账号下收藏的所有构造显示在此处(见图 3-5-53),构造分成三类:墙体类、窗体类和门类。每类均包含列表和对应构造的材料详情,可以在列表右上方点击删除图标删除选中的构造。

3. 材料收藏

该账号下收藏的所有材料显示在此处(见图 3-5-54),界面左侧是材料的分类,右侧是对应分类的所收藏的材料,在列表下方可以对选中的材料进行删除。若收藏的材料较多,可以输入材料名称关键字进行搜索。

图 3-5-53　构造收藏

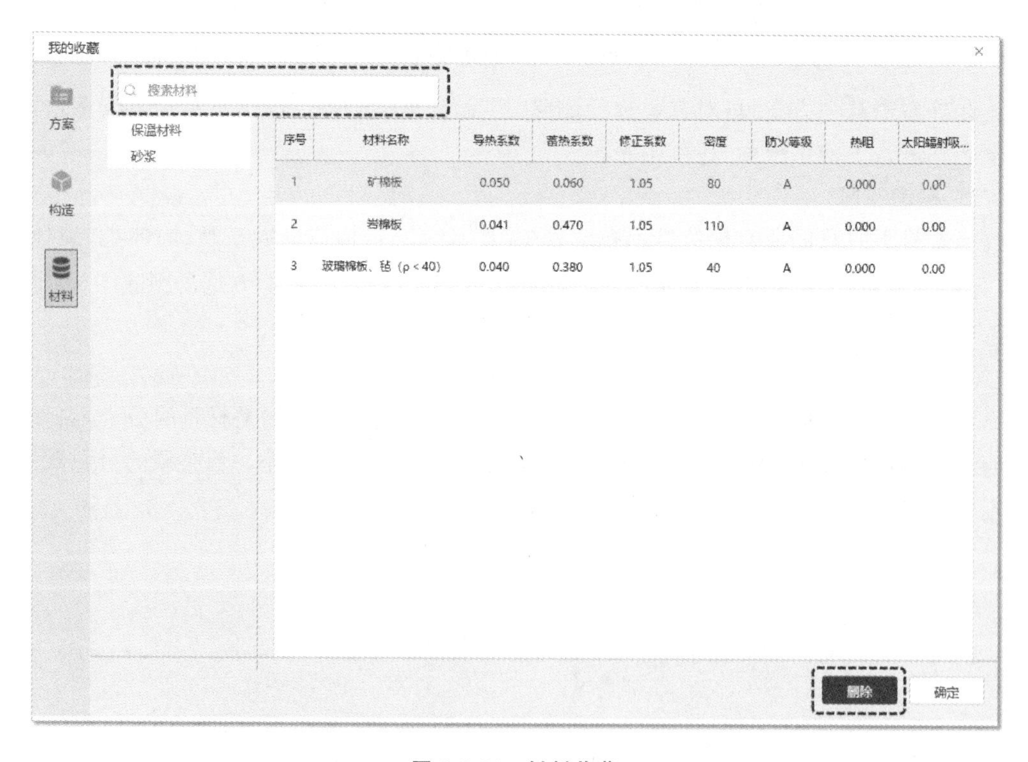

图 3-5-54　材料收藏

4　建筑节能设计分析

我国《绿色建筑评价标准》资源节约的控制项第一条目就要求建筑设计应该满足我国的节能设计要求。

用户在已有 PKPM 模型的情况下，可直接打开工程进行操作。只需要对标准选择、专业设置、材料编辑、节能计算、结果分析、报告输出等菜单进行操作。用户若只有天正或斯维尔图纸，请使用天正导入和斯维尔导入生成 PKPM 模型，具体操作方法请参见 3.1 节内容；若需要在本模块中新建模型，请参见 3.2～3.4 节内容。

4.1　操 作 界 面

4.1.1　建筑节能界面

运行软件进入 AutoCAD 平台，建筑节能设计分析软件 PBECA 在 AutoCAD 平台接口上侧自动加载“建筑节能”菜单。建筑节能设计分析软件 PBECA 2023 年版主界面如图 4-1-1 所示。

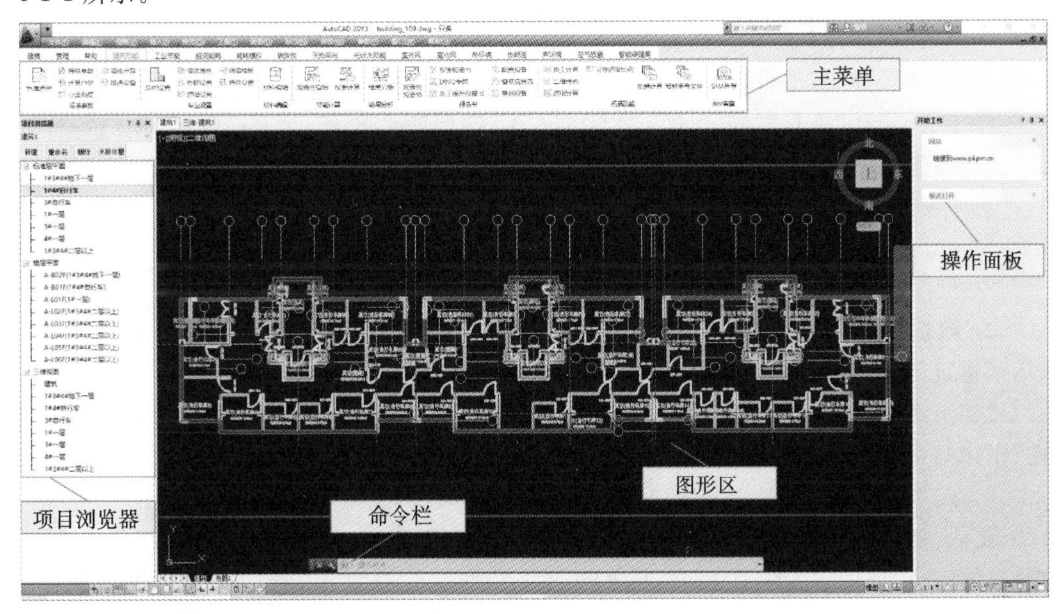

图 4-1-1　建筑节能设计分析软件 PBECA 2023 年版主界面

4.1.2 建筑节能主菜单

建筑节能主菜单如图 4-1-2 所示。

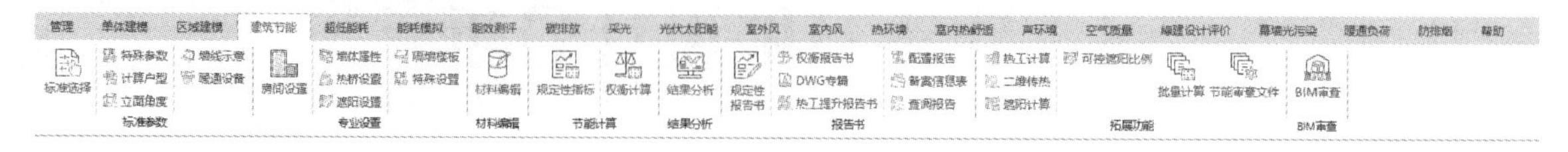

图 4-1-2 建筑节能主菜单

AutoCAD 平台上侧自动加载建筑节能设计分析软件 PBECA 建筑节能主菜单，包含各项功能目录和菜单，软件主要操作模块包括：文件管理、项目信息、提取导入、模型建立、标准参数、专业设置、材料编辑、节能计算、拓展计算、帮助、联系我们、系统选项等。

4.2 标 准 参 数

4.2.1 标准参数

在“标准参数”里主要是设置计算所需的参数，包含“标准相关参数”和“热工计算”。“标准相关参数”包含：标准选择、建筑信息、建筑面积统计方法。“热工计算”包含：内外表面换热阻、外墙传热系数计算、屋顶传热系数计算。

1. 标准选择

选择需要计算的“节能设计标准”“项目气候分区”“标准节能率”及“建筑分类”，如图 4-2-1 所示。

使用“标准参数”—“标准选择”命令，详细步骤如下。

Step 1. 选择“节能设计标准”：全国标准或地方标准。

Step 2. 选择“项目气候分区”：严寒地区 A 区、严寒地区 B 区、寒冷地区、夏热冬冷地区、夏热冬暖地区、温和地区。项目气候分区无须设置，建筑节能设计分析软件 PBECA 2023 版将根据您选择的工程所在省份城市，自动判断气候分区。

Step 3. 选择“标准节能率”：显示所选标准气候区的标准节能率。

Step 4. 选择“建筑分类”：甲类建筑、乙类建筑。根据标准不同可选项会有所不同。

2. 建筑信息

“建筑信息参数”包含“建筑结构形式”和“建筑类别”。

“建筑结构形式”分为：钢结构、核心筒结构、剪力墙结构、框架结构、框剪结构、木结构、砌体结构、装配式结构和其他结构。

“建筑类别”中为所选节能标准里常用的建筑类型，其中，公建包括：办公、饭店（餐厅）、旅店、商场（店）或书店、体育馆、文化娱乐、学院、医院（门诊）和住院部。居建包括：别墅、集体宿舍、商住楼的住宅部分、托儿所、住宅、住宅式公寓、其他。建筑信息具体如图 4-2-2 所示。

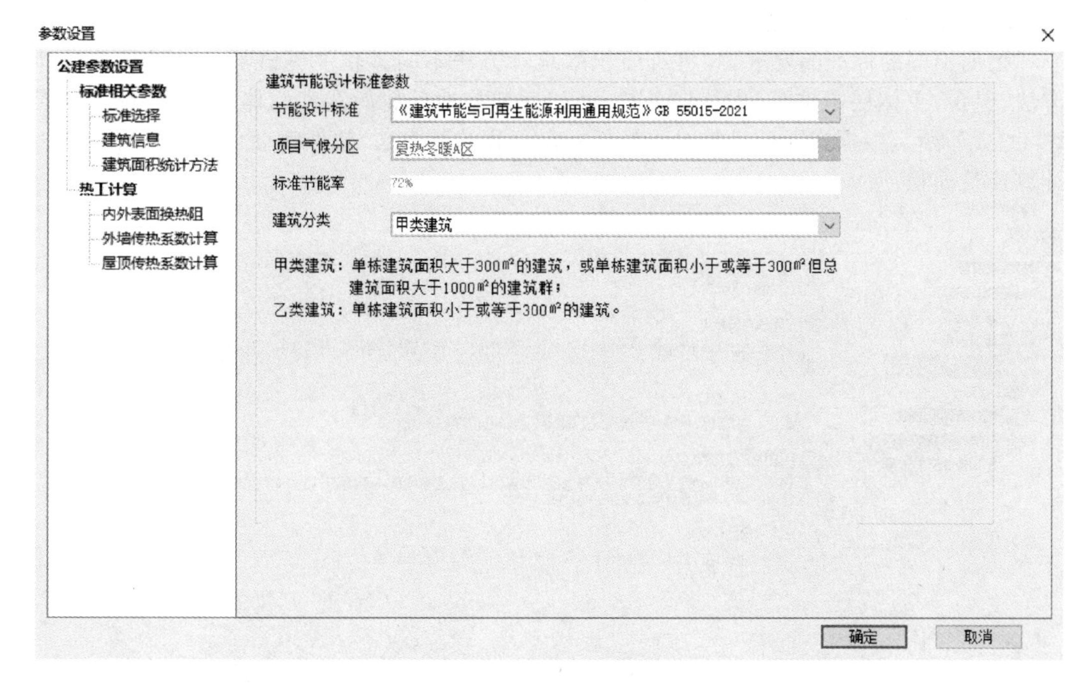

图 4-2-1 标准选择

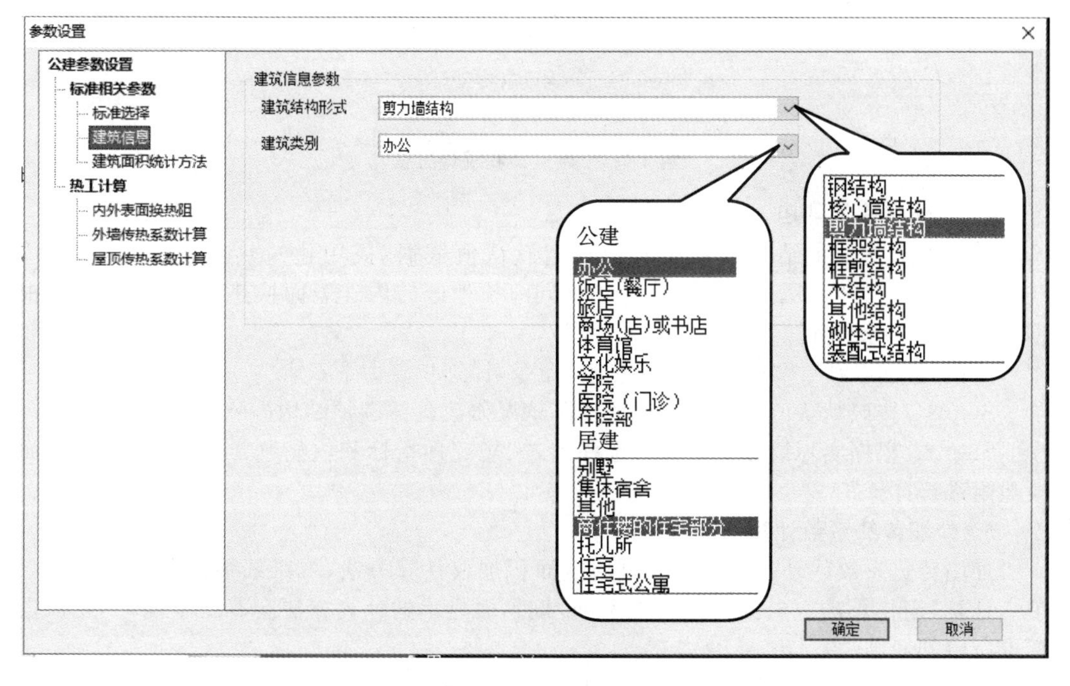

图 4-2-2 建筑信息

使用“标准参数”—“建筑信息”命令，详细步骤如下。

Step 1. 选择“建筑结构形式”。

Step 2. 选择“建筑类别”。

3. 建筑面积统计方法

根据不同的标准的要求，对建筑面积的统计方法不同。软件提供了多种面积的统计方法，包含：主体层中轴线、主体层外轮廓线、完整构造外轮廓线和主体层内侧轮廓线，如图 4-2-3 所示。根据实际项目需要选择任一种面积统计方法，软件都会自动根据所选方法计算建筑面积。

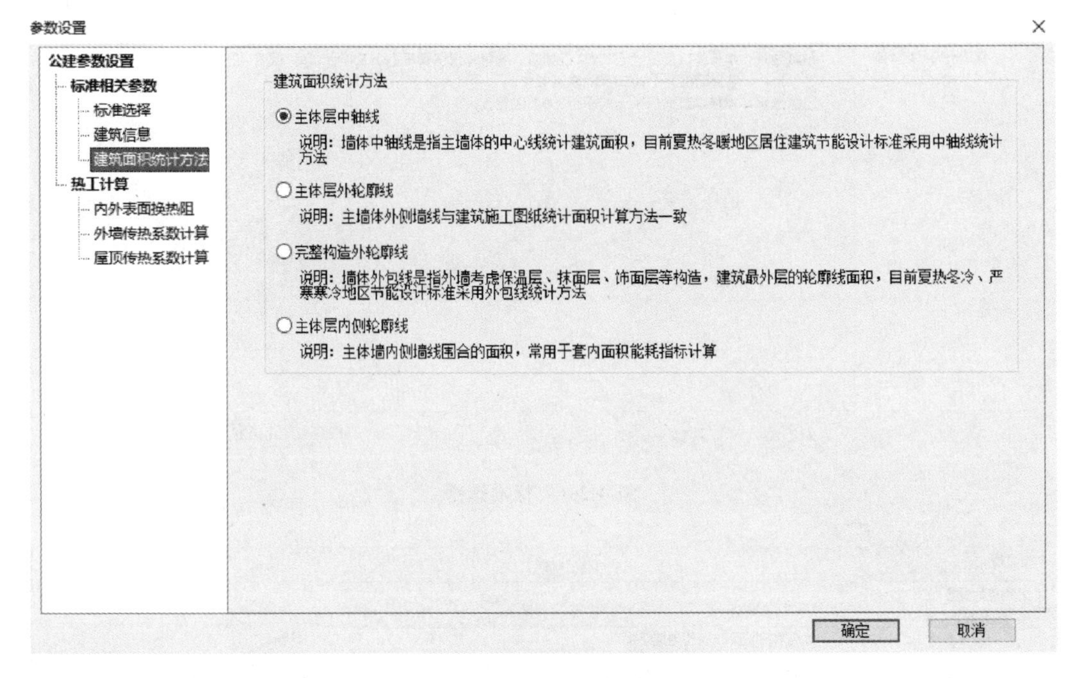

图 4-2-3 建筑面积统计方法

4. 内外表面换热阻

软件的主要围护结构内外表面换热阻默认值依据《民用建筑热工设计规范》(GB 50176—2016)，具体如图 4-2-4 所示。如不同海拔地区的内外表面换热阻有所差异，可根据实际情况进行调整。

使用"标准参数"—"内外表面换热阻"命令，详细步骤如下。

Step 1. 按照默认值计算或者根据实际情况修改具体围护结构内外表面换热阻值。

Step 2. 根据实际情况决定是否选择勾选"规定性指标和权衡判定时，按照夏季表面换热阻进行计算"。

5. 外墙传热系数计算

外墙传热系数计算方法有多种，包含：面积加权计算方法、二维线性传热系数计算—节点计算、简化算法。根据所选标准不同，该界面显示的计算方法会有所不同，主要依据标准所给的规则。

使用"标准参数"—"外墙传热系数计算"命令，详细步骤如下。

Step 1. 选择一个外墙传热系数计算方法，若选择的是"二维线性传热系数计算—节点计算"，则需到"拓展计算—二维传热"中详细设置各节点类型。

Step 2. 根据实际情况决定是否选择"防火隔离带是否参与外墙平均传热系数计算"，默认为"否"。具体如图 4-2-5 所示。

参数设置

居建参数设置
标准相关参数
标准选择
建筑信息
建筑面积统计方法
热工计算
内外表面换热阻
外墙传热系数计算
屋顶传热系数计算

内外表面换热阻

	表面换热阻					表面换热阻			
外墙	内 0.115	外 0.043	（冬季）	内墙	内 0.115	内 0.115
	内 0.115	外 0.043	（夏季）	普通楼板	内 0.115	内 0.115
屋面	内 0.115	外 0.043	（冬季）	架空楼板	内 0.115	外 0.043
	内 0.115	外 0.043	（夏季）	地下室外墙	内 0	外 0.11
地面	内 0	外 0				
地下室顶板	内 0.11	外 0.06				

注：上述为本工程主要围护结构内外表面换热阻默认值，依据《民用建筑热工设计规范》GB50176，如不同海拔地区的内外表面换热阻有所差异，可根据实际情况进行调整。

□规定性指标和权衡判定时，按照夏季表面换热阻进行计算

确定 取消

图 4-2-4 内外表面换热阻

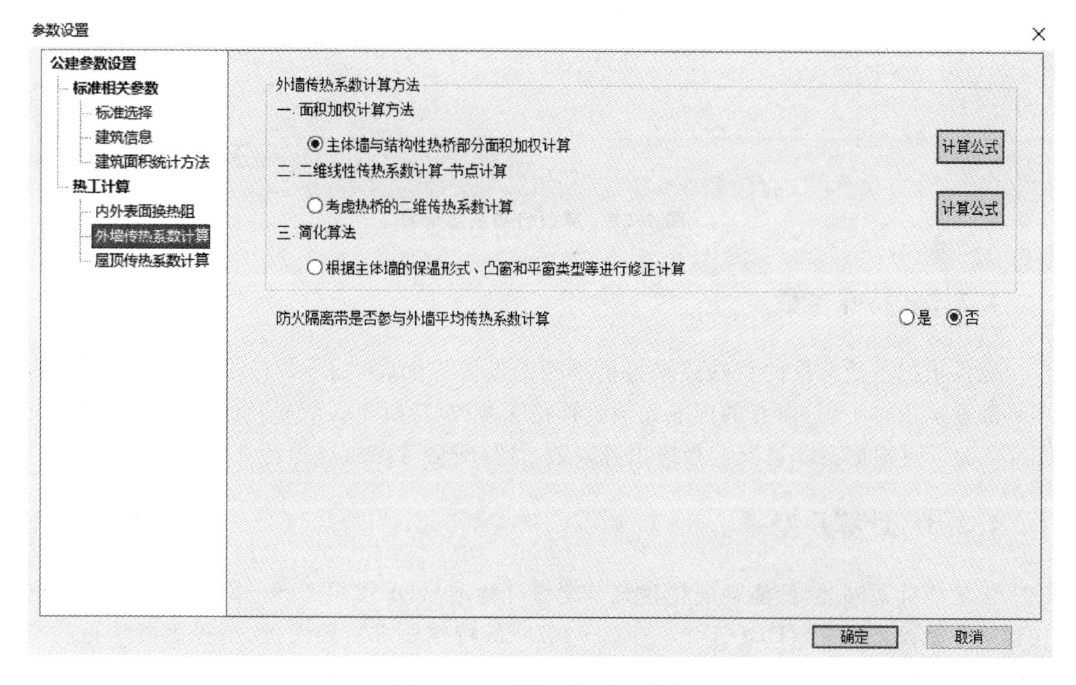

图 4-2-5 外墙传热系数计算

6. 屋顶传热系数计算

屋顶传热系数计算也分为多种计算规则，如单一屋面构造类型计算并分别判定传热系数、屋面面积加权平均传热系数计算等。根据所选标准不同，该界面显示的计算方法会

有所不同，默认依据标准所给的规则。

使用“标准参数”—“屋顶传热系数计算方法”命令，详细步骤如下。

Step 1. 选择一个屋顶传热系数计算方法，新增“屋面二维传热的算法”。若所选标准无须选择屋顶传热系数计算方法的，可跳过此步骤，直接进行下一步骤。

Step 2. 根据实际情况决定是否选择“防火隔离带是否参与屋顶平均传热系数计算”，默认为否。具体如图 4-2-6 所示。

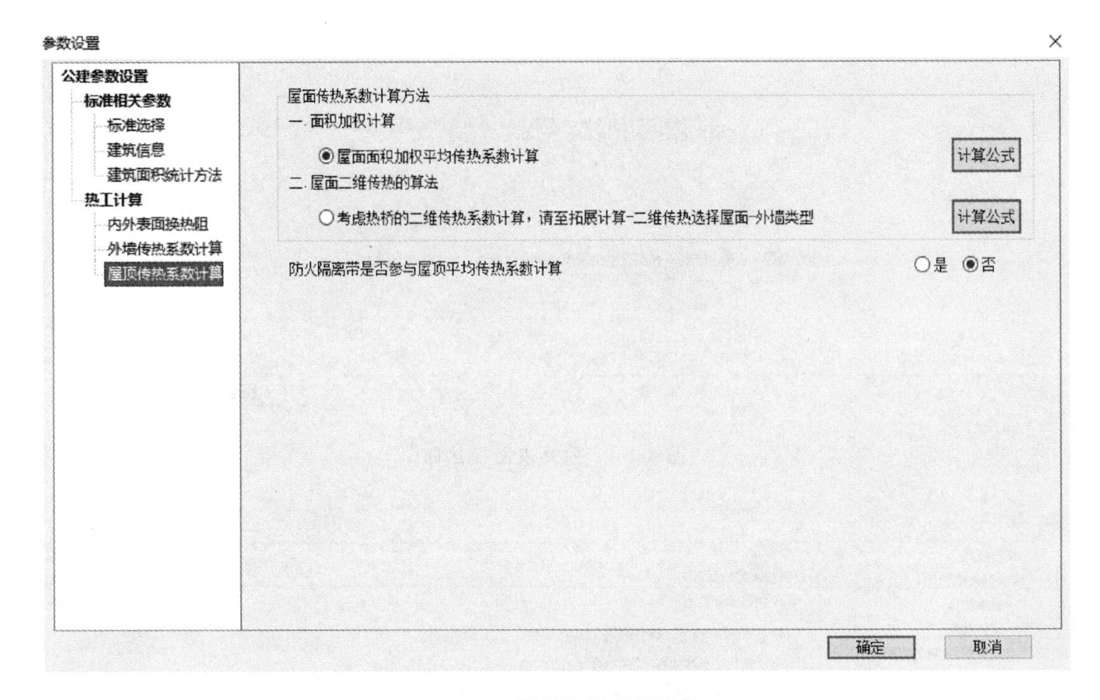

图 4-2-6　屋顶传热系数计算

4.2.2　特殊参数

软件依据各地标准的特殊要求提供单独的设置界面（见图 4-2-7），所选标准不同，则该界面显示内容不同，而有的标准无须设置特殊参数，待跳出提示框，点击“确定”即可（见图 4-2-8）。可根据实际情况选择应用各参数，计算时会考虑所选择特殊参数的影响。

4.2.3　计算户型

该功能针对湖北《低能耗居住建筑节能设计标准》（DB42/T 559—2022）和《广东省居住建筑节能设计标准》（DBJ/T 15—133—2018）的特殊要求需要设置，选择需要计算的户型即可（见图 4-2-9），其他标准无须设置的待跳出提示框点击“确定”即可（见图 4-2-10）。

使用“标准参数”—“计算户型”命令，详细步骤如下。

Step 1. 点击“计算户型”，跳到“计算户型设置”对话框。若标准无须进行户型设置，则会跳出提示框，点击“确定”即可。

Step 2. 选择层列表中的一个普通层，左侧列表会显示该层所有分户区。

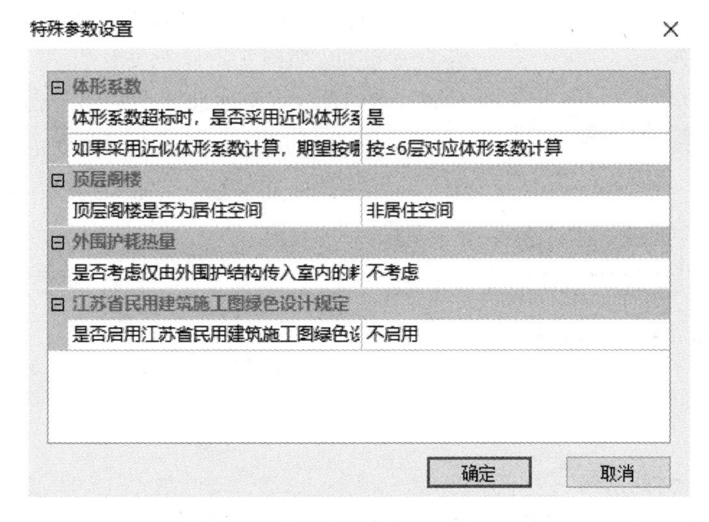

图 4-2-7 特殊参数设置

Step 3. 选择需要计算的分户区，点击“计算”所选分户区就会出现在右侧列表中。若多选或者选错了可以通过选中右侧列表中某个分户区，点击“删除”即可。

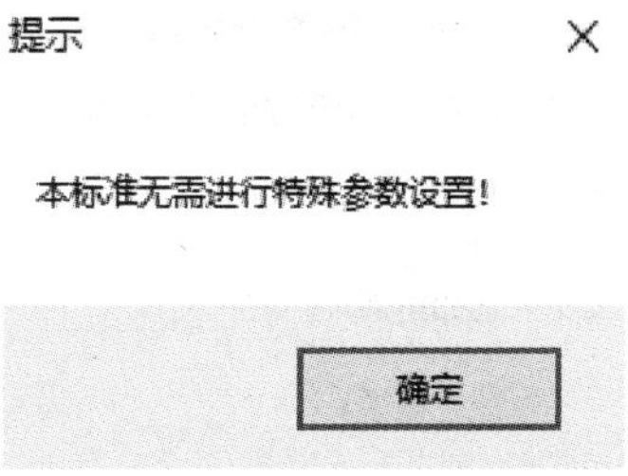

4.2.4 指定立面

软件提供多种指定立面的方式，默认按照 30° 角度范围软件自动划分，若用户所选标准采用立面窗墙比的判定方式，则可在该界面进行详细设置。

提示

本标准无需进行特殊参数设置!

确定

图 4-2-8 无特殊参数提示

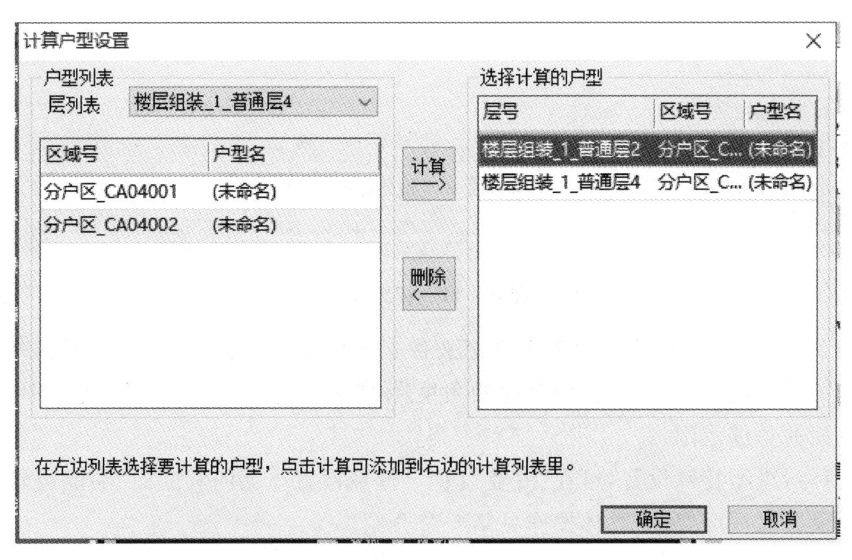

图 4-2-9 计算户型设置

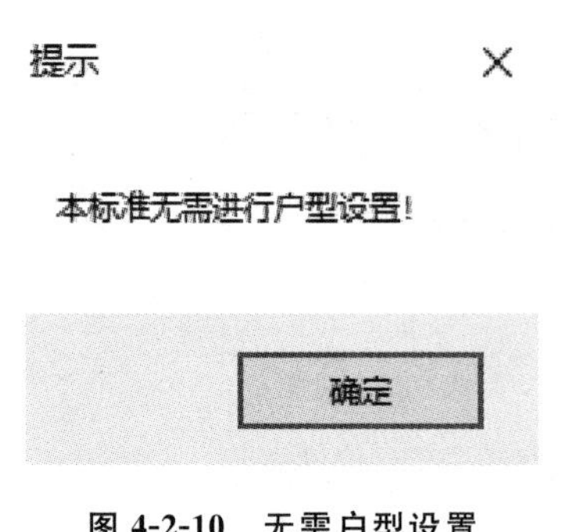

图 4-2-10 无需户型设置

方式 1:默认划分方式,30°角度范围作为默认一个立面,如图 4-2-11 所示。

方式 2:东南西北四个朝向各自一个立面。

方式 3:用户自定义立面角度范围。

使用“标准参数”—“指定立面”命令,详细步骤如下。

Step 1. 点击“指定立面”,跳到“指定立面”对话框。软件提供多种方式供选择。

Step 2. 选择一种立面划分方式。

指定立面

◉方式1:软件自动划分

说明:默认按照30° 角度范围划分成一个立面,并进行统计和判定。

○方式2:按照四朝向划分立面

说明:按照单一朝向划分成一个立面,即东南西北四个立面分别进行判定。

○方式3:自由指定立面范围

朝向: 东

起始角度: □是否包含起始角度

终止角度: □是否包含终止角度 添加 删除

序号	起始角度	是否包含起...	终止角度	是否包含终...	立面名称
1	60.00	是	90.00	是	E1
2	90.01	是	120.00	是	E2
3	120.01	是	150.00	是	E3

注:对于特殊立面,可在"专业设置-特殊设置-朝向和立面"功能完成设置。

确定 取消

图 4-2-11 指定立面

Step 3. 若选择了方式 3,则需手动定义各立面范围,手动输入起始角度和终止角度,可根据实际需要选择勾选“是否包含起始角度”和“是否包含终止角度”,列表中会详细显示具体立面的角度范围。

若需针对模型特殊设置,可在“专业设置—特殊设置—朝向和立面”功能设置,单独对任意墙面设置其立面属性,具体操作见第 5 章介绍。

4.3 专 业 设 置

4.3.1 房间设置

房间设置分为房间功能设置和户型设置。房间功能设置又有多个房间类型可供选择，可根据实际情况设置。

1. 房间功能设置

对于居住建筑，房间类型的可选项为：卧室、起居室、封闭（开敞）楼梯间、封闭（不封闭）架空层、车库、走廊、卫生间等。使用者可根据建筑的具体设计要求、建筑所在气候分区等因素对房间类型进行设置。

对于公共建筑，软件提供五大类：办公、宾馆、商场、医疗、教育。不同的建筑功能对应不同的房间类型分组，对于办公建筑，房间类型默认类别有普通办公室、高档办公室、会议室等，如图 4-3-1 所示。选择不同的房间类型，房间参数中的空调采暖、房间设计温度、照明、空气换气指数等参数均有所不同。

使用“专业设置”－“房间设置”－“房间功能设置”命令，详细步骤如下。

Step 1. 选择“建筑类型”。

Step 2. 选择“房间类型”，房间类型会跟随建筑类型的选择有所变化。

Step 3. 点击“设置”按钮进入选择实体状态。

Step 4. 在模型中选择需要设置的房间，点击鼠标右键或者按空格键确认。也可先在图中选中需设置的房间名称，可多选，被选中的房间会高亮显示，然后点击“设置”按钮，点击鼠标右键或按空格键确认，即可设置成功。若点击“默认”按钮则房间会设置成“其他”。

若选择“自定义”按钮，则会跳到“房间参数设置”界面，可根据实际情况自定义房间。

Step 1. 使用“专业设置”－“房间设置”－“房间功能设置”－“自定义”命令，详细步骤如下。

Step 2. 点击左下角“添加”，软件会跳出“房间名称”对话框。

Step 3. 选择参考房间。

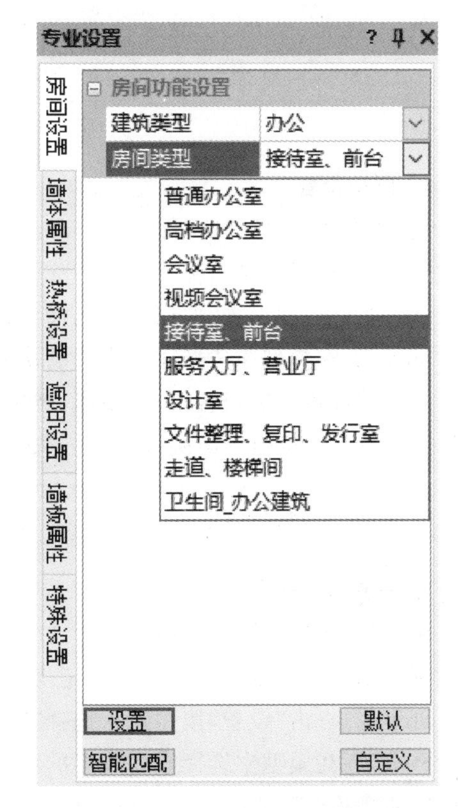

图 4-3-1 房间功能设置

Step 4. 输入要自定义的房间名称,点击“确定”,如图 4-3-2 所示。

Step 5. 根据实际情况修改房间参数和时间表。

Step 6. 点击“确定”,回到房间设置中选择自定义的房间应用到模型中。

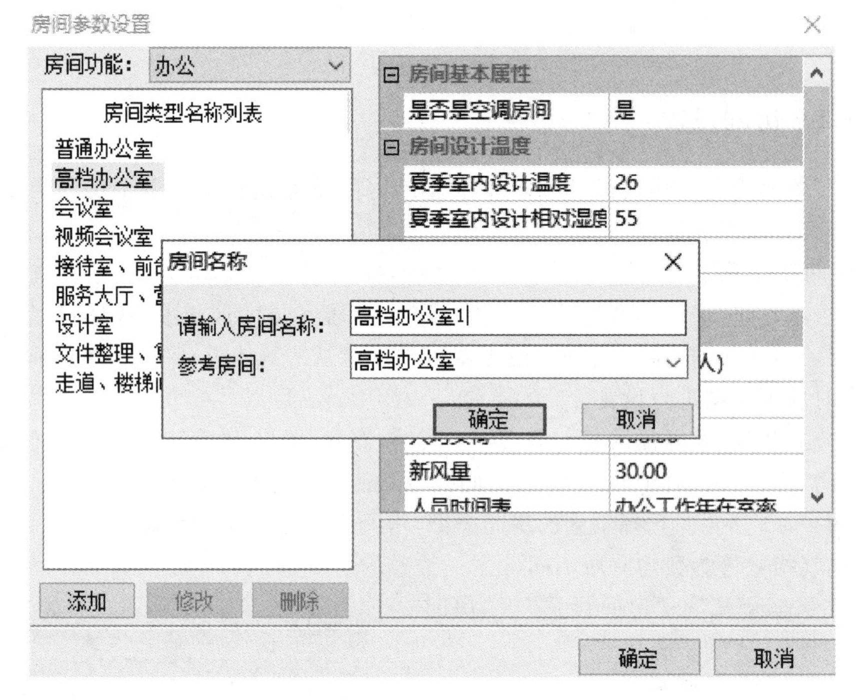

图 4-3-2　房间参数设置

2. 户型设置

使用“专业设置”—“墙体属性”—“户型名称”命令,详细步骤如下。

Step 1. 输入户型名称,比如 A,如图 4-3-3 所示。

Step 2. 点击“设置”按钮进入选择实体状态。

Step 3. 在模型中选择需要设置的房间,点击鼠标右键或者按空格键确认。也可先在图中选中需设置的房间名称,可多选,被选中的房间会高亮显示,然后点击“设置”按钮,点击鼠标右键或按空格键确认,即可设置成功。若点击“删除”按钮则房间会取消户型设置。

4.3.2　墙体属性

1. 分户墙/分隔墙

使用“专业设置”—“墙体属性”—“分户墙/分隔墙”命令,详细步骤如下。

Step 1. 选择“设置方法”为“指定房间”(或“指定墙线”),如图 4-3-4 所示。

Step 2. 点击“设置”按钮进入选择实体状态。

Step 3. 在模型中选择需要设置的房间或墙线,点击鼠标右键或者按空格键确认,选中的墙体颜色会变成红色。也可先在图中选中需设置的房间或者墙线,可多选,被选中的房间会高亮显示,然后点击“设置”按钮,点击鼠标右键或按空格键确认,即可设置成功。

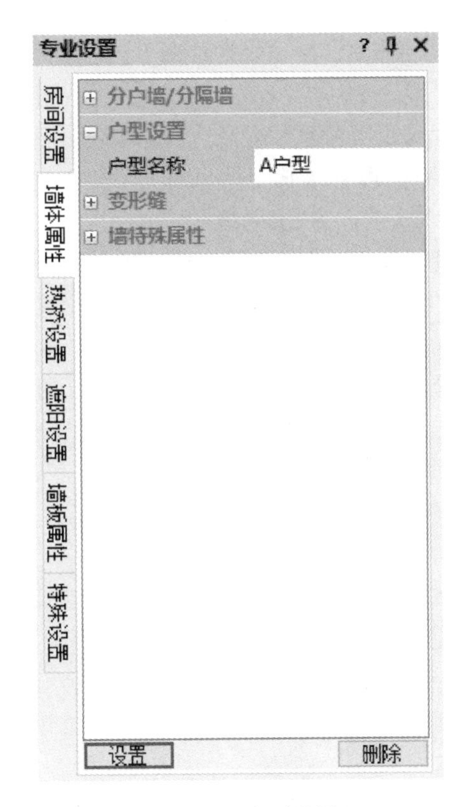

图 4-3-3　户型设置

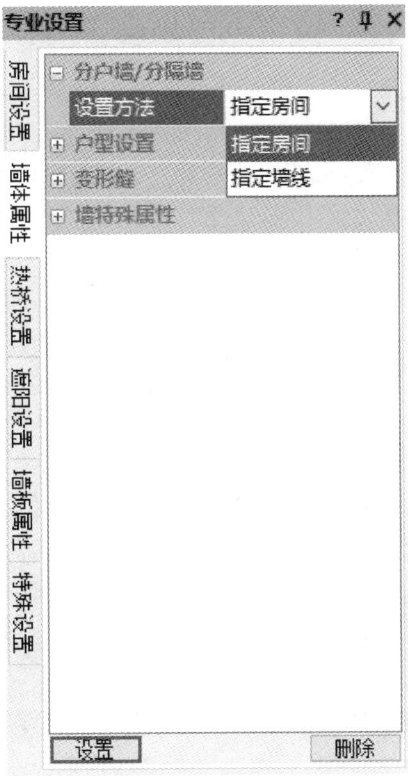

图 4-3-4　分户墙/分隔墙

若点击“删除”按钮则会取消所选中墙体的分户墙/分隔墙设置。

2. 变形缝

为了防止气温变化、不均匀沉降以及地震等因素对建筑物造成的使用和安全影响，设计时预先在变形敏感部位将建筑物断开，分成若干个相对独立的单元，且预留的缝隙能保证建筑物有足够的变形空间，这种构造缝被称为变形缝(见图 4-3-5 和图 4-3-6)。变形缝可分为伸缩缝、沉降缝、抗震缝三种。

图 4-3-5　变形缝(未做防护)

图 4-3-6　变形缝(已做防护)

①伸缩缝：建筑构件因温度和湿度等因素的变化会产生胀缩变形。为此，通常在建筑物适当的部位设置竖缝，自基础以上将房屋的墙体、楼板层、屋顶等构件断开，将建筑物分离成几个独立的部分。

②沉降缝：上部结构各部分，因层数差异较大，或使用荷重相差较大，或地基压缩性差异较大等，可能使地基发生不均匀沉降时，需要设缝的可将结构分为几部分，使每一部分的沉降比较均匀，避免在结构中产生额外的应力，该缝被称为“沉降缝”。

③抗震缝：它的设置目的是将大型建筑物分隔为较小的部分，形成相对独立的防震单元，避免因地震造成建筑物整体震动不协调，而产生破坏。

有很多建筑物对这三种接缝进行了综合考虑，即所谓的“三缝合一”。

软件针对此种情况增加了变形缝的功能，设置了变形缝后，软件即除去所设置的变形缝外表面积。需注意的是，在软件中变形缝只能在外墙进行设置。

使用“专业设置”—“墙体属性”—“变形缝”命令，详细步骤如下。

Step 1. 选择“变形缝类型”为“伸缩缝”（“抗震缝”或“沉降缝”），如图 4-3-7 所示。

Step 2. 点击“设置”按钮进入选择实体状态。

Step 3. 在模型中选择需要设置的房间或墙线，点击鼠标右键或者按空格键确认，选中的墙体颜色会变成蓝色，并在图中圈红处标记名字。也可先在图中选中需设置墙线，可多选，然后点击“设置”按钮，点击鼠标右键或按空格键确认，即可设置成功。若点击“删除”按钮则会取消所选中墙体的变形缝属性设置。

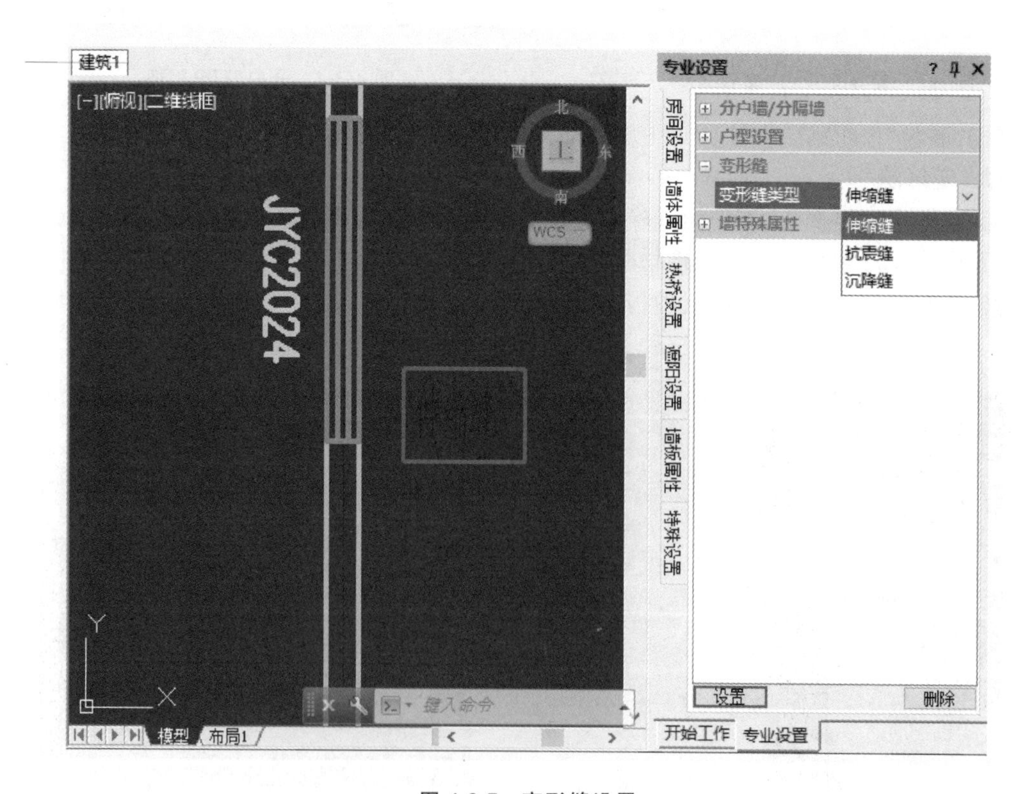

图 4-3-7　变形缝设置

3. 墙特殊属性

使用“专业设置”—“墙体属性”—“墙特殊属性”命令，详细步骤如下。

Step 1. 选择“墙特殊属性”类型：开间墙属性或无效墙，如图4-3-8所示。

Step 2. 点击“设置”按钮进入选择实体状态。

Step 3. 选择需要设置特殊属性的墙线，点击鼠标右键或者空格键确认。也可先在模型中选中需设置墙线，可多选，然后点击“设置”按钮，点击鼠标右键或按空格键确认，即可设置成功。若点击“删除”按钮则会取消所选中墙体的特殊属性设置。

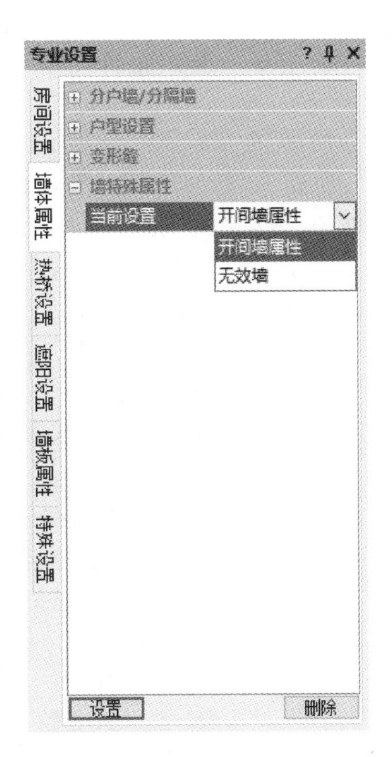

图 4-3-8　墙特殊属性设置

4.3.3　热桥设置

使用“专业设置”—“热桥设置”命令，详细步骤如下。

Step 1. 点击“热桥过梁”(或“热桥梁”或“热桥楼板”或“防火隔离带”)。

Step 2. 输入高度，如图4-3-9所示。

Step 3. 点击“设置”进入选择实体状态。

Step 4. 在模型中框选需要设置的区域。

Step 5. 点击鼠标右键或按空格键确认。

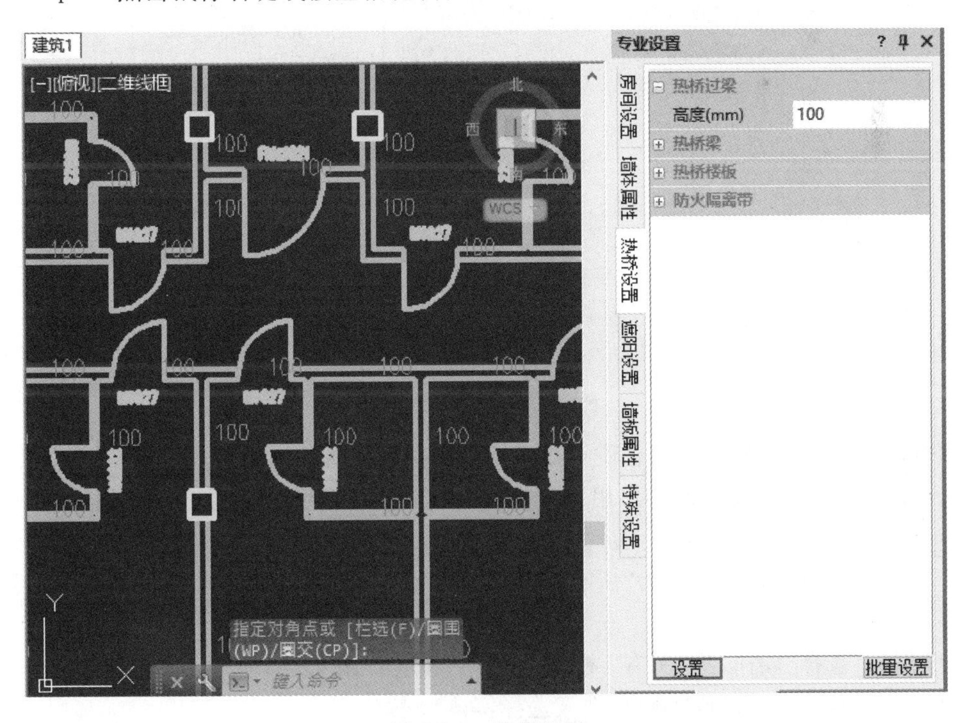

图 4-3-9　热桥设置

4.3.4 遮阳属性

使用“专业设置”—“遮阳设置”命令，详细步骤如下。

Step 1. 选择遮阳大类，如固定外遮阳、固定百叶遮阳、活动外遮阳、特定遮阳、特定活动遮阳、天窗遮阳，遮阳大类根据不同标准要求会有所不同。

Step 2. 在遮阳大类中选择详细遮阳类型，比如固定外遮阳中的水平遮阳，如图4-3-10所示。设置详细参数，如水平挡板深度、角度等。

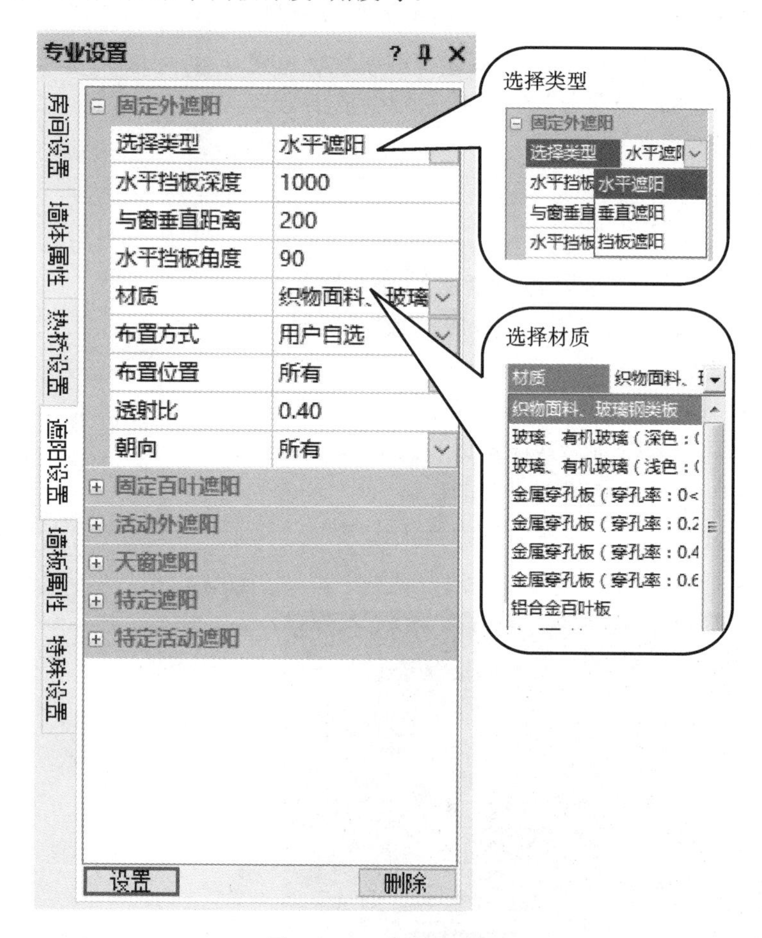

图 4-3-10　外遮阳设置

Step 3. 选择“材质”，遮阳材质根据不同标准也会有所不同。

Step 4. 选择“布置方式”为“用户自选”（“当前层”或“当前楼板”）。默认为“用户自选”。

Step 5. 选择“布置位置”为“所有”（“左前板”或“右前板”或“左板”或“右板”）。默认为“所有”。

Step 6. 选择“朝向”为“所有”或“东”或“南”或“西”或“北”。默认为“所有”。

Step 7. 点击“设置”或“删除”进入选择实体状态。

Step 8. 在模型中选择需要布置遮阳的窗，如图 4-3-11 所示。

Step 9. 点击鼠标右键或按空格键确认。

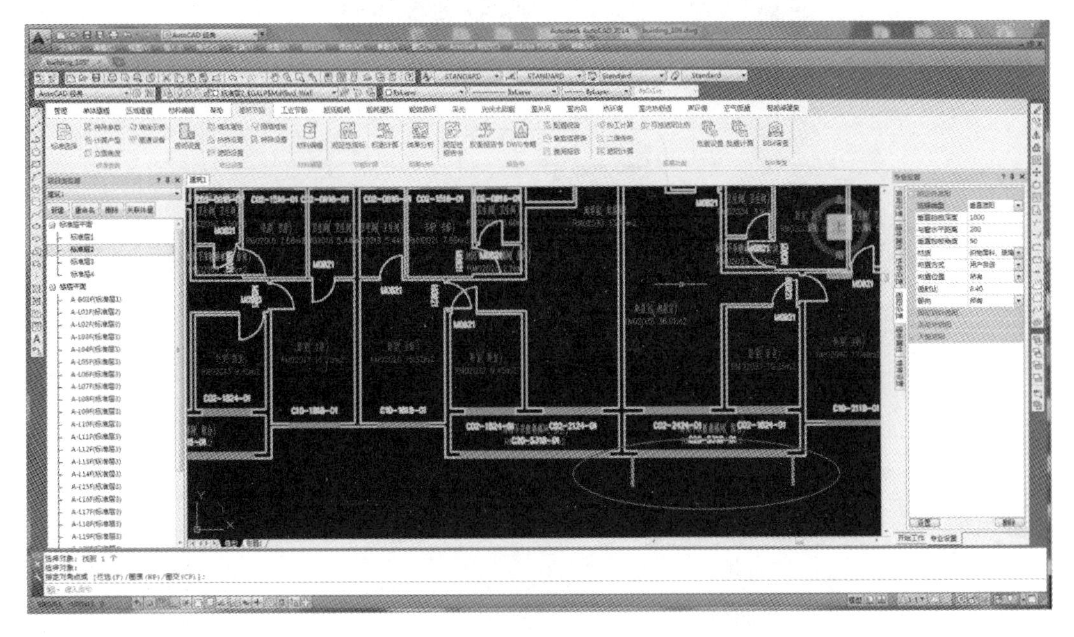

图 4-3-11 外遮阳设置模型

4.3.5 墙板属性

1. 楼板状态

可设置楼板是否功能转换处楼板及是否外挑楼板。

使用“专业设置”—“墙板属性”—“楼板状态”命令，详细步骤如下。

Step 1. 将模型切换到普通层，选择需要设置的楼板。

Step 2. 选择楼板状态：“是否功能转换处楼板”或“是否外挑楼板”，如图 4-3-12 所示。

Step 3. 选择“是”或“否”。

Step 4. 点击“设置”进入选择实体状态。

Step 5. 在模型中选择需要设置的楼板。

Step 6. 点击鼠标右键或按空格键确认。

2. 隔墙属性

可设置隔墙是否功能转换隔墙。

使用“专业设置”—“墙板属性”—“隔墙属性”命令，详细步骤如下。

Step 1. 选择“是”或“否”，如图 4-3-13 所示。

Step 2. 点击“设置”进入选择实体状态。

Step 3. 在模型中选择需要设置的隔墙。

Step 4. 点击鼠标右键或按空格键确认。

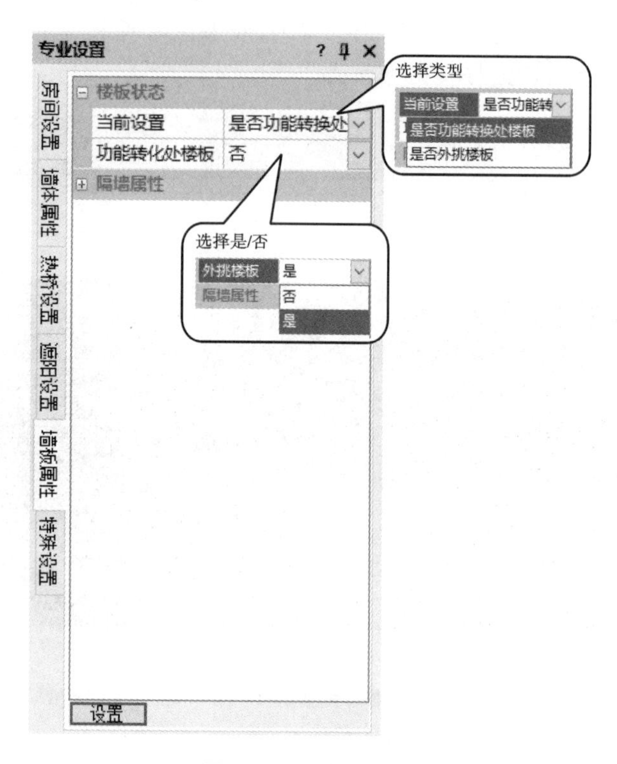

图 4-3-12　楼板状态

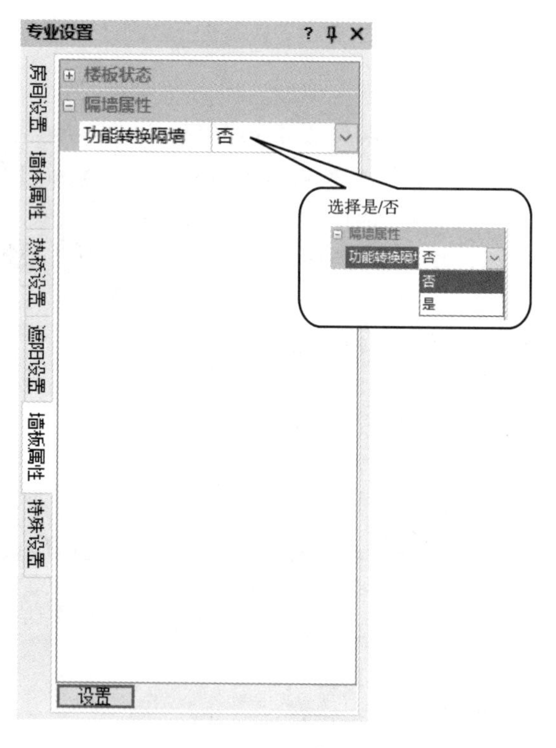

图 4-3-13　隔墙属性

4.3.6　特殊设置

1. 靠山设置

使用“专业设置”—“特殊设置”—“靠山设置”命令，详细步骤如下。

Step 1. 选择“设置内容”为“靠山墙”(或“靠山楼板”“靠山屋顶”)，如图 4-3-14 所示。

Step 2. 点击“设置”或“删除”按钮进入选择实体状态。

Step 3. 在模型中选择需要设置的构件。

Step 4. 点击鼠标右键或按空格键确认。

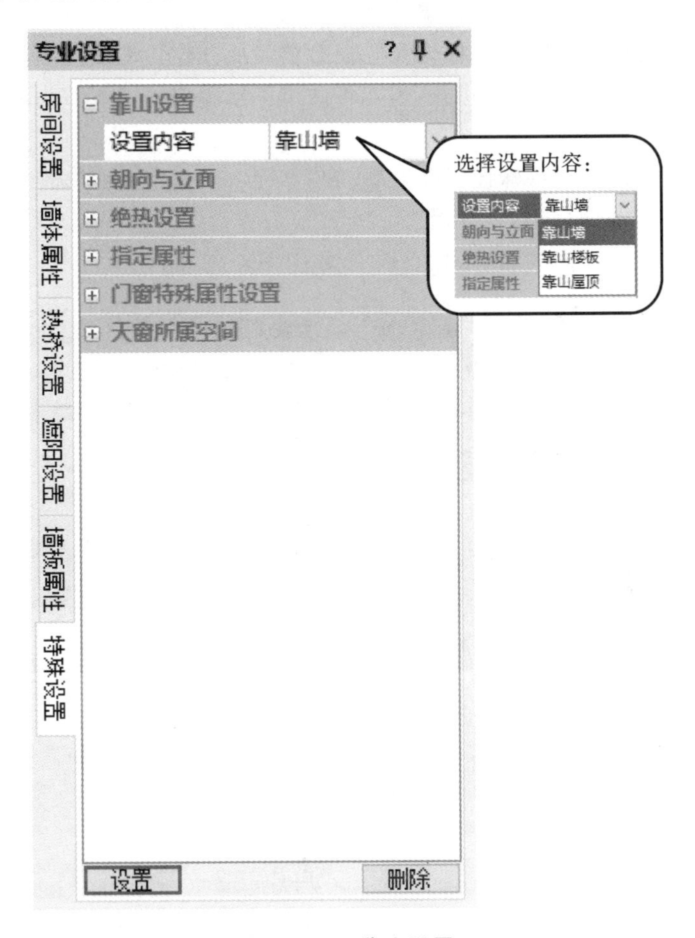

图 4-3-14　靠山设置

靠山设置多用于斜坡、土丘等环境。靠山墙的设置一般多用于依山而建的建筑模型。一般实际工程中与土壤接触的部分需要设置成靠山墙(靠山楼板、靠山屋顶)。设置了靠山墙后，软件将默认其与土壤相接触并判定地下室墙。而设置了靠山楼板、靠山屋顶后，软件将默认其与土壤相接触并判定地面。(注：靠山楼板需在架空楼板上设置。)

对于靠山墙依据不同的模型可以有选择性地设置，而不是一定需要设置。如需设置，例如某建筑东向靠山或者与土壤接触，则可以在模型中将东向的外墙设置成靠山墙。

2. 朝向与立面

在“特殊设置”中选择“朝向与立面”，可对外墙朝向进行修正或者指定外墙为单一立面。

①使用“专业设置”—“特殊设置”—“朝向与立面”—“外墙朝向修正”命令，详细步骤如下。

Step 1. 选择当前设置“外墙朝向修正”。

Step 2. 选择“设置朝向”为“东”，如图 4-3-15 所示。

Step 3. 点击“设置”或“删除”按钮进入选择实体状态。

Step 4. 在模型中选择需要修正的外墙。

Step 5. 点击鼠标右键或按空格键确认。

您可实现更精细化的模型，可根据实际模型窗墙所在位置来设定立面，可解决复杂模型的立面判定问题。（注：不过需注意，不能将两个不同朝向的墙线归为同一立面，同一类立面墙线应在本朝向范围内。）

②使用“专业设置”—“特殊设置”—“朝向与立面”—“指定立面”命令，详细步骤如下。

Step 1. 选择当前设置“指定立面”。

Step 2. 输入设置立面的名称，如立面 1，如图 4-3-16 所示。

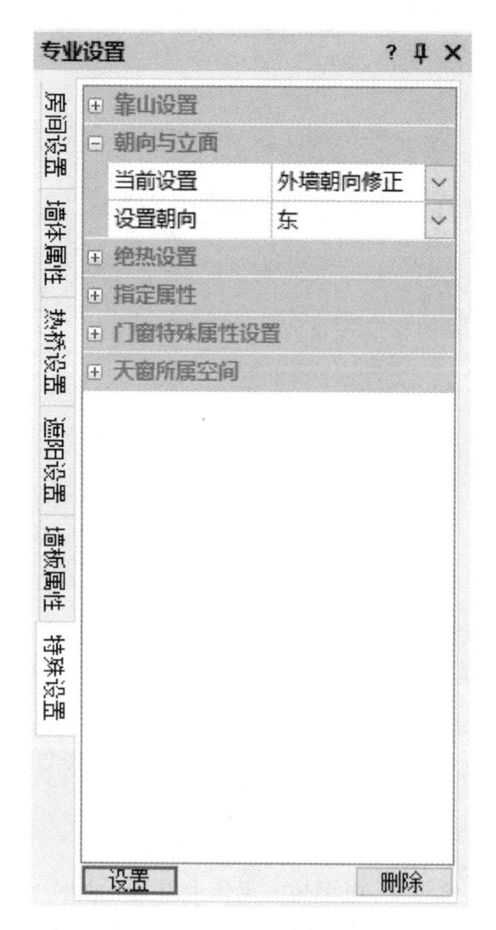

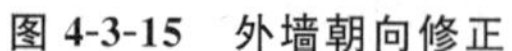
图 4-3-15　外墙朝向修正

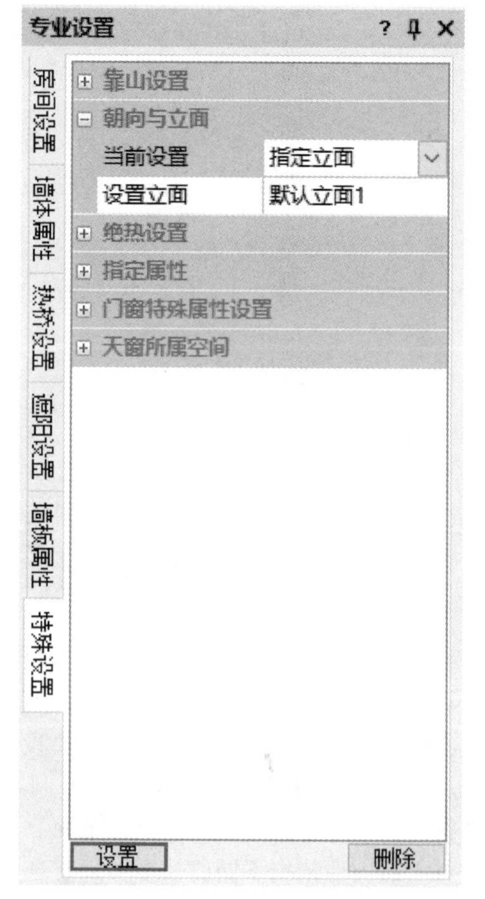

图 4-3-16　指定立面

Step 3. 点击“设置”或“删除”按钮进入选择实体状态。

Step 4. 在模型中选择需要指定的外墙。

Step 5. 点击鼠标右键或按空格键确认。指定的立面在报告书当中有对应的表达，如图 4-3-17 所示。

朝向	立面	立面窗墙比(包括透光幕墙)	加权自身遮阳系数SC	加权外遮阳系数SD	加权综合遮阳系数SW	加权太阳得热系数SHGC	SHGC夏季限值	SHGC冬季限值
东	立面1(正东)	0.29	0.35	1.00	0.35	0.30	≤0.44	≥0.52
	该朝向立面外窗太阳得热系数不满足《合肥市公共建筑节能设计标准》(DB34/T 5060-2016)第3.3.1-2条的要求。							
	E1	0.52	0.35	1.00	0.35	0.30	≤0.35	≥0.52
	该朝向立面外窗太阳得热系数不满足《合肥市公共建筑节能设计标准》(DB34/T 5060-2016)第3.3.1-2条的要求。							
	E2	0.46	0.35	1.00	0.35	0.30	≤0.35	≥0.52
	该朝向立面外窗太阳得热系数不满足《合肥市公共建筑节能设计标准》(DB34/T 5060-2016)第3.3.1-2条的要求。							

图 4-3-17 指定的立面在报告书当中有对应的表达

3. 绝热设置

通过“绝热设置”可以设置墙、屋面、楼板为绝热，不进行能量的传递，主要适用于商住两用模型分开建模、与相邻空间无传热等情况。

使用“专业设置”—“特殊设置”—“绝热设置”命令，详细步骤如下。

Step 1. 选择“设置内容”为“绝热墙”(“绝热屋面”或“绝热楼板”)，如图 4-3-18 所示。

Step 2. 点击“设置”或“删除”按钮进入选择实体状态。

Step 3. 在模型中选择需要设置绝热的墙(屋面或楼板)。

Step 4. 点击鼠标右键或按空格键确认。

4. 指定属性

通过“指定属性”可以指定构件为外墙、内墙、剪力墙、地面、普通楼板、架空楼板。适用于商住两用模型、坡地模型、上下闭合空间形成的架空楼板等情况。

使用“专业设置”—“特殊设置”—“指定属性”，详细步骤如下。

Step 1. 选择“设置内容”为“绝热墙”(“绝热屋面”或“绝热楼板”)，如图 4-3-19 所示。

Step 2. 点击“设置”或“删除”按钮进入选择实体状态。

Step 3. 在模型中选择需要设置绝热的墙(屋面或楼板)。

Step 4. 点击鼠标右键或按空格键确认。

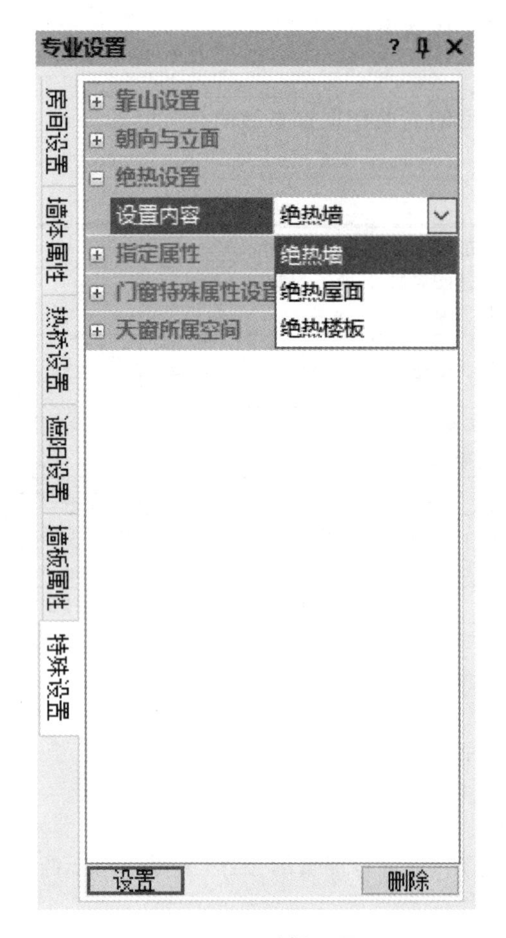

图 4-3-18　绝热设置

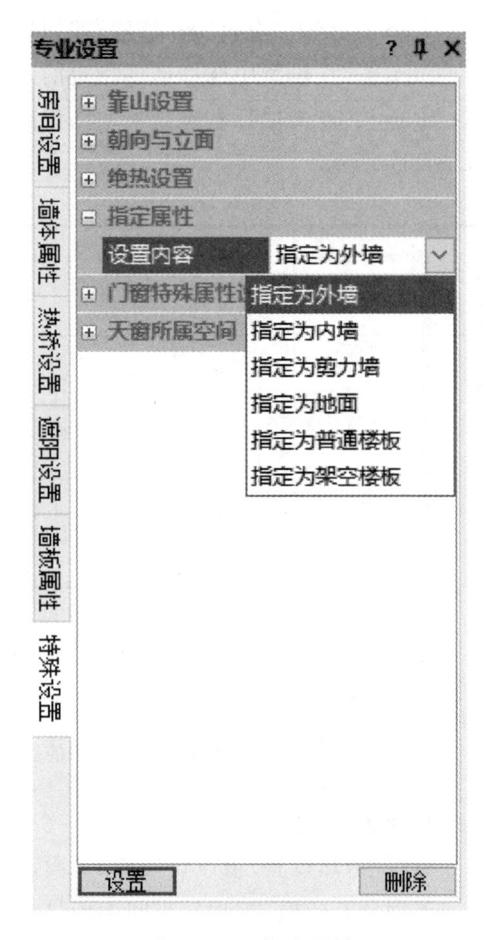

图 4-3-19　指定属性

4.4　材料编辑

在模型数据文件形成之后系统会给所有的建筑物构件添加默认的节能材料，设计时可在此基础上适当调整节能设计方案，也可根据已有的“导出”的“节能设计方案”自行“导入”后调整节能参数进行节能设计。“材料编辑”对话框如图 4-4-1 所示。详细步骤如下。

Step 1. 选择“节能计算”→“材料编辑”命令，弹出“材料编辑”界面。在左侧“材料分类”一栏中可选择需要编辑和调整的构件，在右下方可编辑材料构造的各层材料。

Step 2. 当工程中不同朝向的材料各不相同时，可以用右侧的“统一设置”功能来实现。

Step 3. 导出和导入材料方案均为后缀名为“gdb”的文件。

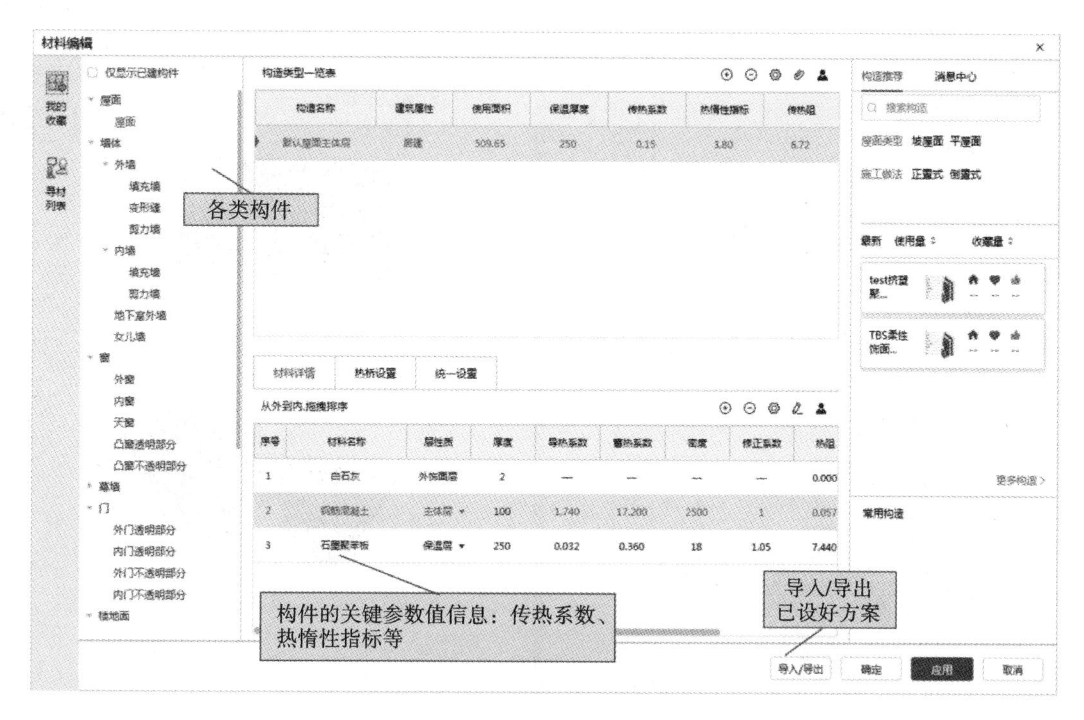

图 4-4-1　“材料编辑”界面

4.5　节能计算

自 2003 年起，居住建筑和公共建筑节能设计标准在全国范围相继实施并严格执行，各省市的实施细则也先后发布，标准中对建筑和建筑热工节能设计、围护结构热工性能的能耗分析计算都做了明确规定。

建筑节能设计分析软件 PBECA 为您提供计算工程的详细计算报告，包含了各类构件的详细数据，方便您对计算工程进行有效的核对和审核。

4.5.1　规定性指标

点击“节能计算”面板→“规定性指标”按钮，软件可根据所选标准要求自动输出专业的建筑节能计算报告书。若标准要求所有指标均满足要求，则无须“权衡计算”。若规定性指标未完全达标，但标准规定的所有强制性条文均达标，可通过“权衡计算”判断是否满足节能设计要求。若有强制性条文未通过则需返回模型中修改直到满足要求。规定性指标报告书如图 4-5-1 所示。

4.5.2　权衡计算

点击“节能计算”面板→“权衡计算”按钮，可自动计算设计建筑和参照建筑能耗。若设计建筑能耗小于或等于参照建筑能耗，则直接判定满足节能设计要求。可生成审查报

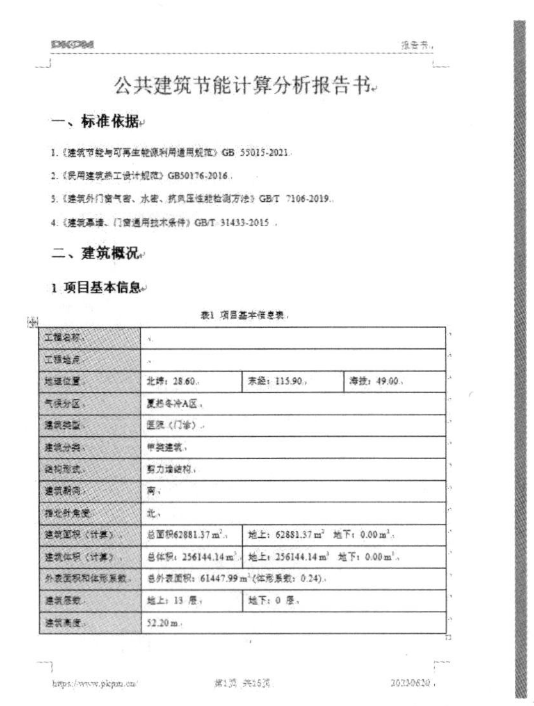

PKPM 报告书

公共建筑节能计算分析报告书

一、标准依据

1.《建筑节能与可再生能源利用通用规范》GB 55015-2021

2.《民用建筑热工设计规范》GB50176-2016

3.《建筑外门窗气密、水密、抗风压性能检测方法》GB/T 7106-2019

4.《建筑幕墙、门窗通用技术条件》GB/T 31433-2015

二、建筑概况

1 项目基本信息

表1 项目基本信息表

工程名称			
工程地点			
地理位置	北纬：28.60	东经：115.90	海拔：49.00
气候分区	夏热冬冷A区		
建筑类型	医院（门诊）		
建筑分类	甲类建筑		
结构形式	剪力墙结构		
建筑朝向	南		
指北针角度	北		
建筑面积（计算）	总面积62881.37 m²	地上：62881.37 m² 地下：0.00 m²	
建筑体积（计算）	总体积：256144.14 m³	地上：256144.14 m³ 地下：0.00 m³	
外表面积和体形系数	总外表面积：61447.99 m²(体形系数：0.24)		
建筑层数	地上：13 层	地下：0 层	
建筑高度	52.20 m		

https://www.pkpm.cn/　第1页 共16页　20230620

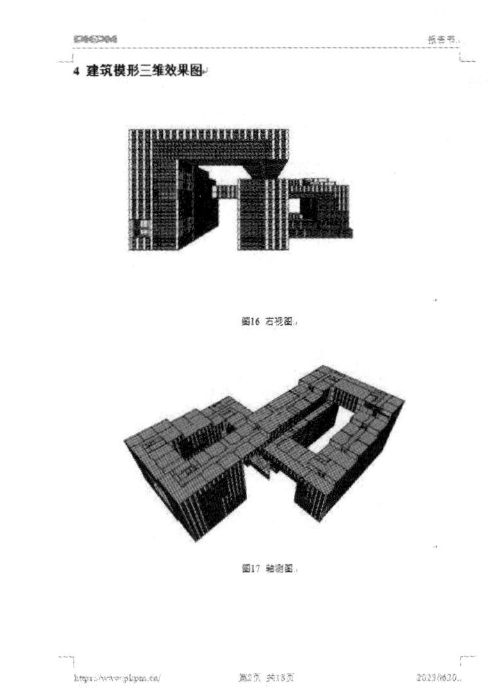

PKPM 报告书

4 建筑模形三维效果图

图16 右视图

图17 轴测图

https://www.pkpm.cn/　第2页 共18页　20230620

图 4-5-1　规定性指标报告书

告用于报审。若“权衡计算”未通过则须返回模型中修改优化直到满足标准要求。权衡计算报告书如图 4-5-2 所示。

PKPM 报告书

权衡计算报告书

一、计算参数信息

1.1 热工参数和计算结果

表 1 参照建筑与设计建筑热工计算结果

围护结构部位	参照建筑K(W/(m²·K))					设计建筑K(W/(m²·K))		
体形系数	--					0.21		
屋面	K=0.40,D=2.50					K=0.36,D=3.18		
外墙	K=0.80,D=2.50					K=0.69,D=4.05		
底部接触空气的架空楼板	--					--		
外窗（包括透明幕墙）	朝向	立面	窗墙面积比	传热系数K(W/(m²·K))	太阳得热系数SHGC	窗墙面积比	传热系数K(W/(m²·K))	太阳得热系数SHGC
单一立面外窗（包括透光幕墙）	东	立面1	0.06	3.00	0.45	0.06	2.77	0.31
	南	立面2	0.29	2.60	0.40	0.29	2.63	0.33
	西	立面3	0.08	3.00	0.45	0.08	2.80	0.32
	北	立面4	0.27	2.60	0.45	0.27	2.63	0.36
		立面5	0.35	2.20	0.40	0.35	2.60	0.37
屋顶透光部分	--			--	--	--	--	--

暖耗电量如下：

表 4　全年供冷和供暖耗电量

建筑类别\耗电量种类	全年供冷耗电量(kWh)	全年供暖耗电量(kWh)
设计建筑	12601.71	5645.87
参照建筑	12786.29	6047.96

本建筑的单位面积空调和采暖耗电量结果如下：

表 5　全年供冷和供暖耗电量指标

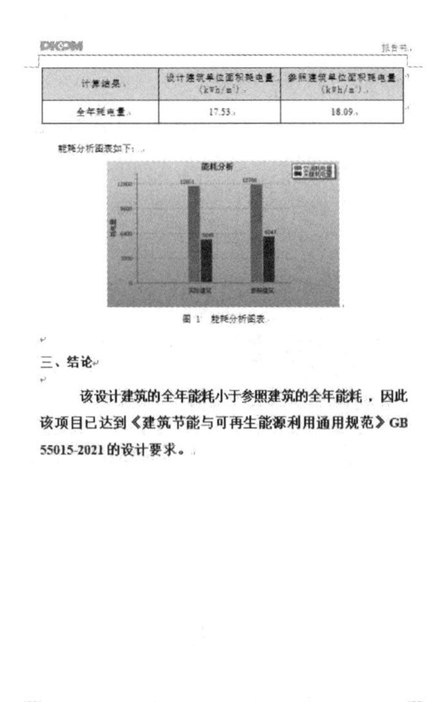

PKPM 报告书

计算结果	设计建筑单位面积耗电量(kWh/m²)	参照建筑单位面积耗电量(kWh/m²)
全年耗电量	17.53	18.09

能耗分析图表如下：

图 1　能耗分析图表

三、结论

该设计建筑的全年能耗小于参照建筑的全年能耗，因此该项目已达到《建筑节能与可再生能源利用通用规范》GB 55015-2021 的设计要求。

图 4-5-2　权衡计算报告书

4.6　结果分析

4.6.1　定位检查

在“结果分析”界面，可以查看“围护结构规定性指标”中的每个围护结构热工性能参数的设计值与规范限值。对于不达标的构件，软件以标红的错号×来提示不达标内容，如图 4-6-1 所示。

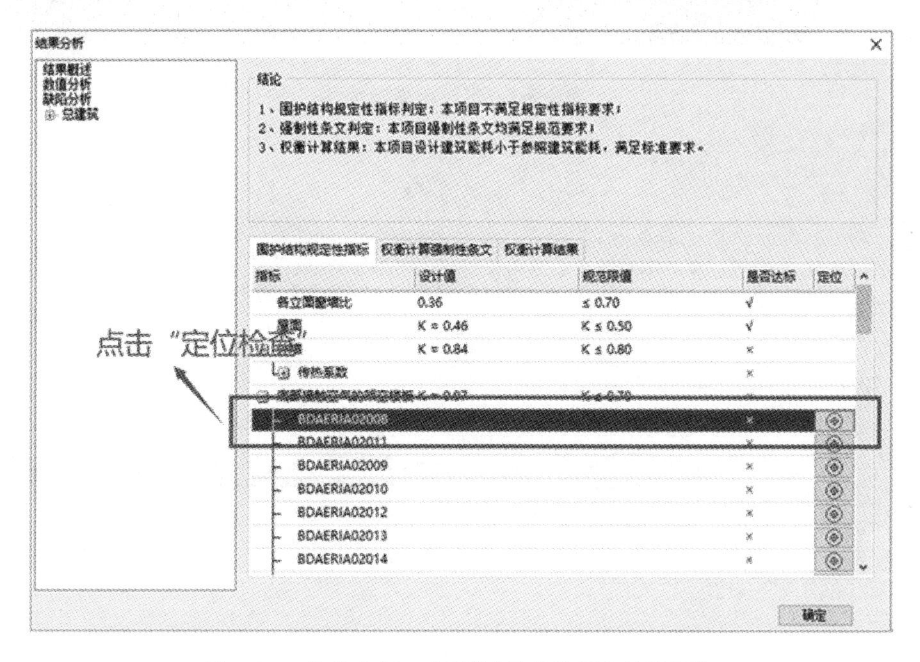

图 4-6-1　结果分析一查看“围护结构规定性指标”

可以通过点击“定位检查”按钮，定位到建筑模型中的构件，如图 4-6-2 所示，架空楼板不满足规范要求，可以定位到模型中对应的不达标的楼板位置。这样方便查找和修改热工参数。

还可以通过“结果分析”中的“权衡计算强制性条文”查看是否满足强制性条文要求，通过点击“权衡计算结果”查看权衡计算是否达标，如图 4-6-3 所示。

4.6.2　数值分析

“结果分析”中的“数值分析”显示项目单位面积系统负荷及耗电量，如图 4-6-4 所示。

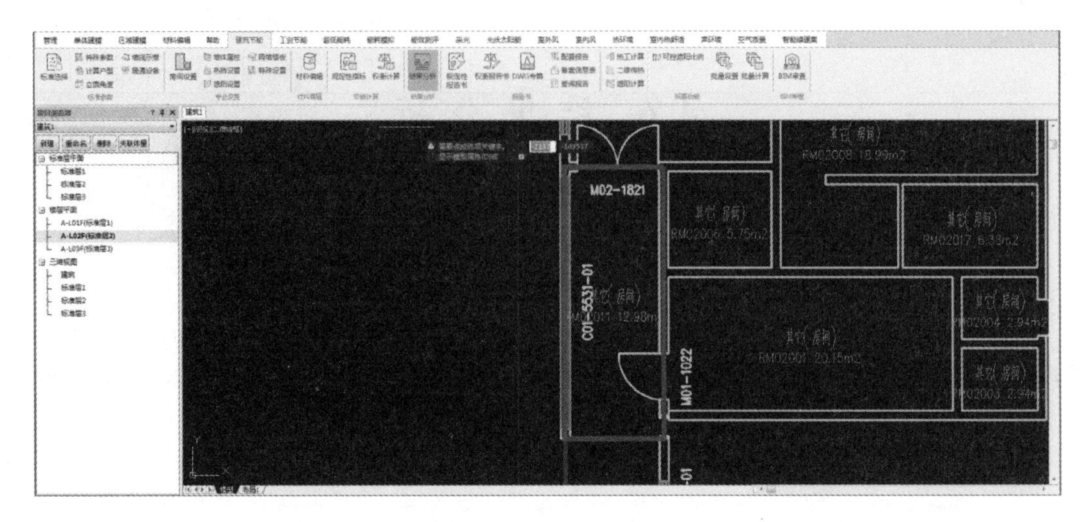

图 4-6-2　定位检查到构件

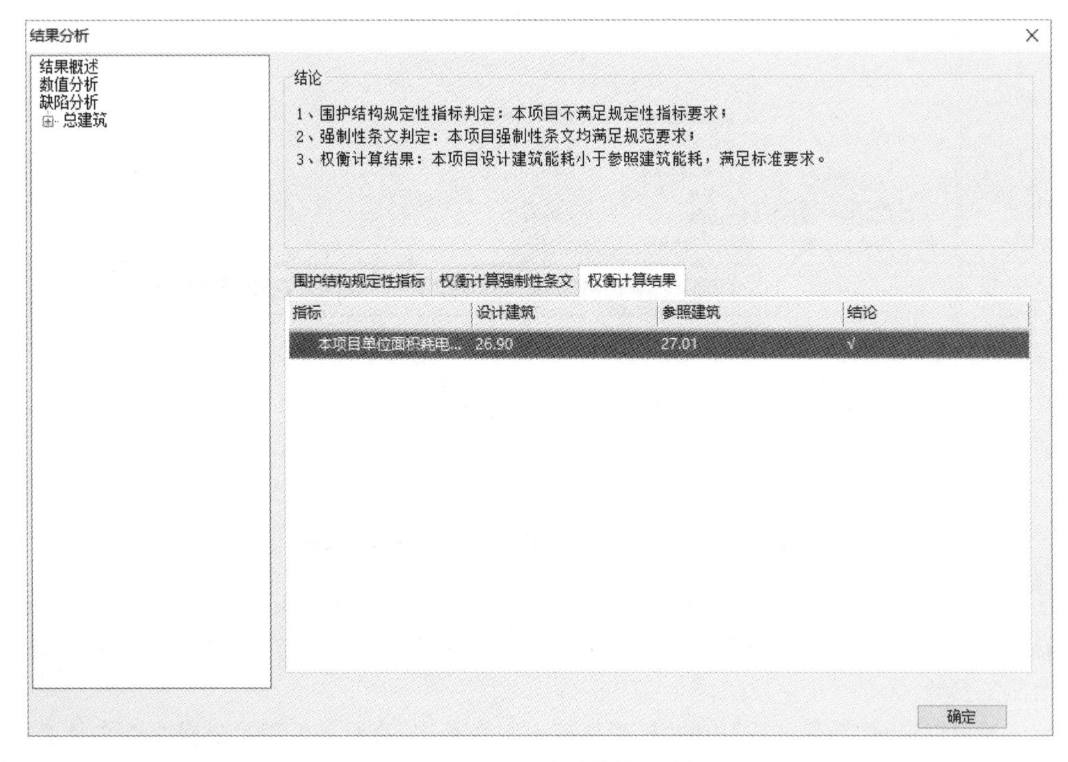

图 4-6-3　查看权衡计算是否达标

4.6.3　缺陷分析

“缺陷分析”中统计了每层中每个房间里负荷的组成分布情况，由此可以查看每个房间中的屋顶、外墙、外窗、地面、内围护构件的负荷组成比例（见图 4-6-5），用于围护结构热工优化，降低占比比较高的构件的负荷。

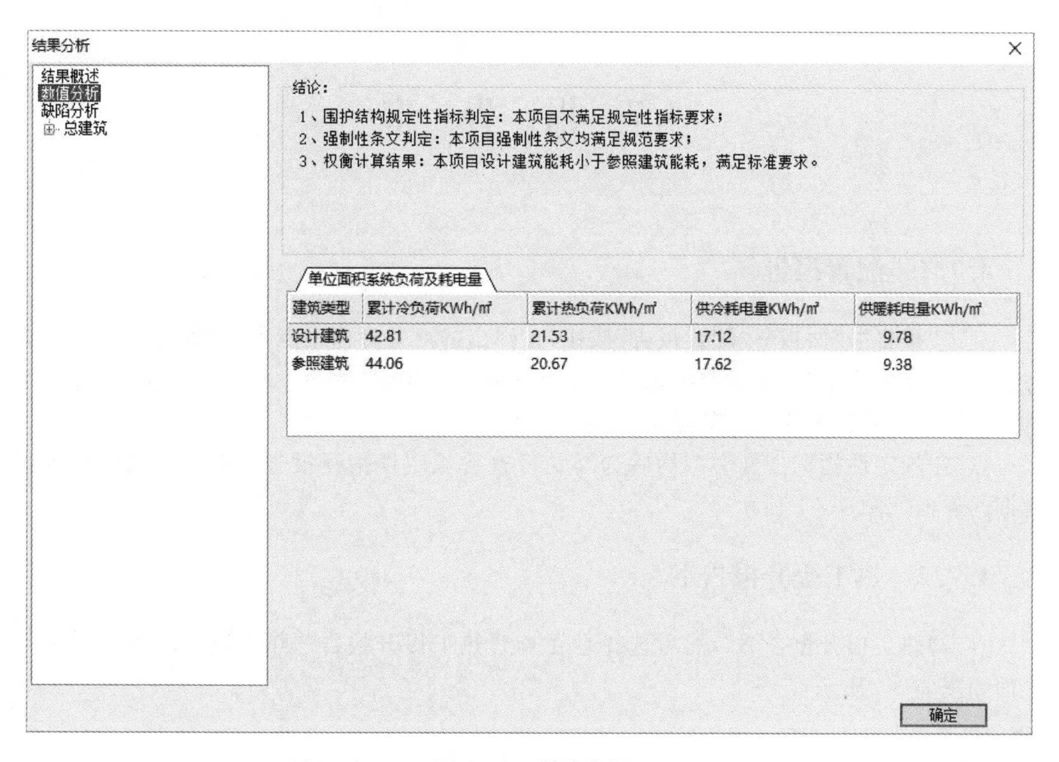

图 4-6-4　数值分析

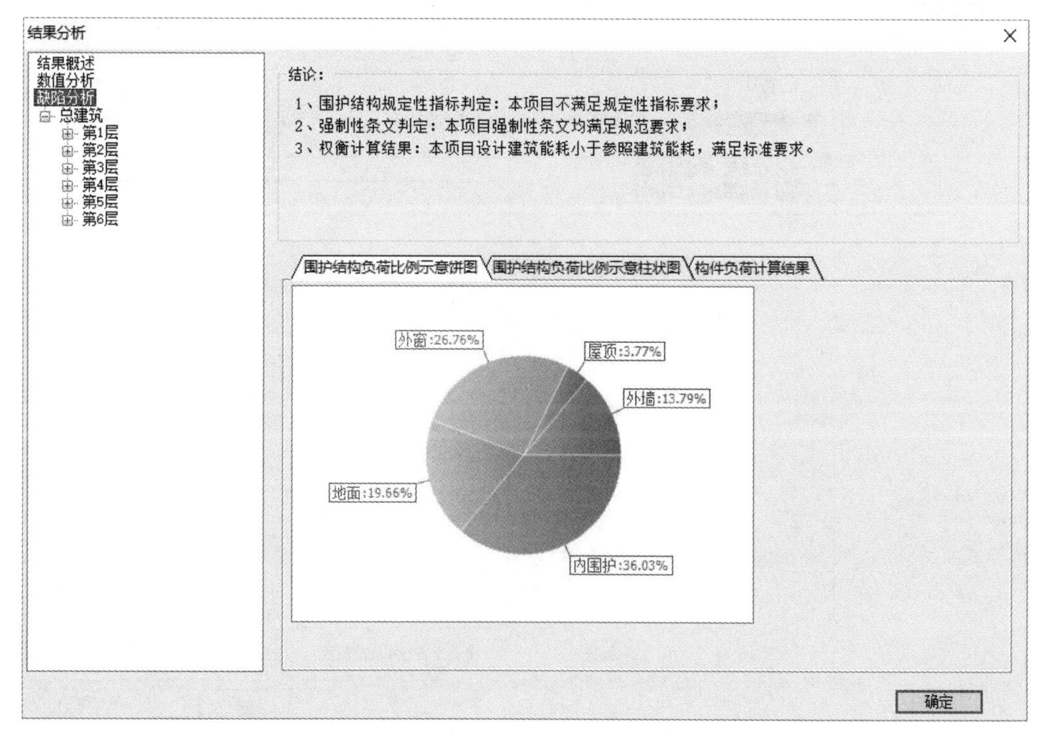

图 4-6-5　缺陷分析

4.7 报　告　书

4.7.1 配置报告

点击“报告书”面板→“配置报告”按钮，在弹出的配置界面中点击“报告配置”，可以在“规定性指标报告书”中生成需要选择的平面图和立面图，如图 4-7-1 所示；点击“节能率配置”，可选择需要计算输出的节能率，如图 4-7-2 所示。

点击“规定性指标报告书”，然后选择是否查看规定性指标报告。规定性指标报告查看询问界面如图 4-7-2 所示。

4.7.2 热工提升报告书

点击“热工提升报告书”，然后选择是否查看热工提升报告。热工提升报告查看询问界面如图 4-7-3 所示。

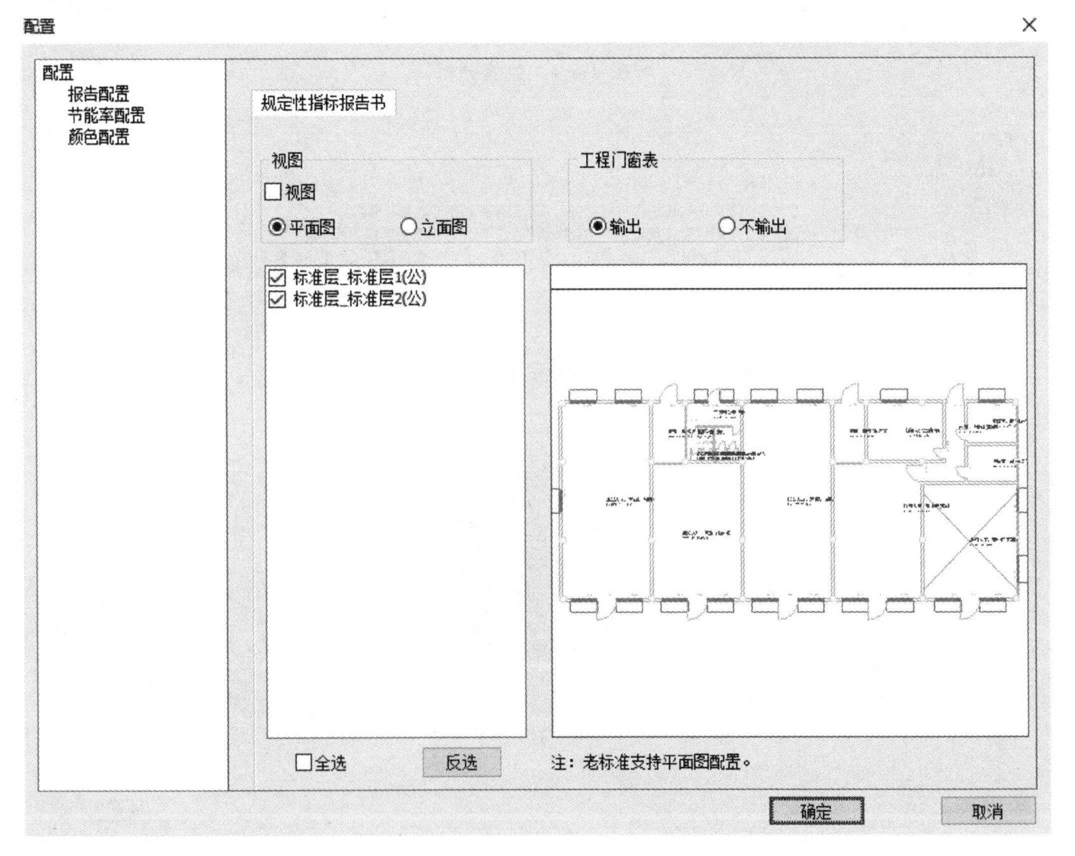

图 4-7-1　配置

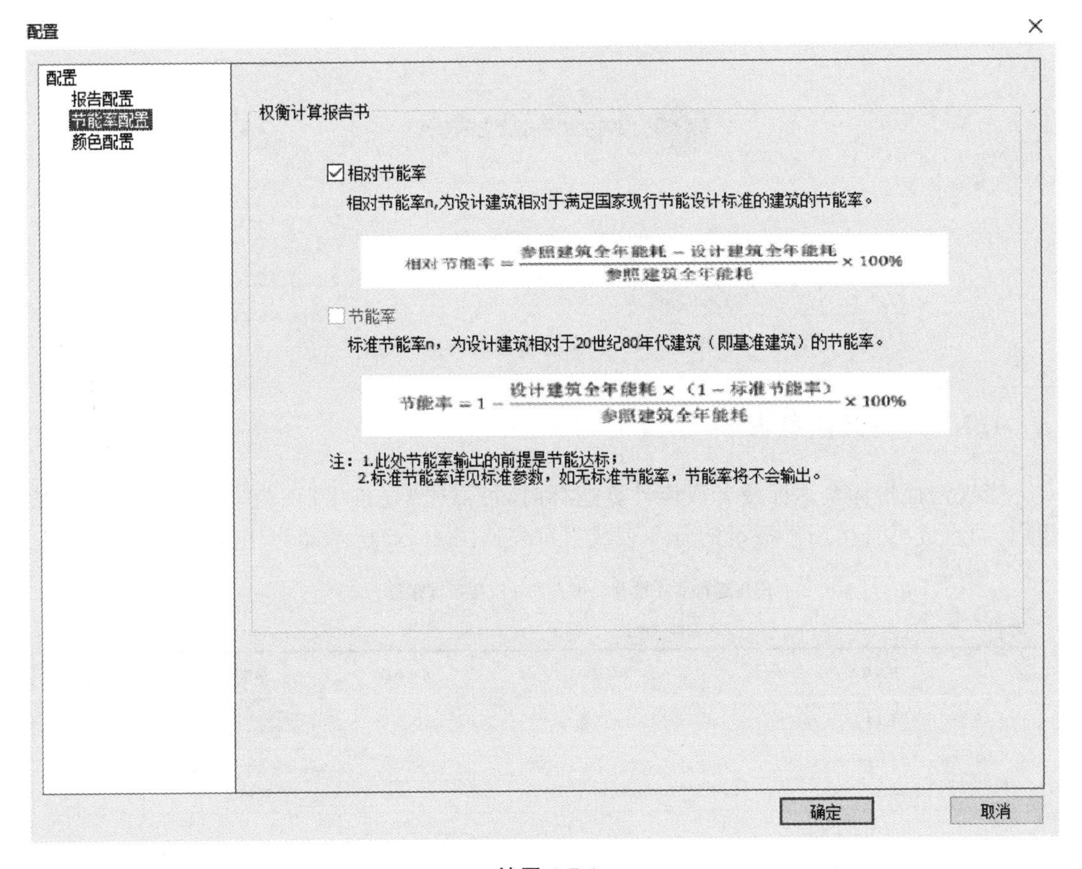

续图 4-7-1

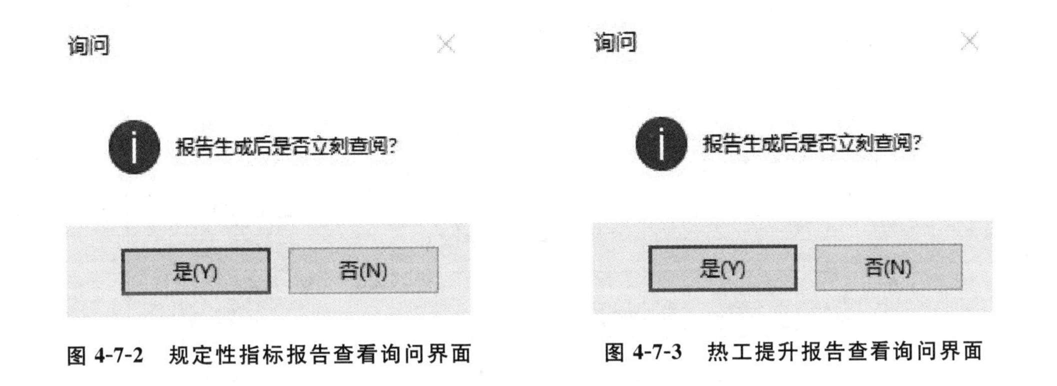

图 4-7-2　规定性指标报告查看询问界面　　图 4-7-3　热工提升报告查看询问界面

4.7.3　权衡报告书

点击“权衡报告书”，然后选择是否查看权衡报告。权衡报告查看询问界面如图4-7-4所示。

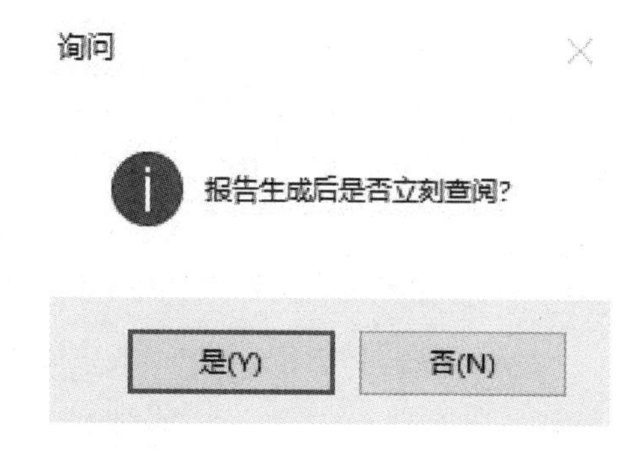

图 4-7-4 权衡报告查看询问界面

4.7.4 备案信息表

当规定性指标全达标或者权衡计算达标时，可点击“报告书”面板→“备案信息表”按钮，自动生成可直接用于报审的备案表或报审表。图 4-7-5 所示即为一例。

公共建筑节能设计、审查表（按规定性指标）

工程名称：　　层数：（地上） 13 （地下） --　　总建筑面积： 62881.37

<table>
<tr><th>序号</th><th colspan="2">审查内容</th><th colspan="4">规定指标</th><th colspan="2">设计指标</th><th>节能措施</th><th>节能判断（审查人填写）</th></tr>
<tr><td>1</td><td>屋顶</td><td>传热系数K [W/(m²·K)]</td><td colspan="4">甲类：K≤0.40；乙类：K≤0.60</td><td colspan="2">0.40</td><td>挤塑聚苯板(ρ=25-32)(73.00mm)</td><td></td></tr>
<tr><td rowspan="2">2</td><td rowspan="2">外墙（包括非透明幕墙）</td><td>传热系数K [W/(m²·K)]</td><td colspan="4" rowspan="2">甲类：K≤0.60，D≤2.5；K≤0.8，D>2.5；
乙类：K≤1.0</td><td colspan="2">0.75</td><td rowspan="2">憎水性岩棉板(40.00mm)/岩棉板(60.00mm)</td><td rowspan="2"></td></tr>
<tr><td>热惰性指标D</td><td colspan="2">3.49</td></tr>
<tr><td rowspan="4">3</td><td rowspan="4">窗墙面积比</td><td rowspan="4">单一立面窗墙面积比</td><td colspan="4" rowspan="4">甲类：≤0.70</td><td colspan="2">东向：0.58</td><td rowspan="4"></td><td></td></tr>
<tr><td colspan="2">南向：0.59</td><td></td></tr>
<tr><td colspan="2">西向：0.50</td><td></td></tr>
<tr><td colspan="2">北向：0.67</td><td></td></tr>
<tr><td rowspan="3">4</td><td rowspan="3">屋顶透明部分（水平天窗、采光顶）</td><td>面积占屋顶面积的比例</td><td colspan="4">≤屋顶总面积的20%</td><td colspan="2">--</td><td rowspan="3">--</td><td rowspan="3"></td></tr>
<tr><td>传热系数K [W/(m²·K)]</td><td colspan="4">甲类：K≤2.2；乙类：K≤3.0</td><td colspan="2">--</td></tr>
<tr><td>太阳得热系数SHGC</td><td colspan="4">甲类：SHGC≤0.30；乙类：SHGC≤0.35</td><td colspan="2">--</td></tr>
<tr><td>5</td><td>架空楼板</td><td>传热系数K [W/(m²·K)]</td><td colspan="4">K≤0.7</td><td colspan="2">0.68</td><td>岩棉板(60.00mm)</td><td></td></tr>
<tr><td rowspan="11"></td><td rowspan="11"></td><td rowspan="11">传热系数K
综合太阳得热系数SHGC</td><td colspan="4">甲类</td><td rowspan="3">传热系数</td><td rowspan="3">SHGC</td><td rowspan="11">断热铝木复合窗框K≤2.5[W/(m2K)]，窗框窗洞面积比≤30%Low-E中空SuperSE-III6mm+12A+6mm/塑料窗框K≤1.9[W/(m2K)]，窗框窗洞面积比≤30%Low-E中空SuperSE-I6mm+12A+6mm/不隔热金属型材Kf=10.8W/(m2·K)框面积15%3mm透明玻璃</td><td rowspan="11"></td></tr>
<tr><td rowspan="2">单一立面窗墙比C</td><td rowspan="2">传热系数K [W/(m²·K)]</td><td colspan="2">综合太阳得热系数SHGC</td></tr>
<tr><td>东、南、西向</td><td>北向</td></tr>
<tr><td>C≤0.20</td><td>≤3.00</td><td>≤0.45</td><td>≤0.45</td><td rowspan="2">东向：1.82</td><td rowspan="2">东向：0.11</td></tr>
<tr><td>0.20<C≤0.30</td><td>≤2.60</td><td>≤0.40</td><td>≤0.45</td></tr>
<tr><td>0.30<C≤0.40</td><td>≤2.20</td><td>≤0.35</td><td>≤0.40</td><td rowspan="2">南向：1.86</td><td rowspan="2">南向：0.11</td></tr>
<tr><td>0.40<C≤0.50</td><td>≤2.20</td><td>≤0.30</td><td>≤0.35</td></tr>
<tr><td>0.50<C≤0.60</td><td>≤2.10</td><td>≤0.30</td><td>≤0.35</td><td rowspan="2">西向：1.86</td><td rowspan="2">西向：0.11</td></tr>
<tr><td>0.60<C≤0.70</td><td>≤2.10</td><td>≤0.25</td><td>≤0.30</td></tr>
<tr><td>0.70<C≤0.80</td><td>≤2.00</td><td>≤0.25</td><td>≤0.30</td><td rowspan="2">北向：1.85/1.9</td><td rowspan="2">北向：0.11/0.1</td></tr>
<tr><td>C>0.80</td><td>≤1.80</td><td>≤0.20</td><td>≤0.20</td></tr>
</table>

图 4-7-5 节能审查报告表

4.7.5 DWG 专篇

规定性指标计算后，可点击“报告书”面板→“DWG 专篇”按钮，自动生成可直接用于报审的专篇报告书(见图 4-7-6)。

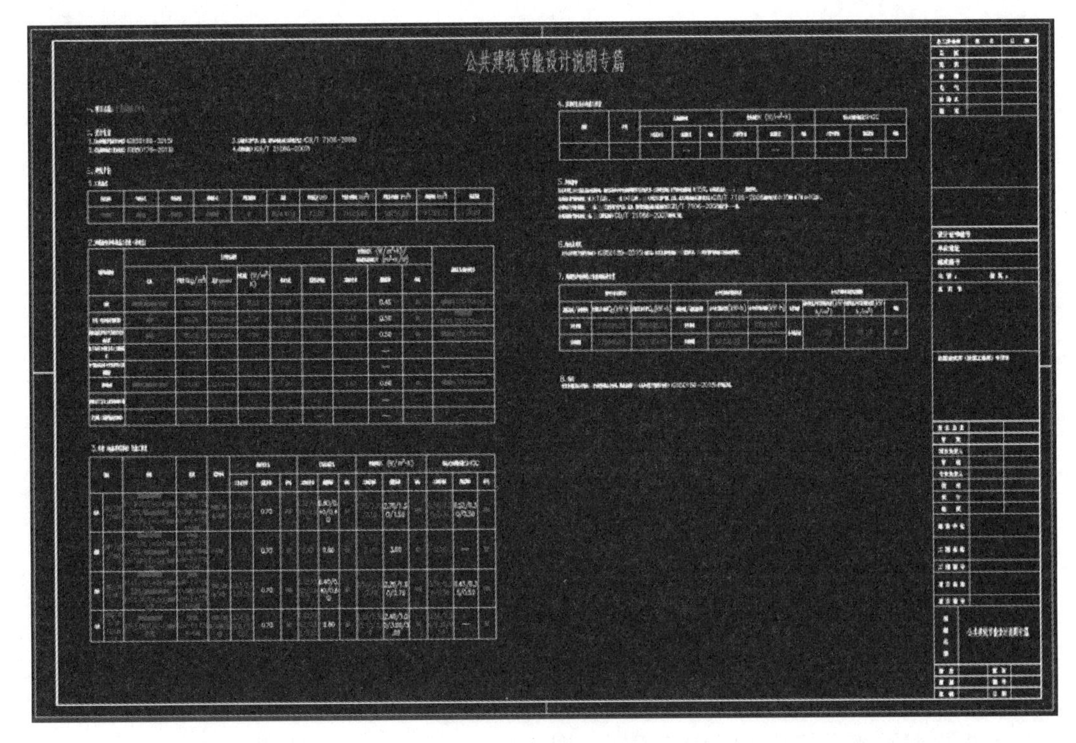

图 4-7-6 节能审查报告书

4.7.6 查阅报告

点击“报告书”面板→“查阅报告”按钮，在弹出的“查阅报告”界面可直接勾选查看模型所在目录文件夹下所有已生成的报告书，无须到目录下去查看，方便快捷(见图 4-7-7)。

查阅报告

已有报告书	类型
☑ 公共建筑规定性指标计算报告书	word
☐ 公共建筑规定性指标计算报告书附件1	word
☐ 可控遮阳设施比例计算报告书	word
☐ 围护结构结露计算报告书_公建	word
☐ 围护结构结露计算报告书_居建	word
☐ 居住建筑规定性指标计算报告书	word
☐ 居住建筑规定性指标计算报告书附件1	word
☐ 楼层组装时删除的窗表	word

显示所选报告　　退出

图 4-7-7 查阅报告

5　室内自然采光模拟分析

在绿色建筑施工图深化设计阶段，可借助建筑自然采光模拟分析软件 PKPM-Daylight 对建筑室内自然采光效果进行模拟分析，预测采光效果、眩光效果等与健康舒适相关的建筑绿色性能参数，为调节建筑透明部分的比例、朝向等参数提供设计优化依据，同时提供对标《绿色建筑评价标准》(GB/T 50378—2019)、《建筑环境通用规范》(GB 55016—2021)等标准所需的计算书。

5.1　室内自然采光模拟分析操作流程

室内自然采光模拟分析操作流程图如图 5-1-1 所示。

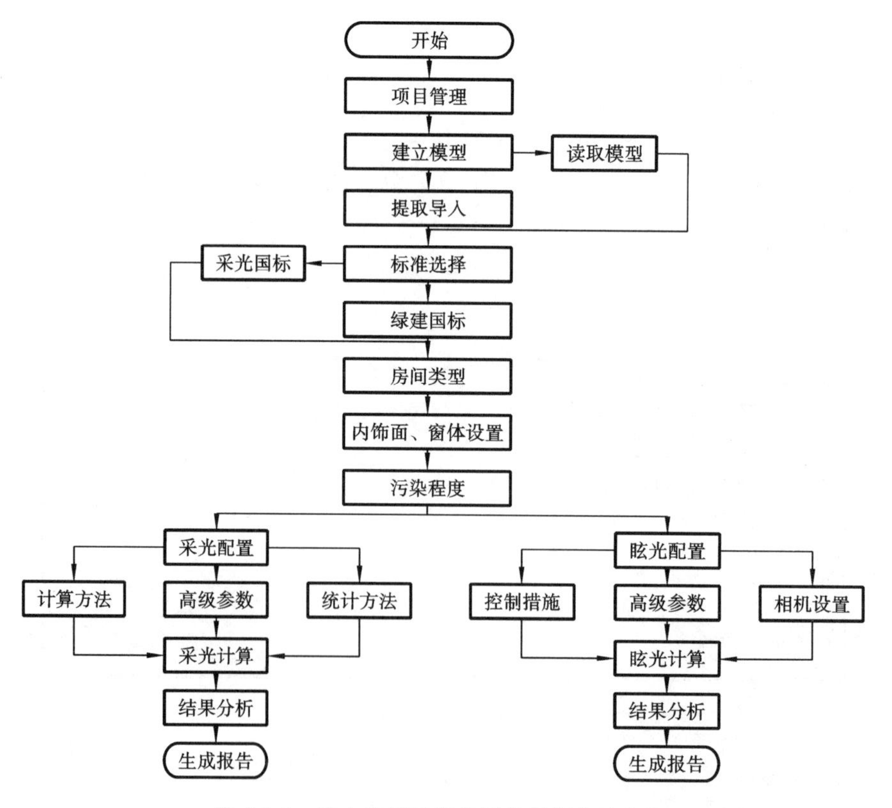

图 5-1-1　室内自然采光模拟分析操作流程图

5.2　建筑自然采光模拟分析软件的主要功能

建筑自然采光模拟分析软件 PKPM-Daylight 的主要功能包含标准选择、专业设计、采光设计、眩光计算、结果分析、报告书、视野分析等(见图 5-2-1)。当软件使用节能模型时,可直接打开工程进行操作。用户只需要对标准选择、专业设计、采光设计、眩光计算、结果分析、报告书、视野分析等面板进行操作。其他软件选项可切换操作软件,用户在工程中使用其他模块时可直接切换,不用关闭工程。

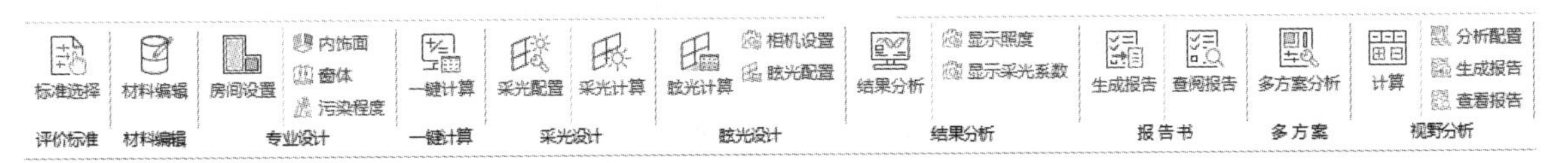

图 5-2-1　主菜单

5.3　标 准 选 择

用户在进行采光模拟时,可选择软件所支持的当地适用的标准等,如图 5-3-1 所示。

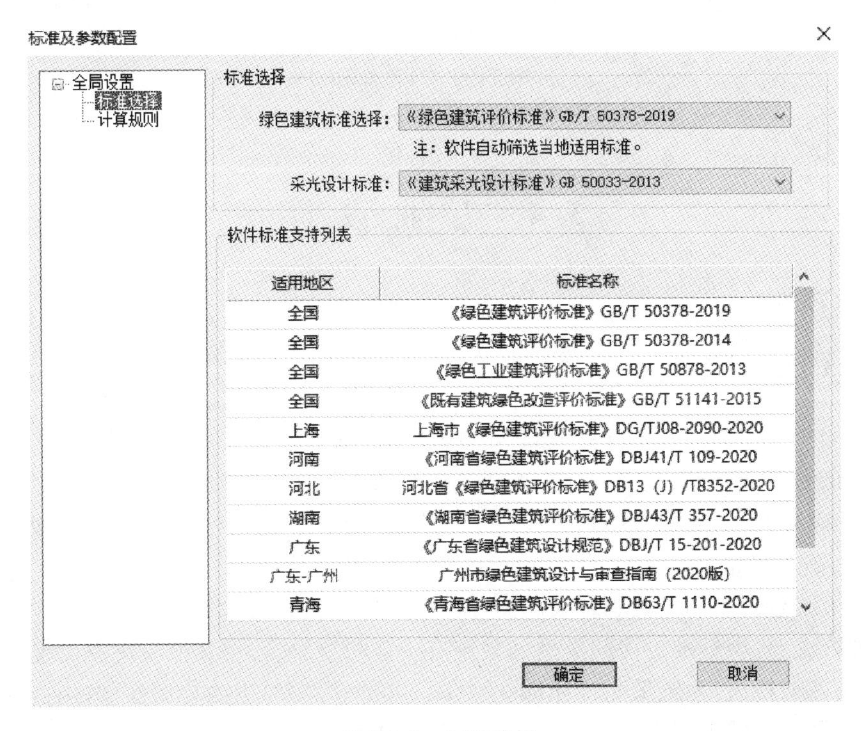

图 5-3-1　标准选择

考虑到部分电脑配置较低，软件提供了“智能分批传递网格计算”的功能，以减少对计算机硬件资源的依赖。“分批计算网格上限”对计算结果无影响，但不宜过高，以 8 G 内存为例，建议设置 600～1000 为佳，如图 5-3-2 所示。

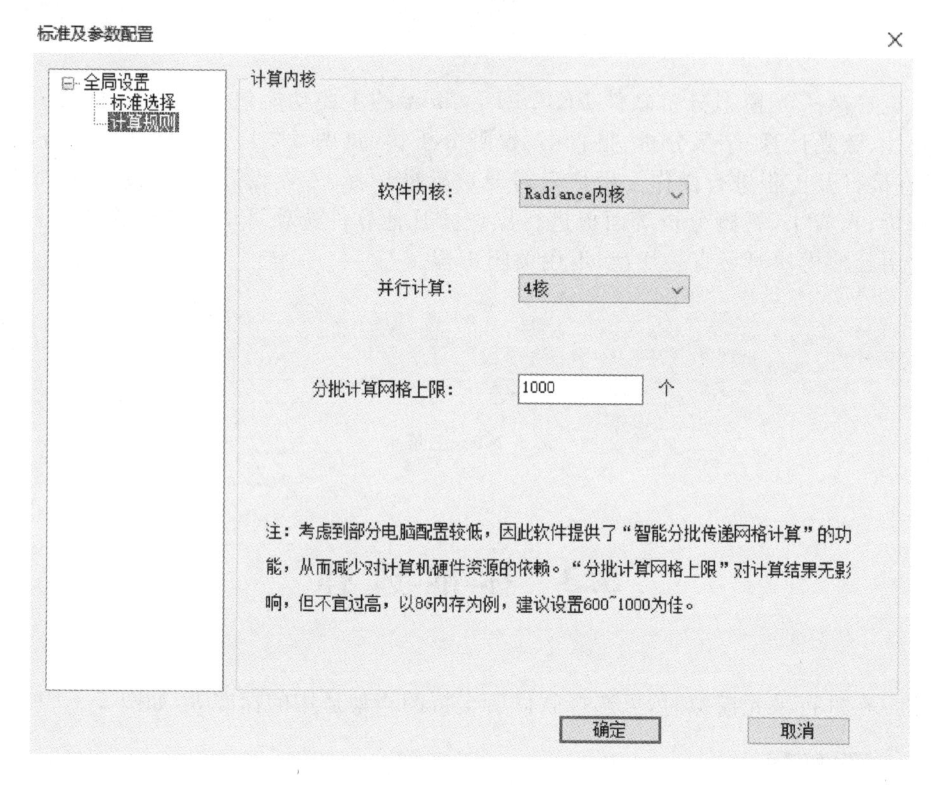

图 5-3-2　计算规则

5.4　专业设计

5.4.1　房间类型

建筑自然采光模拟分析软件 PKPM-Daylight 在原有 PBECA 提供的居建、办公、商场几类建筑的基础上，新增教育、医疗、图书馆、博物馆、展览、交通、体育、工业 8 类建筑类型。同时在房间设置功能中增加对应的房间类型，如居住建筑增加厨房，办公建筑房间增加复印室、档案室等。

设置方法包含手动设置和智能匹配。手动设置步骤如图 5-4-1 所示。

智能匹配：各类标准对房间类型的规定有一定的差异，若在其他模块中设置了房间类型，需要将其转换成《建筑采光设计标准》(GB 50033—2013)中的房间类型，因此软件提供“智能匹配”功能，减少用户手动设置过程。具体如图 5-4-2 所示。

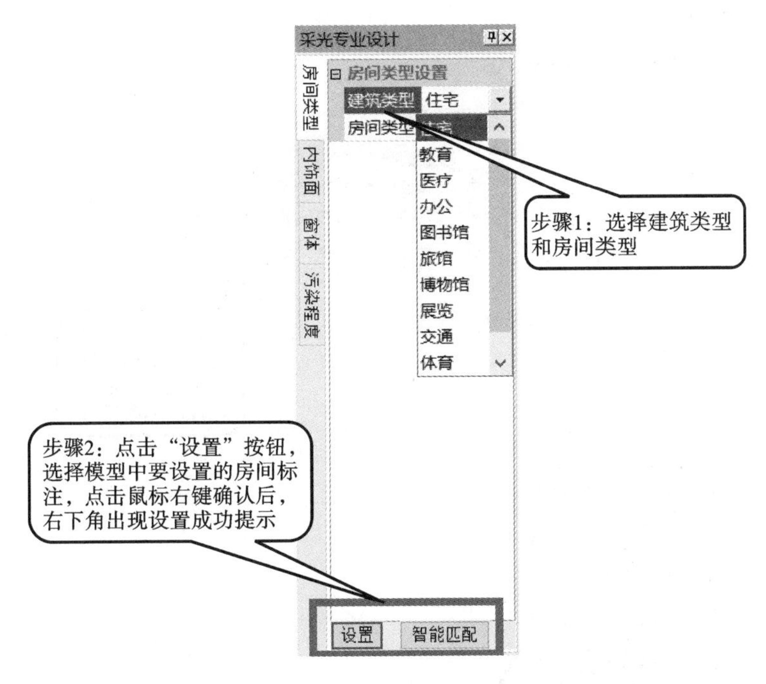

图 5-4-1　房间类型设置

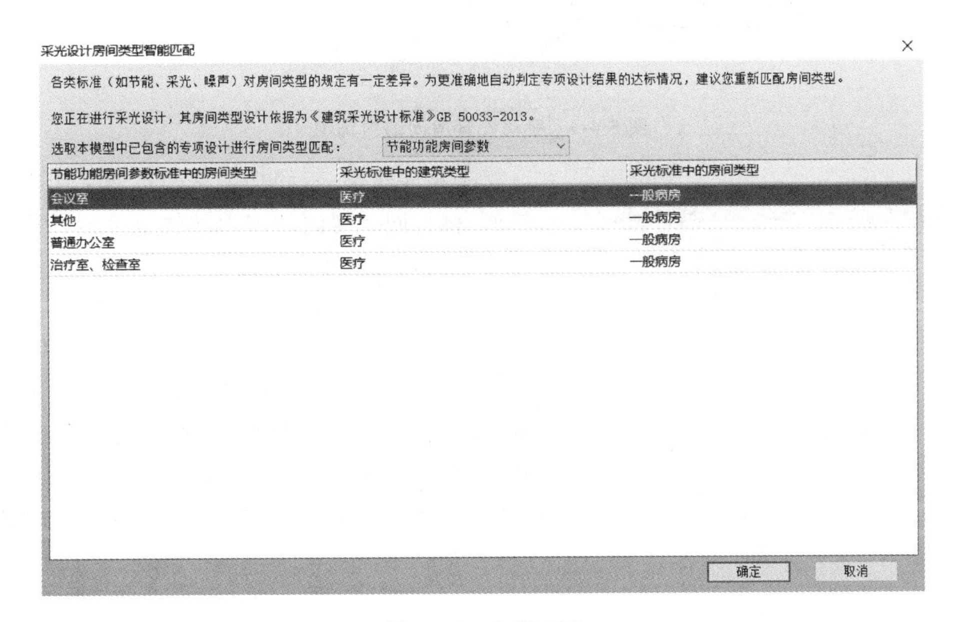

图 5-4-2　智能匹配

5.4.2　内饰面

建筑自然采光模拟分析软件 PKPM-Daylight 内饰面材料数据库来源于标准和图集，材料参数丰富、准确。另外，软件还提供厂家推荐功能，部分材料可直接选用经过认证的材料参数。软件提供全楼统一设置、手动设置和自定义设置。（注：房间类型设置需要切换到普通层进行编辑。）

手动设置步骤如图 5-4-3 所示。

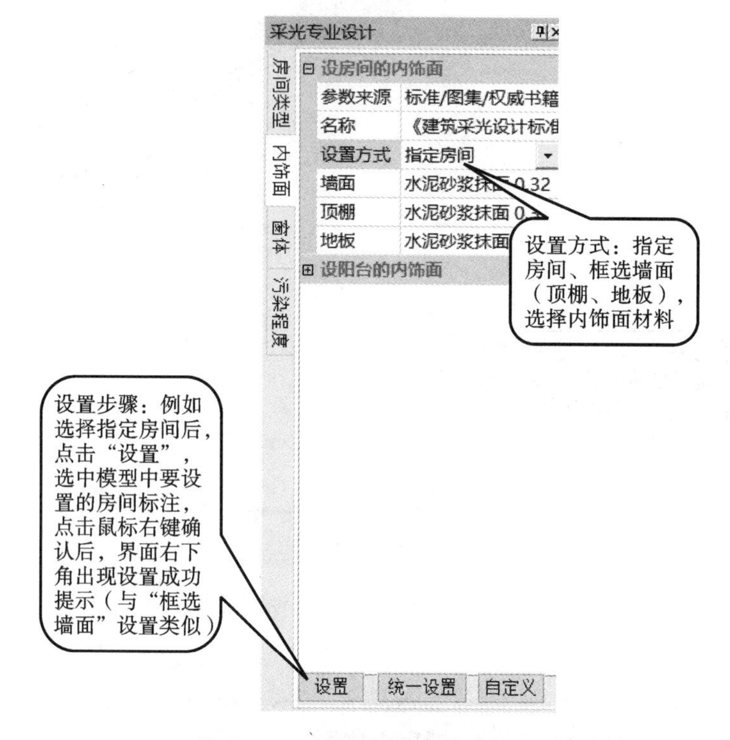

图 5-4-3　手动设置房间的内饰面

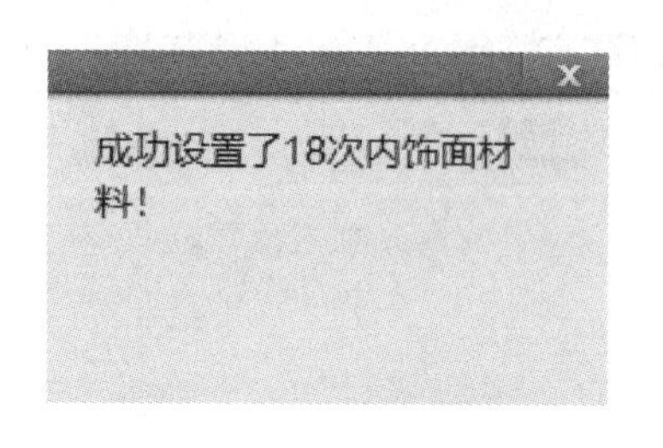

图 5-4-4　设置成功提示

对于有些建筑，不同功能房间可能采用不同的内饰面材料，同一房间的多面墙体也可能采用不同内饰面材料，针对此种情况，可通过框选墙面标注的方式来设置内饰面材料。步骤和指定房间设置类似，首先选择“设置方式”为“框选墙面（顶棚、地板）”，选择内饰面材料，点击“设置”，选中模型中要设置的墙面标注，点击鼠标右键确认后，界面出现设置成功提示，如图 5-4-4 所示。

对于装修风格较为统一，或毛坯房的建筑，可采用“统一设置”的方式快速完成内饰面设置，如图 5-4-5 所示。

5.4.3　窗体

软件内置数十种常见窗体数据库，玻璃的可见光透射比、可见光反射比、挡光折减系数等光学参数均严格参照《建筑采光设计标准》(GB 50033—2013)取值。

窗体可在材料设置完成后单独设置，用鼠标点击窗户，再点击右键确认，设置完成后界面右下角出现设置成功的提示，如图 5-4-6 和图 5-4-7 所示。

窗体也可根据构件、朝向、标准层等进行统一设置，如图 5-4-8 所示。

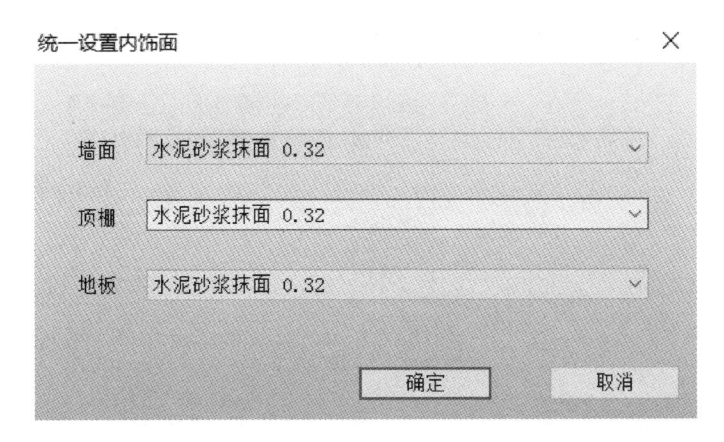

图 5-4-5　统一设置

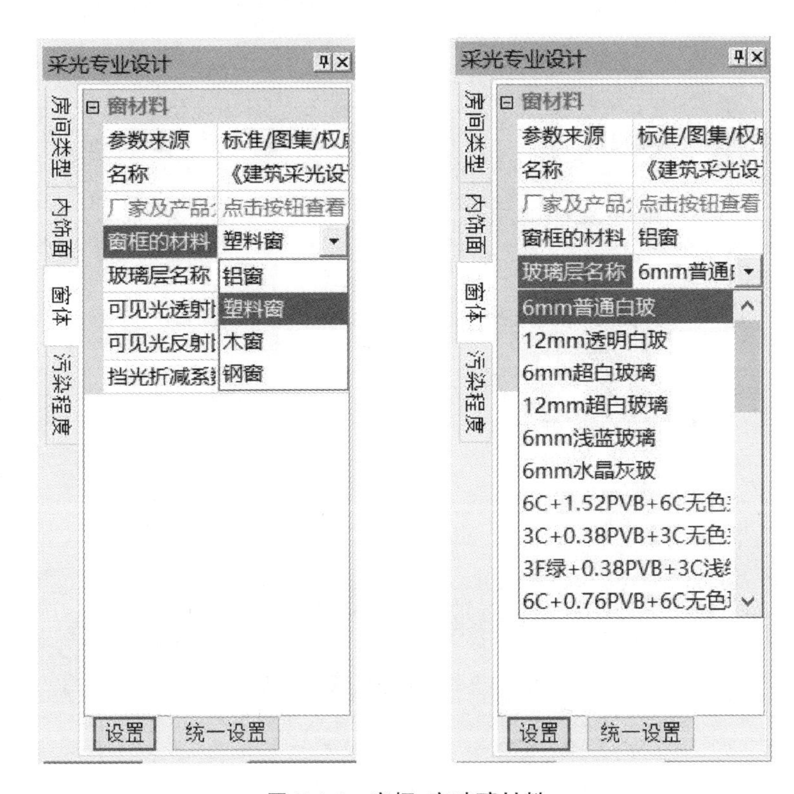

图 5-4-6　窗框、窗玻璃材料

5.4.4　污染程度

对门窗、玻璃幕墙等污染程度进行设置，软件默认为一般，即一般垂直窗玻璃的污染折减系数取 0.75 计算，如有需要，用户可根据需要在污染程度上进行其他类型的选择。污染程度也可进行单独设置和统一设置（见图 5-4-9）。设置过程与内饰面相似。

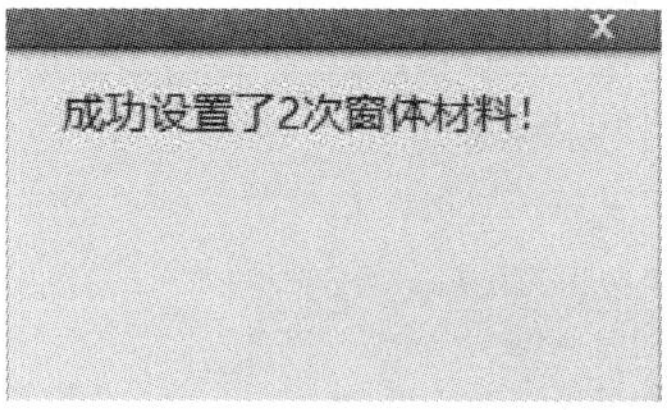

成功设置了2次窗体材料!

图 5-4-7　窗体设置成功提示

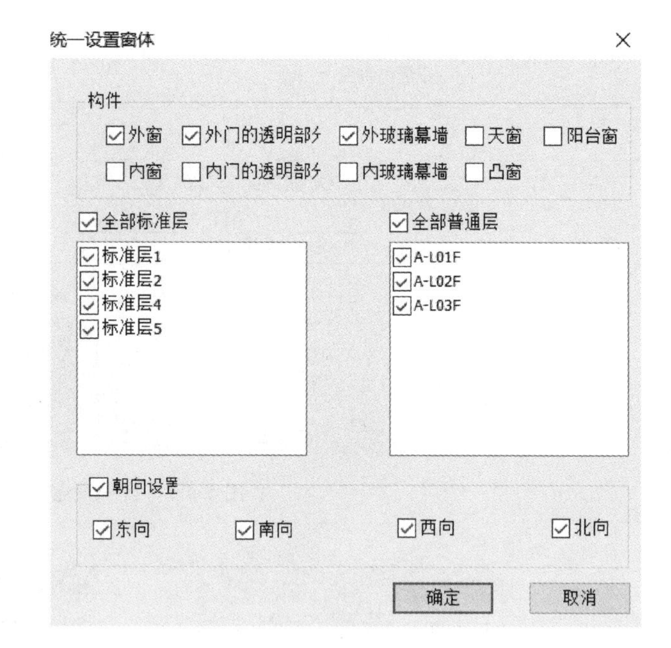

图 5-4-8　窗体统一设置

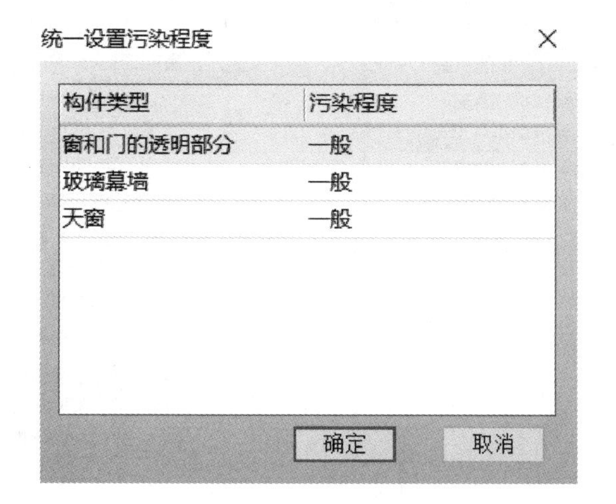

图 5-4-9　污染程度统一设置

5.5　采光设计

5.5.1　采光配置

1. 计算及统计方法

采光配置中，计算方法可选择公式法即建筑采光设计标准中的平均采光系数算法，也可选择模拟法即国际通用的 Radiance 逐点采光系数算法，以满足不同的项目计算要求。统计方法也对应设计的目的，国标统计法对应满足采光国标要求，逐点统计法和绿建统计法满足绿色建筑采光要求。采光计算配置具体如图 5-5-1 所示。

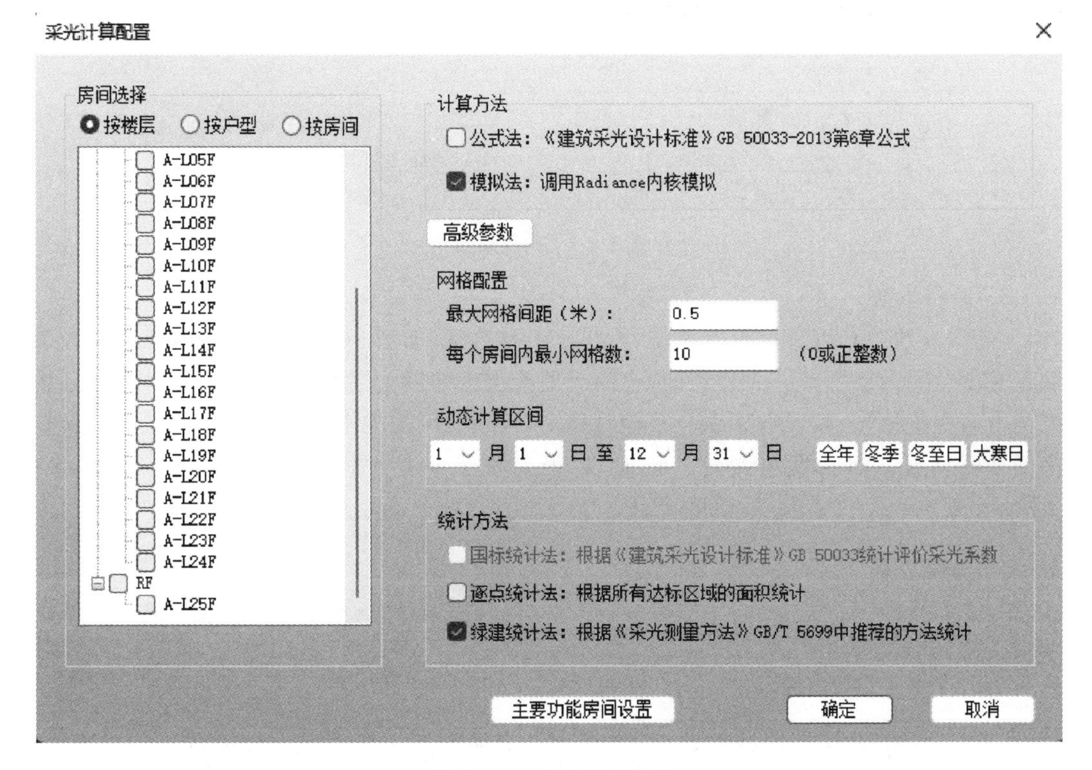

图 5-5-1　采光计算配置

公式法：侧面采光平均采光系数按《建筑采光设计标准》（GB 50033—2013）的 6.0.2-1 公式计算得出。该计算方法既考虑窗尺寸位置、可见光透射比、挡光折减与污染的影响，又考虑室内各表面反射比及窗的可见天空角的影响，是经过实际测量和模型实验确定的成熟方法。

调用 Radiance 内核进行计算：对于建筑造型复杂，有凸窗、阳台、异形窗等建筑构件的项目，建议采用模拟法。即将建筑模型每个房间的距地面 0.75 m 高度处的水平面按一定精度划分为多个网格，设置室内材质、外部遮挡建筑物等影响采光的条件，并调用 Radiance 内核，利用经蒙特卡洛算法优化的反向光线追踪算法，对每一个网格取一点进行迭代照度计算。算出的照度值 E_n 与室外照度 E_w 的比值（百分比）即为该点的采光系数计算值。软件根据设置的时间区间，根据《绿色建筑评价标准》（GB/T 50378—2019）提出动态分析评价自然采光的方法：基于全年自然采光气候数据，以 1 h 为步长，模拟计算项目的逐时、逐点的采光照度，并统计分析其达标小时数，作为动态采光评价的评价指标，分析项目中主要功能房间的照度达标小时数满足 4 h/d（公建）或 8 h/d（居建）的面积比例。

2. 网格配置

用户可在“网格配置”中，自定义网格间距进行计算，软件默认最大网格间距 0.5 m，每个房间内最小网格数 10 个，如图 5-5-2 所示。最大网格间距设置不宜过大或过小，过小会增加计算时间，设置过大会影响内区计算结果。

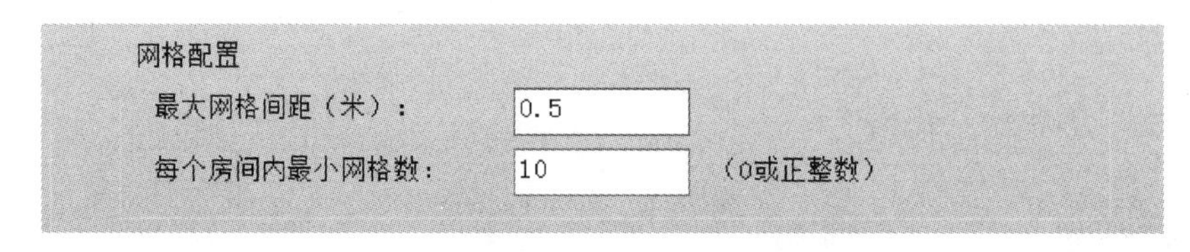

图 5-5-2　网格设置

3. 高级参数

“高级参数”中，可选择天空模型、光线反射参数等，如图 5-5-3 所示。目前软件采光系数是基于全阴天模型计算而得到的，全阴天即天空全部被云层遮蔽的天气，此时室外自然光均为天空扩散光，其天空亮度分布相对稳定，天顶亮度为地平线附近亮度的三倍。天空中的亮度只随太阳高度角变化。晴天、全阴天和多云天三种天空模型对比如图 5-5-4 所示。

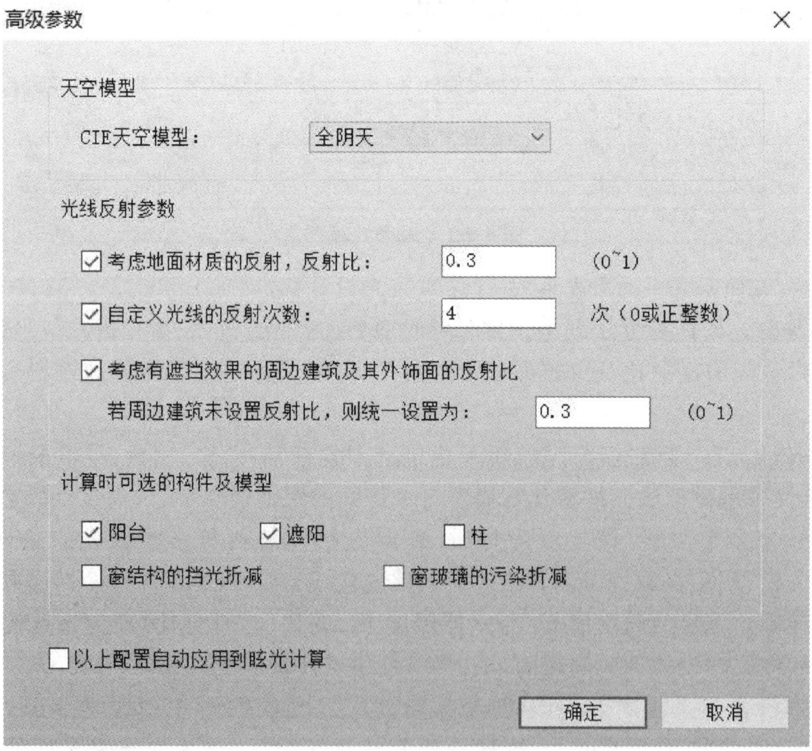

高级参数

天空模型
CIE天空模型：全阴天
光线反射参数
☑考虑地面材质的反射，反射比：0.3　(0~1)
☑自定义光线的反射次数：4　次（0或正整数）
☑考虑有遮挡效果的周边建筑及其外饰面的反射比
若周边建筑未设置反射比，则统一设置为：0.3　(0~1)
计算时可选的构件及模型
☑阳台　☑遮阳　☐柱
☐窗结构的挡光折减　☐窗玻璃的污染折减
☐以上配置自动应用到眩光计算
确定　取消

图 5-5-3　高级参数设置

4. 主要功能房间设置

通过“主要功能房间设置”，可以选择参与计算的房间类型，输出计算结果和判定。绿

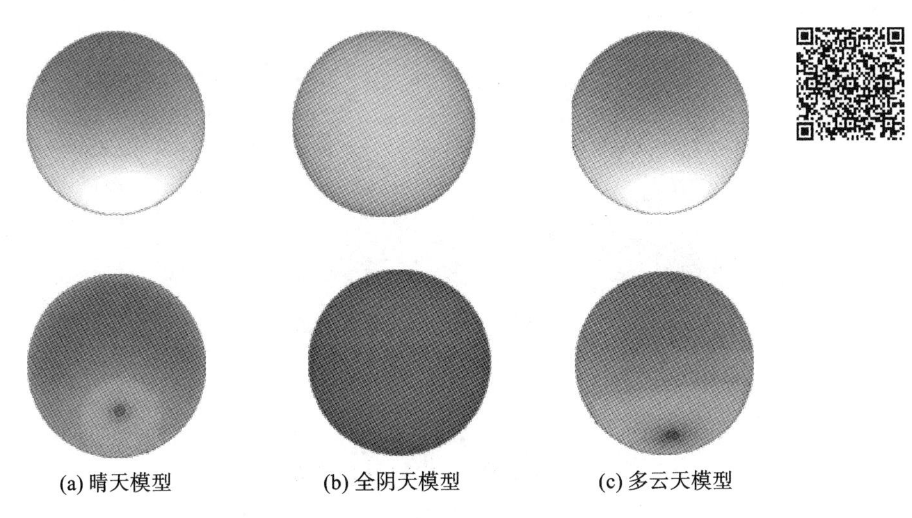

图 5-5-4　三种天空模型对比
(彩图见二维码)

色建筑国家标准审查主要功能房间的采光情况，而部分地区需要审查卫生间、厨房、过道等非主要功能房间，可在“主要功能房间设置”界面进行设置，如图 5-5-5 所示。

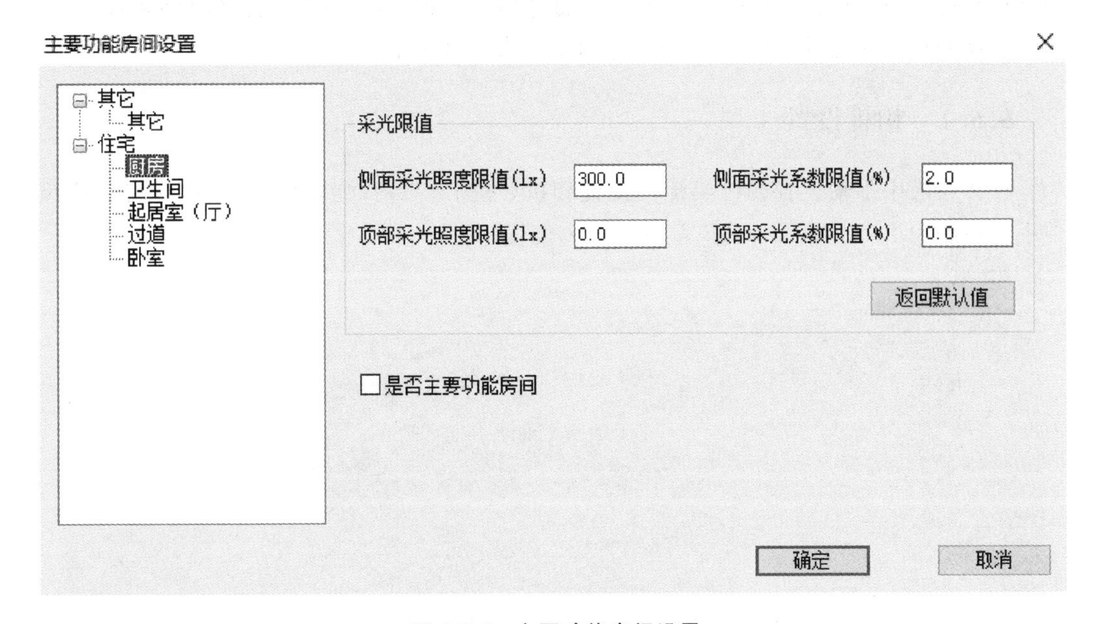

图 5-5-5　主要功能房间设置

5.5.2　采光计算

在采光配置完成后，进入采光计算，界面会显示计算进度及结果(见图 5-5-6)，设计师可以直观了解计算的进度和结果。

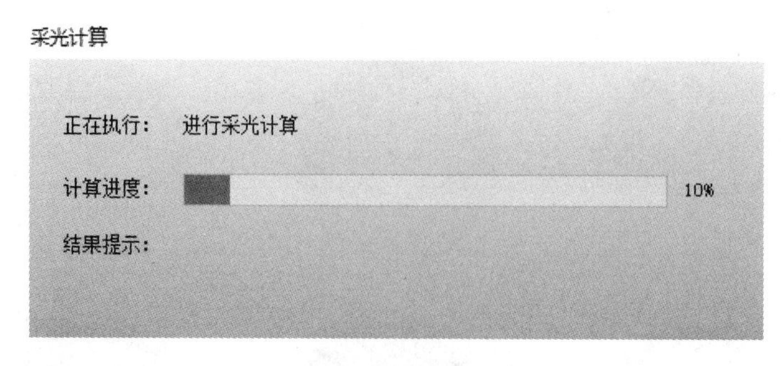

图 5-5-6　采光计算进度显示

5.6　眩光设计

建筑师在设计时，往往采用大面积玻璃窗和玻璃幕墙，为室内空间创造出明快的环境气氛，为室外空间构成富有表现力的建筑立面。若过分注重光的艺术效果，窗引起的不舒适昼光眩光在很大程度上影响自然光环境的质量。因此，有必要进行科学、准确的计算，为建筑师提供设计依据。PKPM-Daylight 通过划定计算条件，输出眩光计算结果，同时提供可选择的控制眩光的措施，以期达到优化计算结果的目的。

5.6.1　相机设置

在普通层中手动设置相机或统一设置相机（见图 5-6-1），划定计算条件，也可在模型中手动添加相机（见图 5-6-2），还可进行统一设置。

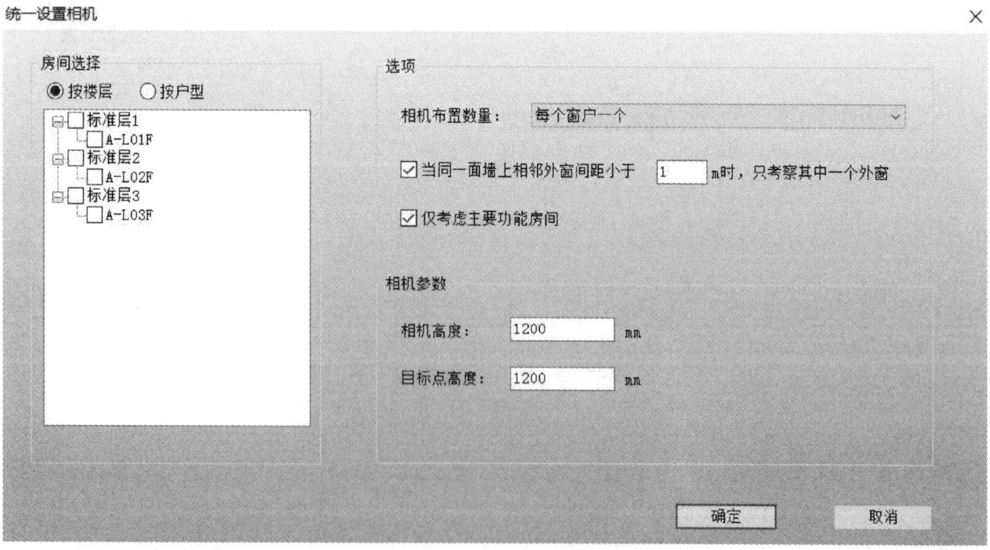

图 5-6-1　统一设置相机

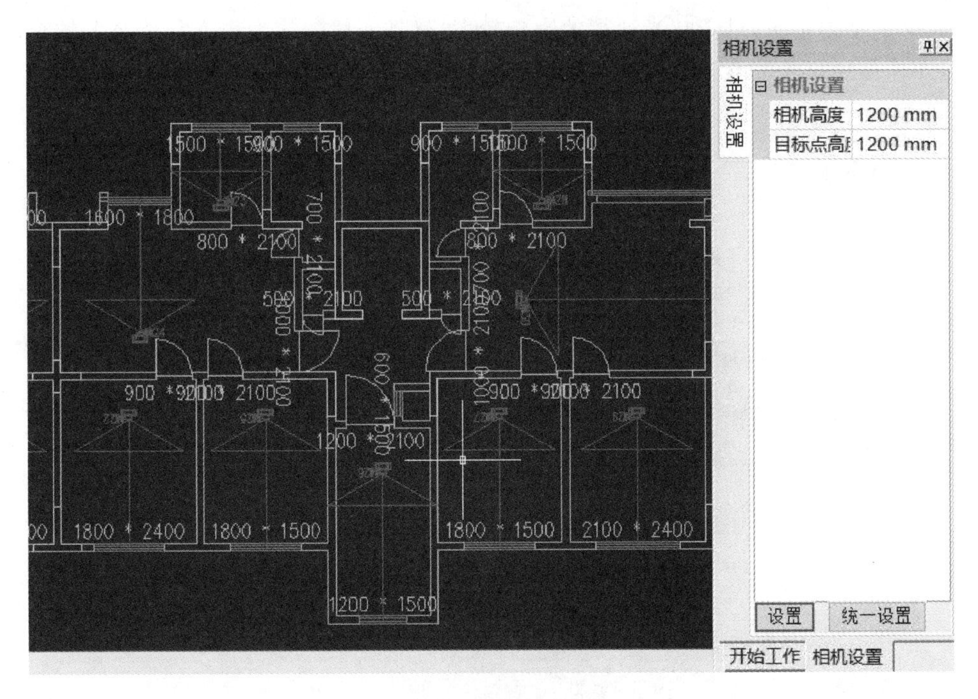

图 5-6-2　相机设置

5.6.2　眩光配置

眩光计算需要进行相应的眩光设置，在软件中，用户可以设置相应的高级参数，包括天空模型、光线反射参数以及控制眩光的措施（见图 5-6-3）。

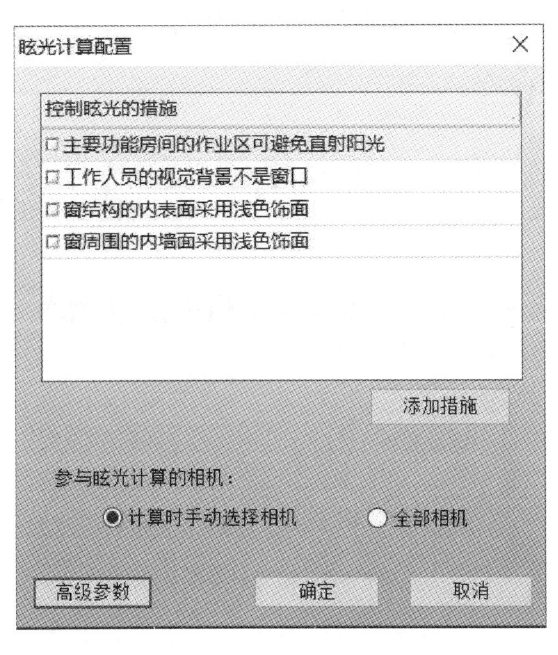

图 5-6-3　眩光计算配置

天空模型的选择，对于眩光计算的影响较大，软件一般默认为最不利情况下的全晴天模型，计算得到眩光最不利条件；用户也可以选取全阴天模型作为计算依据，如图 5-6-4 所示。

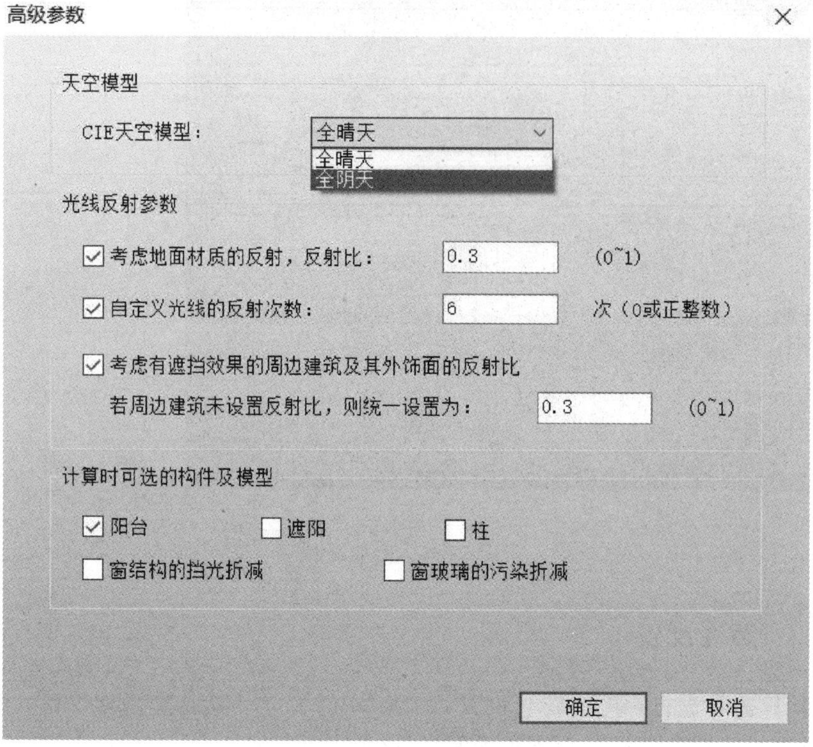

高级参数

天空模型

CIE天空模型： 全晴天 / 全晴天 / 全阴天

光线反射参数

☑ 考虑地面材质的反射，反射比： 0.3 (0~1)

☑ 自定义光线的反射次数： 6 次（0或正整数）

☑ 考虑有遮挡效果的周边建筑及其外饰面的反射比

若周边建筑未设置反射比，则统一设置为： 0.3 (0~1)

计算时可选的构件及模型

☑ 阳台 ☐ 遮阳 ☐ 柱

☐ 窗结构的挡光折减 ☐ 窗玻璃的污染折减

确定 取消

图 5-6-4 高级参数

5.6.3 眩光计算

配置完成后向导功能将提示进行眩光计算（见图 5-6-5）；用户也可在菜单栏里进行选择。界面会显示计算进度及结果（见图 5-6-6），由此设计师可以直观了解计算的进度和结果。

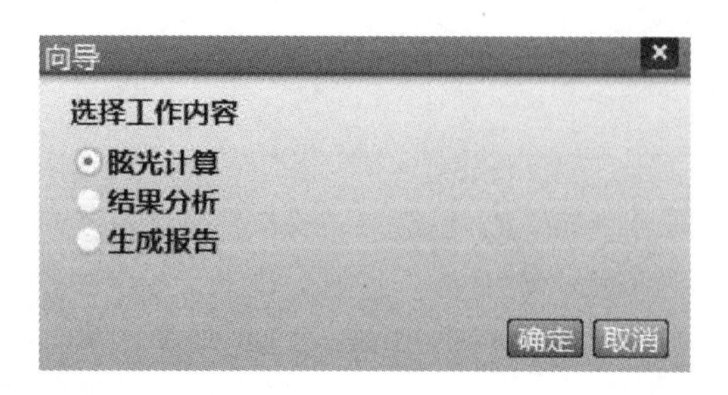

图 5-6-5 眩光计算向导

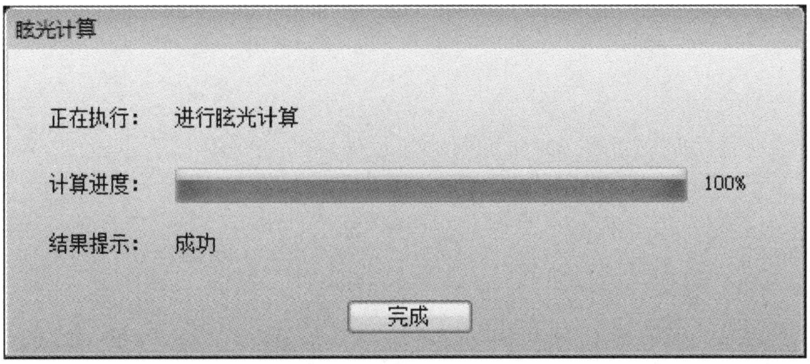

眩光计算
正在执行：　进行眩光计算
计算进度：
100%
结果提示：　成功
完成

图 5-6-6　眩光计算进度显示

5.7　结果分析

眩光计算结束后，进入“结果分析”界面。在结果分析对话框中，可查看所计算楼层、房间的照度达标小时数图（见图 5-7-1）、采光系数图、窗地面积比等详细计算结果。结果分析根据标准的要求输出不同的结果，如图 5-7-2～图 5-7-4 所示。

N
10.0+
9.0
8.0
7.0
6.0
5.0
4.0
3.0
2.0
1.0
0.0

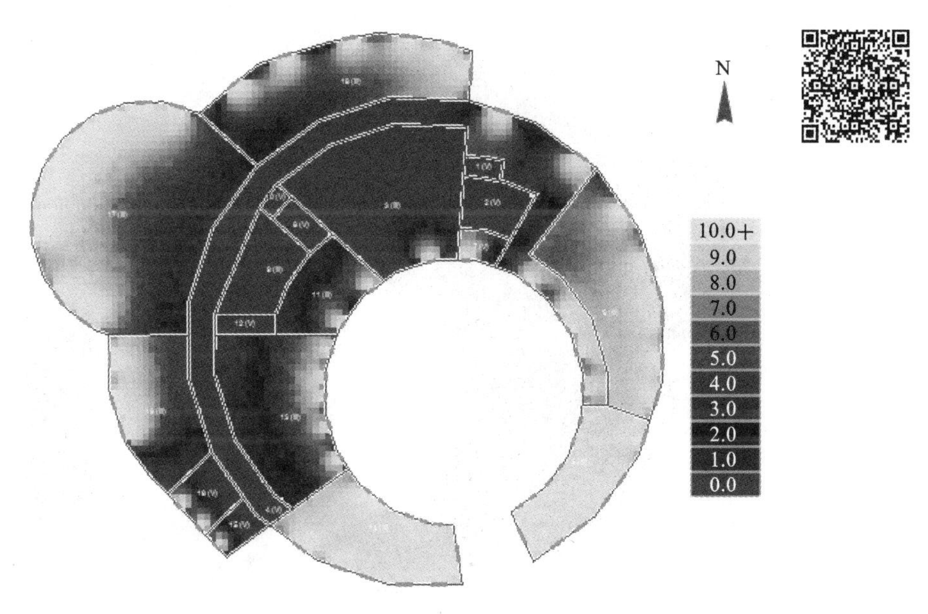

图 5-7-1　照度达标小时数图
（彩图见二维码）

新增：支持《建筑环境通用规范》（GB 55016—2011）对于普通教室采光均匀度的判定（见图 5-7-5）。

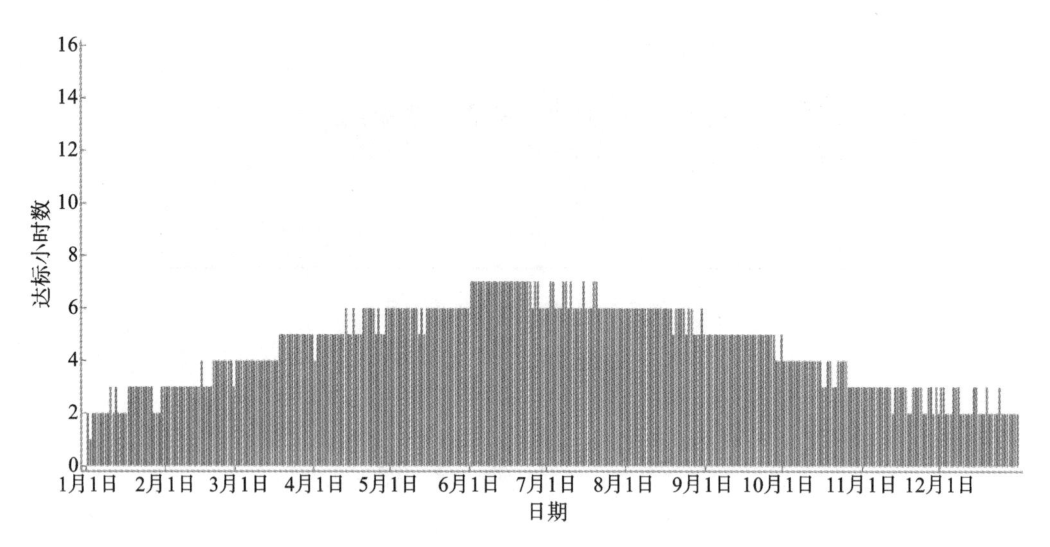

图 5-7-2 逐日达标小时数图

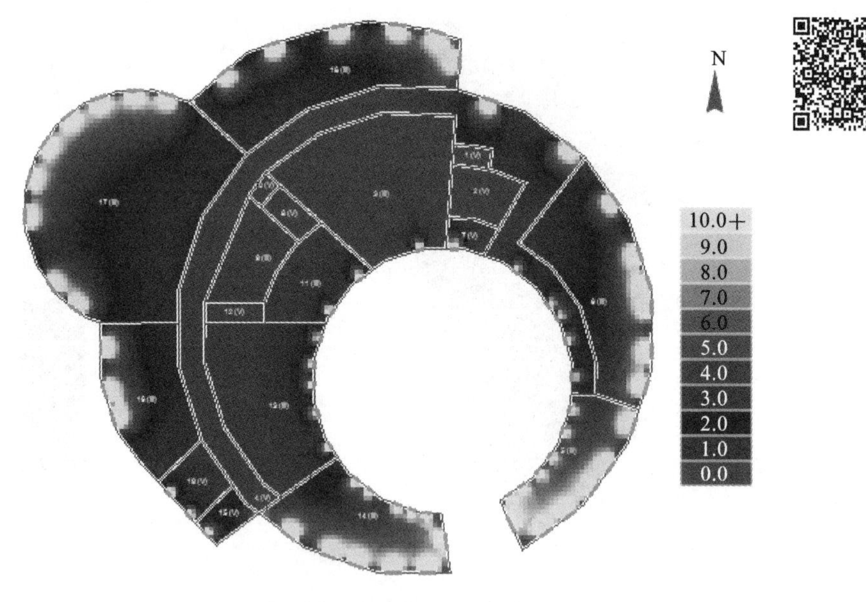

图 5-7-3 平均采光系数图
（彩图见二维码）

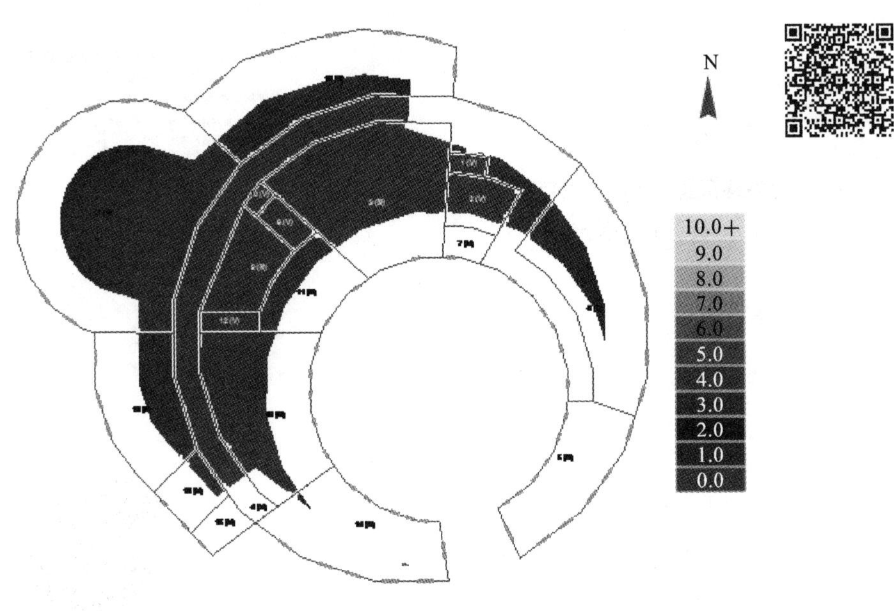

图 5-7-4 内区采光系数图

(彩图见二维码)

详细结果

采光系数效果图-达标图 照度效果图-过渡色 照度效果图-达标图 眩光指数统计表 采光均匀度统计表

房间名称	房间类型	房间面积...	采光类型	采光等级...	采光系数...	采光均匀...	采光均匀...	是否满足
房间RMD2011	普通教室	147.74	侧面采光	III/3.3	1.6/0.9/0.6	0.59	≥0.5	满足
房间RMD2013	普通教室	147.74	侧面采光	III/3.3	1.5/0.8/0.4	0.54	≥0.5	满足
房间RMD2012	普通教室	147.74	侧面采光	III/3.3	1.8/0.9/0.5	0.57	≥0.5	满足

图 5-7-5 普通教室采光均匀度判定

5.8 报 告 书

软件输出专业的采光分析报告，其内容涵盖详尽的采光参数以及计算过程表述。窗地面积比判断适用于方案阶段的快速采光评估；采光系数则完全按照《建筑采光设计标准》(GB/T 50033—2013)指标限值进行判断。根据标准要求输出不同的报告书(见图5-8-1)。

绿色建筑室内天然采光与眩光
计算分析报告

计算软件：天然采光模拟分析软件PKPM-Daylight

开发单位：中国建筑科学研究院有限公司

北京构力科技有限公司

应用版本：

计算时间：

PKPM 室内天然采光报告

绿色建筑室内天然采光与眩光计算分析报告

规范标准参考依据：

1、《建筑采光设计标准》GB 50033-2013
2、《建筑环境通用规范》GB 55016-2021
3、《绿色建筑评价技术细则》
4、《采光测量方法》GB/T 5699-2017

一、建筑概况

1.1 基本信息

城市：
光气候分区：IV区
建筑类型：公建
建筑朝向：南
建筑层数：13 层
建筑物高度：52.20 m

1.2 建筑轴测图

图 5-8-1　报告书

6 室内自然通风模拟分析

在绿色建筑的施工图深化设计阶段，可借助建筑风环境模拟分析软件 PKPM-CFD 对建筑室内自然通风效果进行模拟分析，预测与建筑健康舒适相关的室内换气次数、空气龄等绿色性能参数，为调节建筑透明部分的比例、朝向等参数提供设计优化依据，同时提供对标《绿色建筑评价标准》(GB/T 50378—2019)等标准所需的计算书。

6.1 室内自然通风模拟分析操作流程

室内自然通风模拟分析操作流程如图 6-1-1 所示。

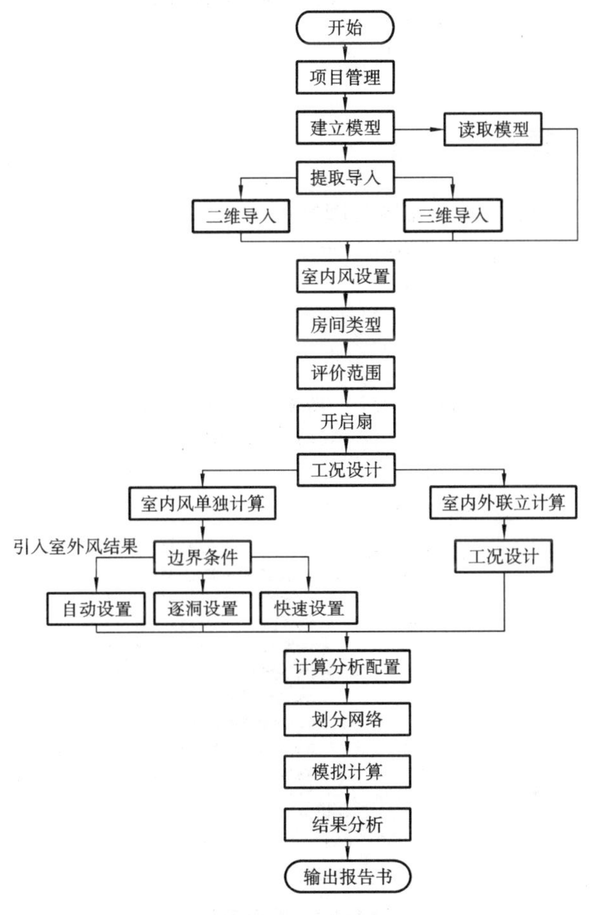

图 6-1-1 室内自然通风模拟分析操作流程图

6.2 建筑风环境模拟分析软件的主要功能

建筑风环境模拟分析软件 PKPM-CFD 的主要功能包括文件管理、项目管理、提取导入、区域建模、单体建模、专业参数、房间类型、专业设置、模拟计算、结果分析、报告书、帮助、其他软件等。图 6-2-1 显示了部分主要功能。

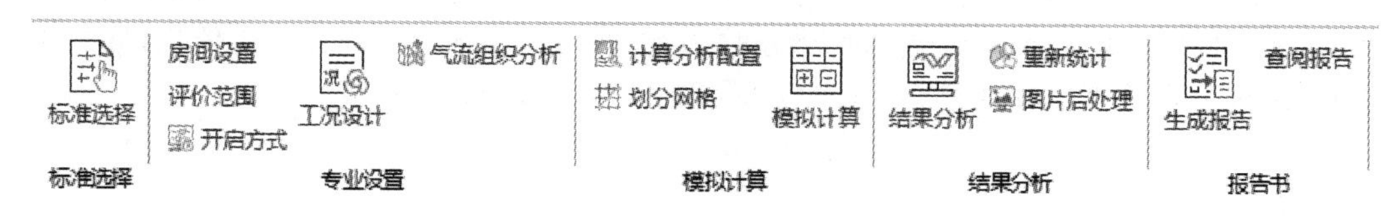

图 6-2-1 主菜单

6.3 标 准 选 择

6.3.1 标准选择

软件根据项目所在地提供当地执行的标准。可在“标准选择”中选择项目对应的评价标准、设计标准、计算标准等，如图 6-3-1 所示。

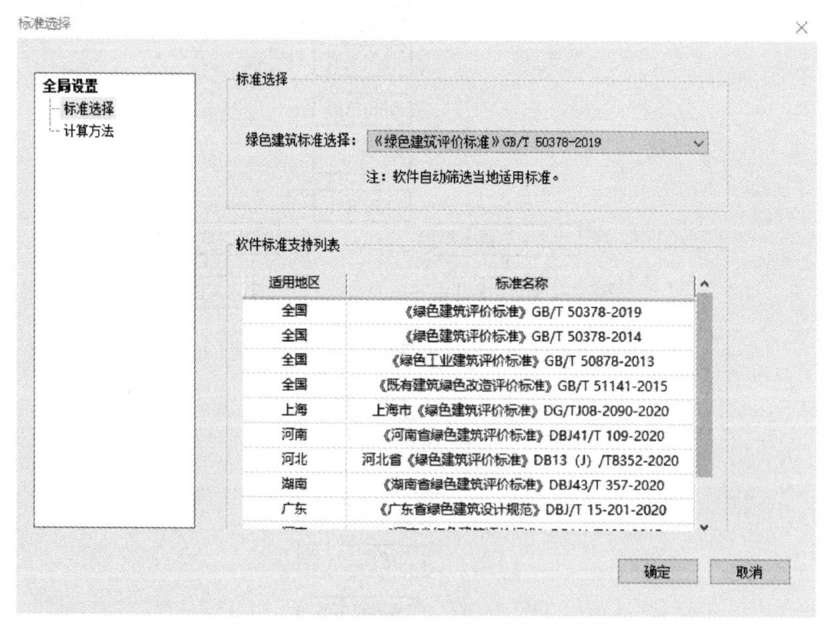

图 6-3-1 标准选择

6.3.2　计算方法

软件采用计算流体力学 CFD 的方法，利用 OpenFOAM 计算内核。可选择模拟计算的并行内核数量，充分调动计算机的性能，如图 6-3-2 所示。当选择多核计算时，相比单核计算速度成倍提升。

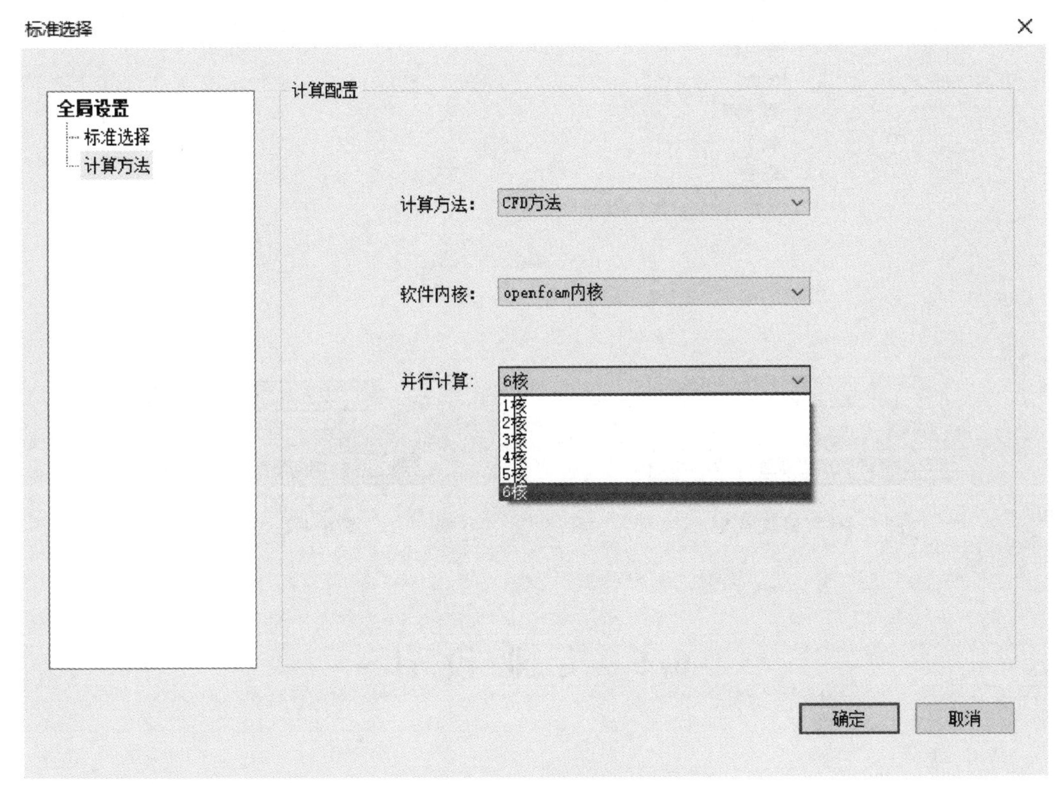

图 6-3-2　计算方法选择

6.4　房间类型

建筑风环境模拟分析软件 PKPM-CFD 在原有 PBECA 提供的居建、办公、商场几类建筑的基础上，新增教育、医疗、图书馆、博物馆、展览、交通、体育、工业 8 类建筑类型，如图 6-4-1 所示。在“房间类型”设置中，图书馆又设阅览室、开架书库、目录室、书库等房间类型，如图 6-4-2 所示。房间类型包括同时在房间设置功能中增加对应的房间类型，如居住建筑增加厨房，办公建筑房间增加复印室、档案室等。

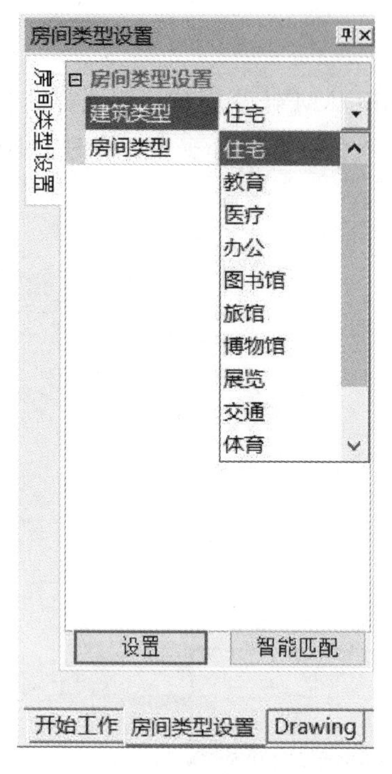

图 6-4-1　建筑类型

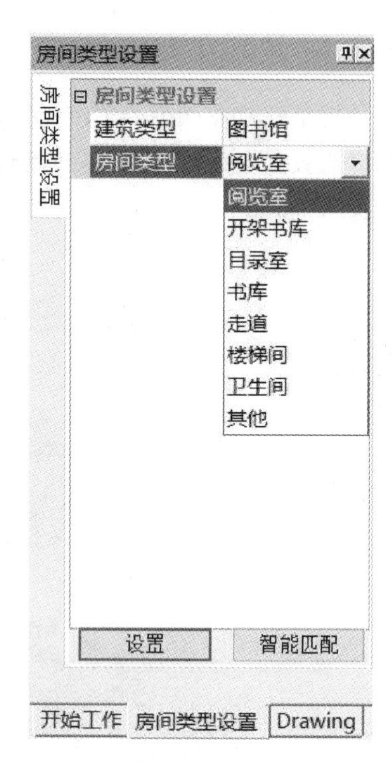

图 6-4-2　房间类型

6.5　专业设计

6.5.1　评价范围

PKPM-CFD软件进入专业设计阶段，首先应该确定评价范围，也就是需要确定对哪些室内环境进行风环境模拟。点击“专业设计”，进入“评价范围”设置。

“评价范围”中“设置方式”有三种：指定房间、指定楼层、指定房间及构件。“指定房间”设置具体操作，如图6-5-1所示。

“指定楼层”设置：同样切换到普通层，在“设置方式”中选择“指定楼层”设置，点击筛选器面板中的“设置”按钮，出现选择界面(见图6-5-2)，先勾选楼层，点击“增加”即可添加评价范围，同时软件推荐设置默认每一标准层为一个评价范围。评价范围设置完成后，也可进行修改或者删除操作。

“指定房间及构件”设置：切换到普通层选择“指定房间及构件”设置，选择模型中的具体的外窗外门等构件，然后点击鼠标右键确认。

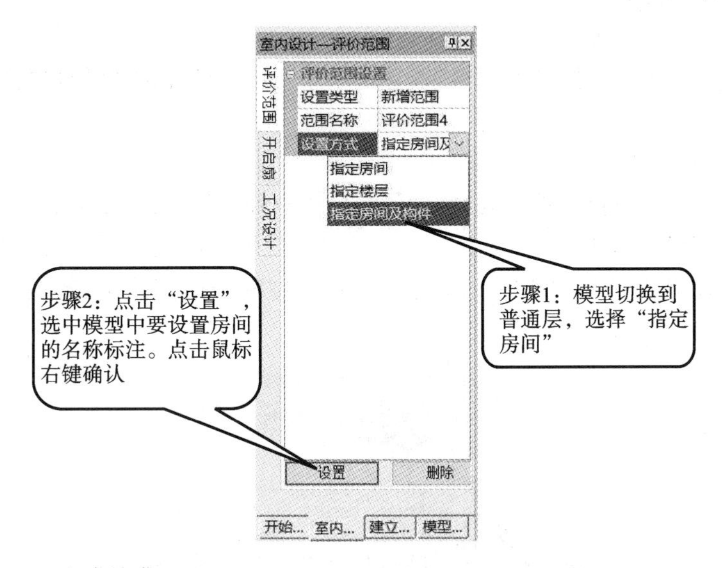

图 6-5-1　评价范围设置

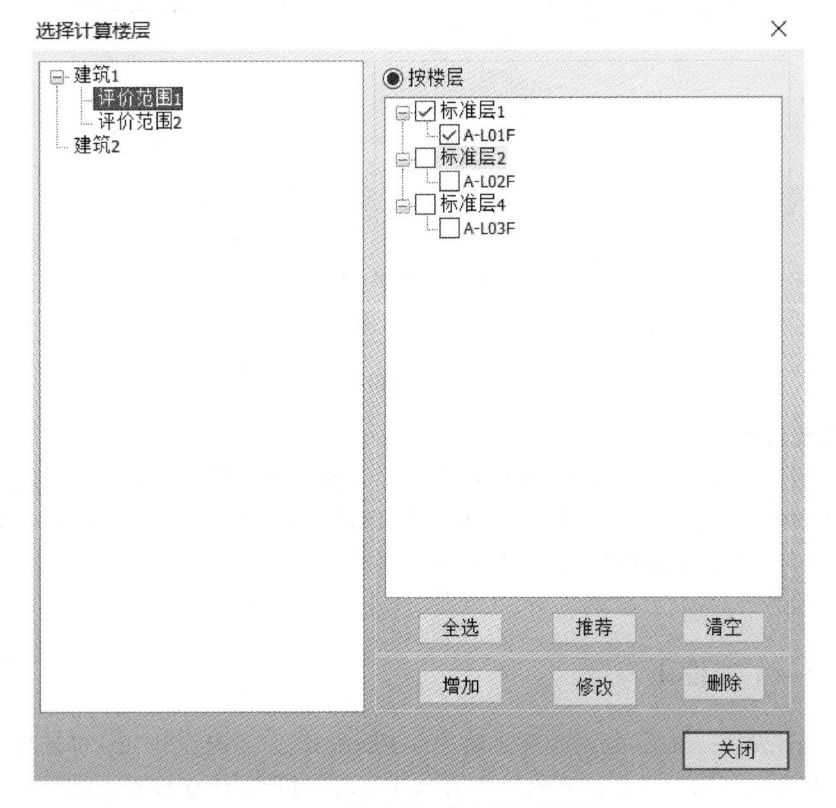

图 6-5-2　“指定楼层”设置评价范围

6.5.2 开启扇

确定好评价范围后，进入“开启扇”设置环节。“开启扇”提供两种设置方式：设洞口和其他设置。

1. 洞口设置

“洞口设置方式”下拉选项中选择“设洞口”，可选择所属实体、型号、开启方式、插入位置、高度、宽度、台高，如图 6-5-3 所示。洞口可单独设置，也可进行统一设置。(“设洞口”可满足室内风计算中各通风构件的开启，不会增加额外的网格数量，有利于提高计算效率。)

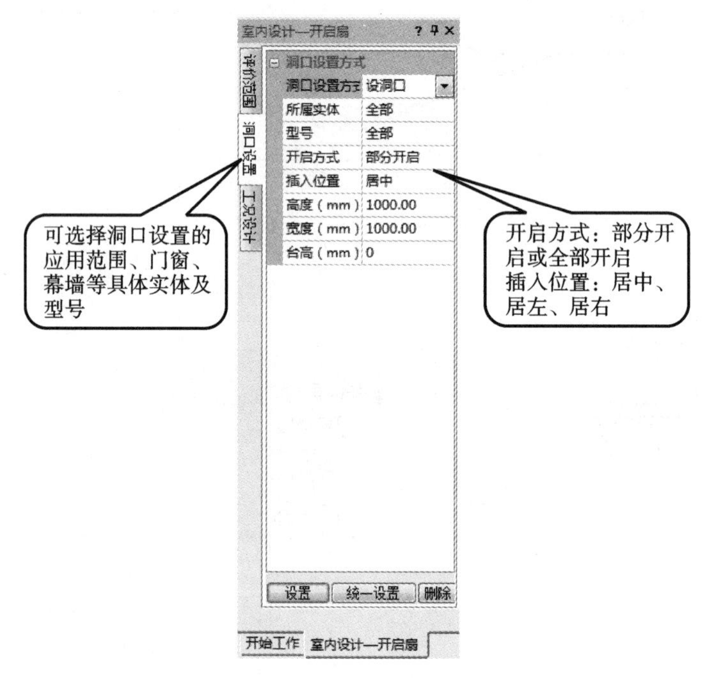

图 6-5-3　洞口设置

2. 其他设置

“洞口设置方式”下拉选项中选择“其它设置”，此设置为开启扇设置。“开启扇”提供“统一设置”的方式，如图 6-5-4 所示。(注：“开启扇”设置会增加网格数量，延长划分网格和计算的时间，对计算机硬件性能要求较高。)

“统一设置开启扇”界面如图 6-5-5 所示。

6.5.3 工况设计

“开启扇”设置完成后，需对各开启扇进行工况设计。“工况设计”中，可选择室内单独通风设计和室内外联立设计。室内单独通风计算时，可选择快速设置、逐洞设置、自动设置方式。室内单独通风设计界面如图 6-5-6 所示。

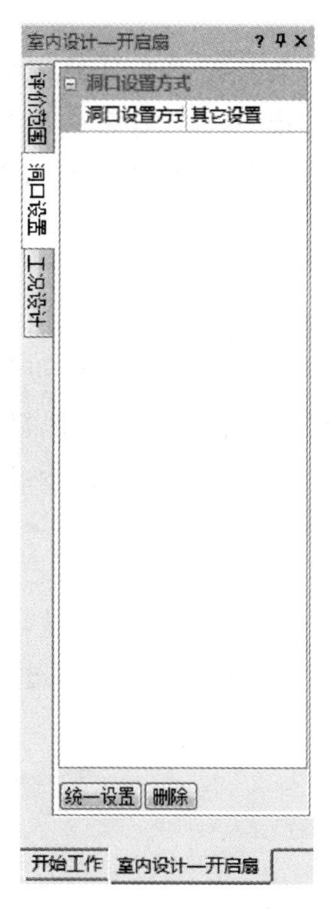

图 6-5-4 其他设置

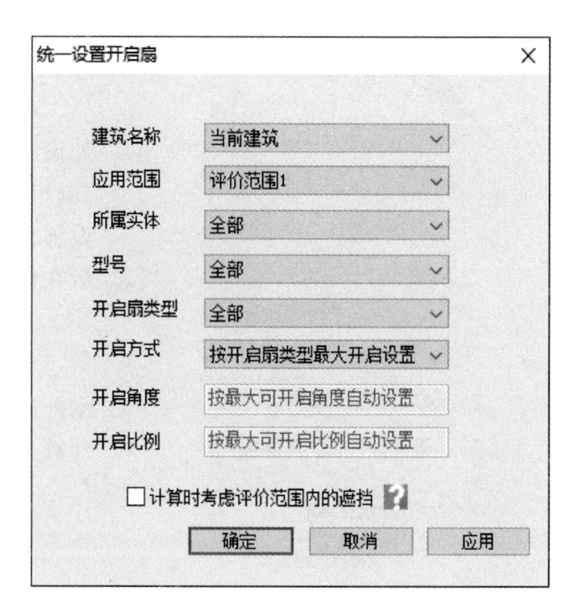

图 6-5-5 统一设置开启扇

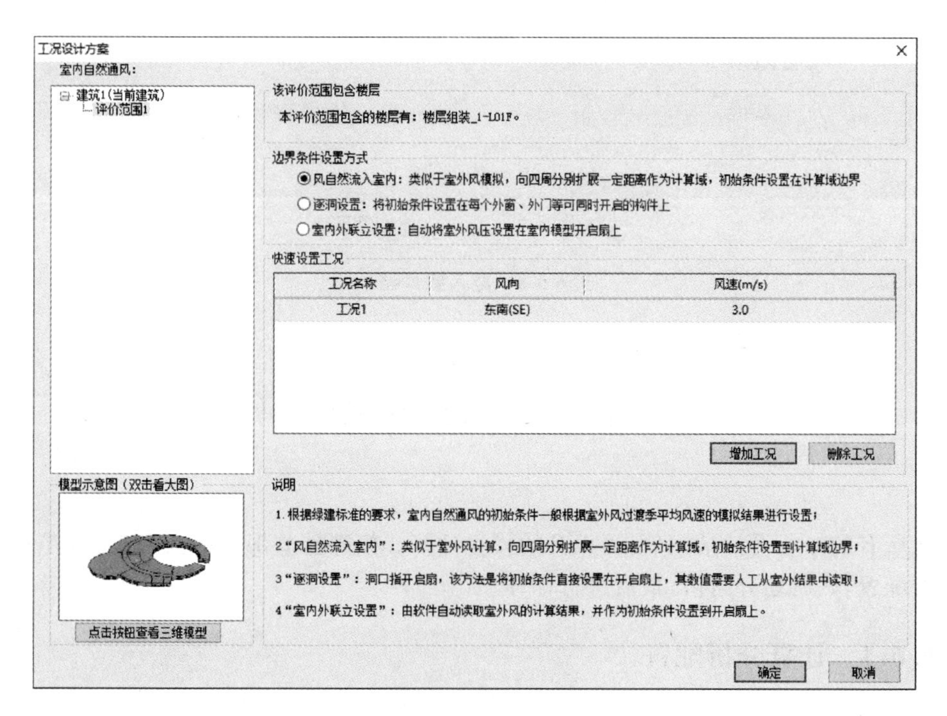

图 6-5-6 工况设计

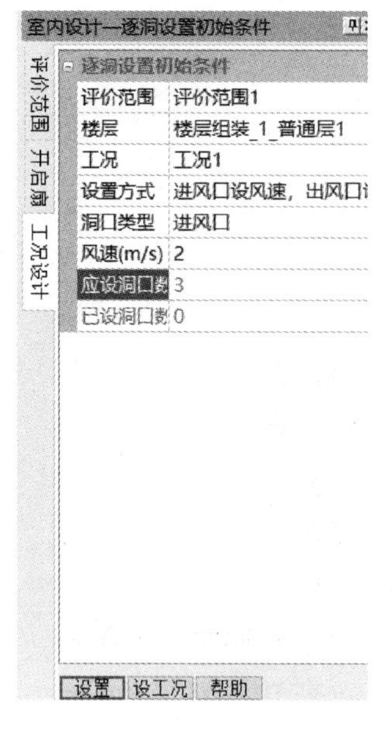

图 6-5-7 逐洞设置

1. 快速设置

快速设置是将初始条件设置在计算域边界上。在“快速设置”中用户可以自定义增加或删除工况，可以指定风速，也可以指定风速和风向。

2. 逐洞设置

逐洞设置是将初始条件设置在各个外门、外窗等可开启部分。首先设置工况条件，设置“洞口类型”为“进风口”或“出风口”，“进风口”设置风速（见图 6-5-7），“出风口”设置风压，然后在模型中选择开启扇。

3. 自动设置

自动设置是导入室外结果（见图 6-5-8），将室外风条件自动设置在相应的开启扇上，进行计算。

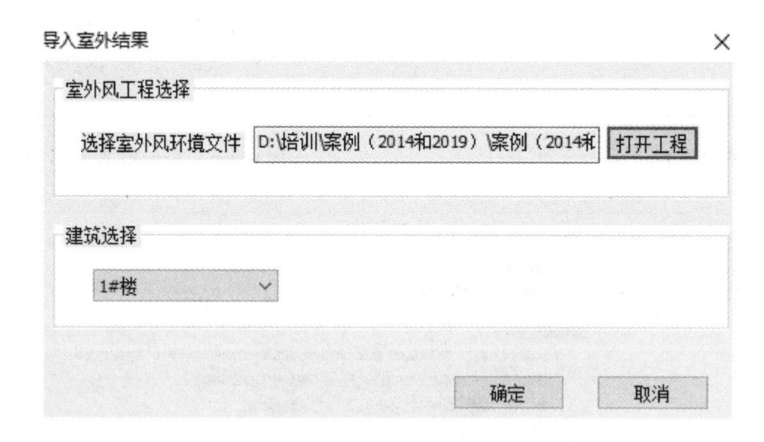

图 6-5-8 导入室外结果

6.6 模拟计算

在所有的专业设计结束后，可以开始模拟计算。模拟计算部分有三个步骤，首先是计算分析配置，然后划分网格，最后进行计算。

6.6.1 计算分析配置

1. 计算配置

计算模型选择：根据《绿色建筑评价标准》(GB/T 50378—2019)规定湍流模型选择标

准 k-eps 模型，软件默认为标准模型，同时内置了其他多种模型，供设计师选择。

计算精度有两种设置模式：一种是粗算，另外一种是精算（见图 6-6-1）。粗算的收敛精度为 0.001，迭代步数为 250 步，精算的收敛精度是 0.0001，迭代步数是 500。一般在方案阶段选择粗算，在施工图详细设计和报审阶段选择精算。

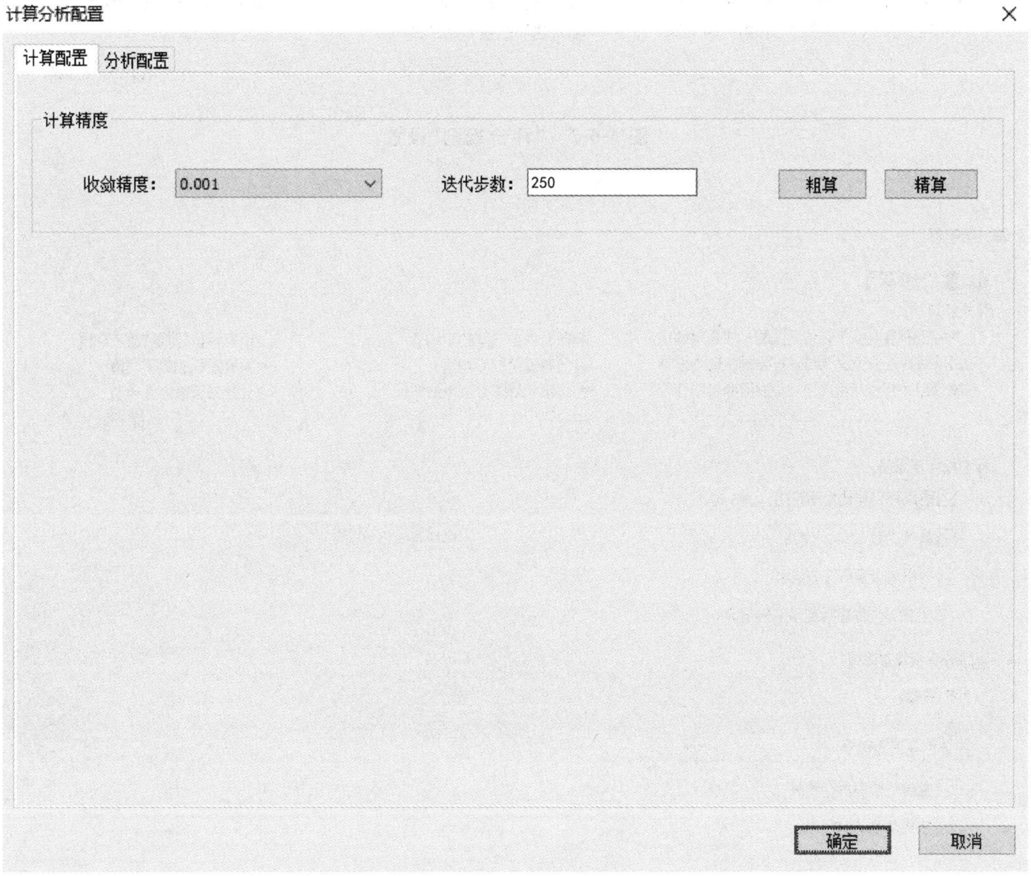

计算分析配置

计算配置 分析配置

计算精度

收敛精度: 0.001 迭代步数: 250 粗算 精算

确定 取消

图 6-6-1 计算配置

2. 分析配置

分析配置主要内容为设置评分规则、标准指标及限值、高阶分析指标及限值等。

评分规则主要为图 6-6-2 所示三种情况下评分方式的选择，软件设置"标准配置"，即当单栋建筑存在多个评价范围时，按照所有范围的平均值评分；当项目存在多个建筑时，按照所有建筑的最不利值评分；当项目为商住两用时，公建和居建分别单独评分。

指标及限值设置：软件根据标准设定默认相应指标限值，设计师只需要根据项目需要进行勾选，如图 6-6-3 所示。居住建筑强制审查的窗地面积比例，公共建筑强制审查的换气次数、空气龄和风速指标均是为了满足人员舒适度的推荐审查指标，不影响项目判断评分。

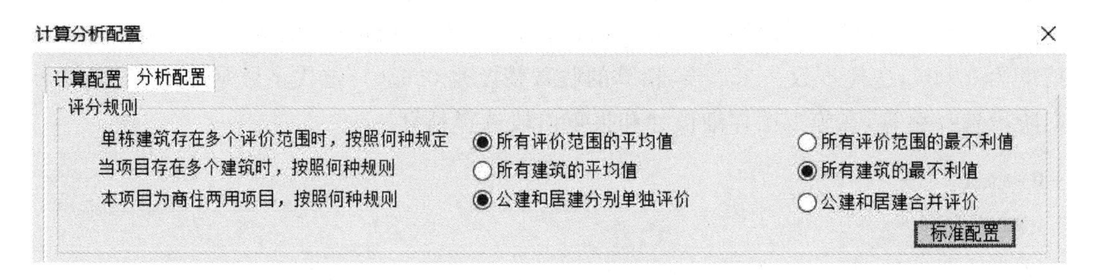

图 6-6-2 “评价规则”设置

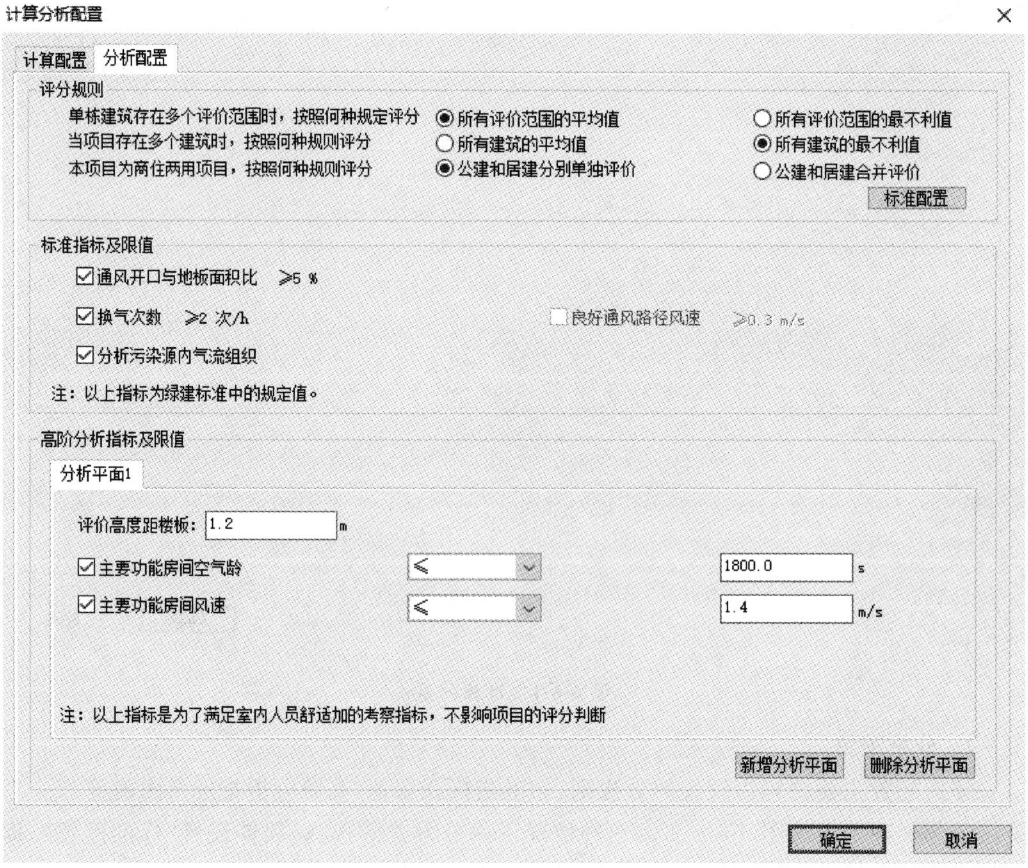

计算分析配置

计算配置 分析配置

评分规则

单栋建筑存在多个评价范围时，按照何种规定评分 ◉所有评价范围的平均值 ○所有评价范围的最不利值

当项目存在多个建筑时，按照何种规则评分 ○所有建筑的平均值 ◉所有建筑的最不利值

本项目为商住两用项目，按照何种规则评分 ◉公建和居建分别单独评价 ○公建和居建合并评价

标准配置

标准指标及限值

☑通风开口与地板面积比 ≥5 %

☑换气次数 ≥2 次/h □良好通风路径风速 ≥0.3 m/s

☑分析污染源内气流组织

注：以上指标为绿建标准中的规定值。

高阶分析指标及限值

分析平面1

评价高度距楼板：1.2 m

☑主要功能房间空气龄 ≤ 1800.0 s

☑主要功能房间风速 ≤ 1.4 m/s

注：以上指标是为了满足室内人员舒适加的考察指标，不影响项目的评分判断

新增分析平面 删除分析平面

确定 取消

图 6-6-3 指标与限值设置

6.6.2 划分网格

点击“网格划分”，软件会弹出如图 6-6-4 所示的“网格设置”界面，在此可以对不同的评价范围设置网格尺寸。

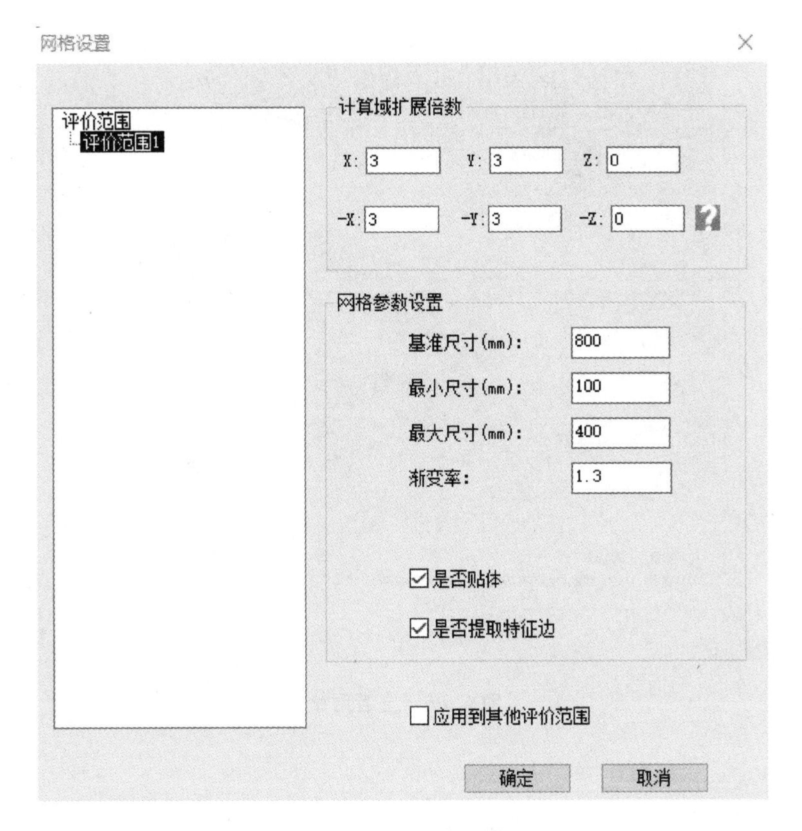

图 6-6-4　网格设置

基准尺寸是指背景网格的尺寸，一般为 800～1600 mm；最小尺寸建议不大于最小洞口宽度的 1/3，也不宜设置得过小，一般为 50 mm 或 100 mm；最大尺寸建议不超过墙最小宽度的尺寸，范围宜为 400～800 mm。网格设置过小会导致计算量增加，计算时间延长；若设置网格过大，超过房间尺寸，将影响计算结果。

另外，也可进一步设置网格，勾选"是否贴体"可对异形或者凸出部位较多的建筑进行修正，网格和效果图更加清晰；特征边是指建筑四周的轮廓边线，勾选"是否提取特征边"可自动进行网格加密，计算结果更加精准；勾选"应用到其他评价范围"，则设置好的网格可以同时应用到其他评价范围。

6.6.3　计算

网格设置完成后，软件会提示进入计算步骤。用户可以勾选自己需要计算的工况设置，点击"计算"按钮，会出现计算过程显示，包括各评价范围的计算开始时间、结束时间以及达标项。收敛过程如图 6-6-5～图 6-6-7 所示。

点击"计算"后，界面中央出现正在导出 stl 及正在划分网格的滚动条，滚动条运行结束后，选择"计算工况"界面出现"网格查看"按钮，点击此按钮，即可查看网格划分的情况。

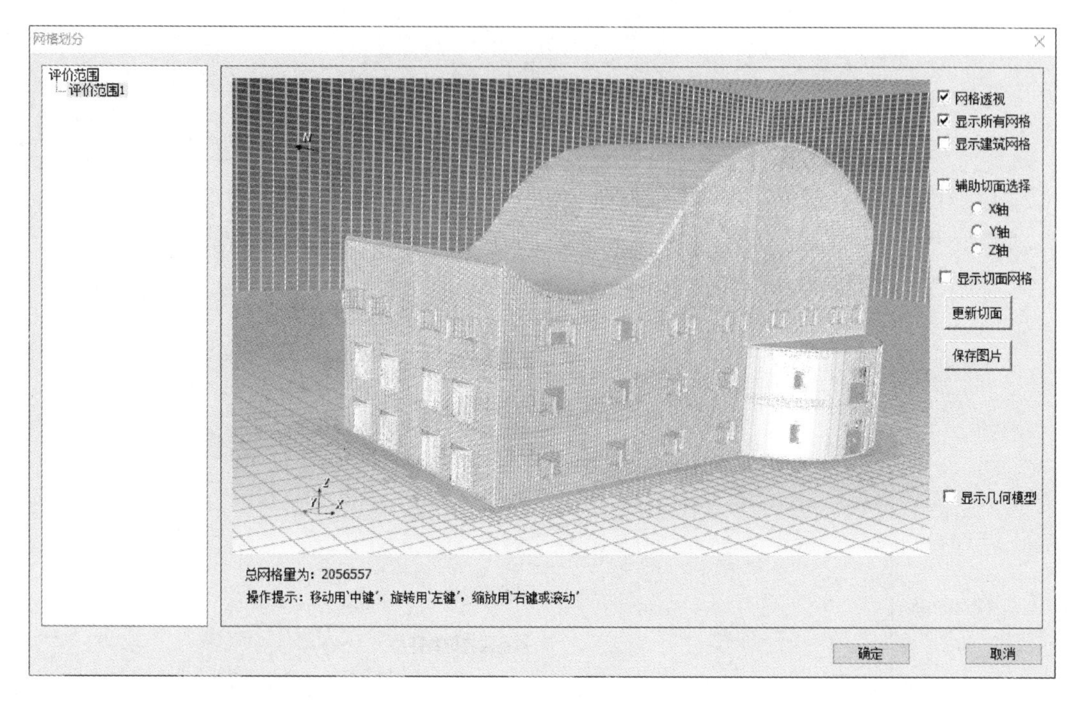

图 6-6-5　查看网格

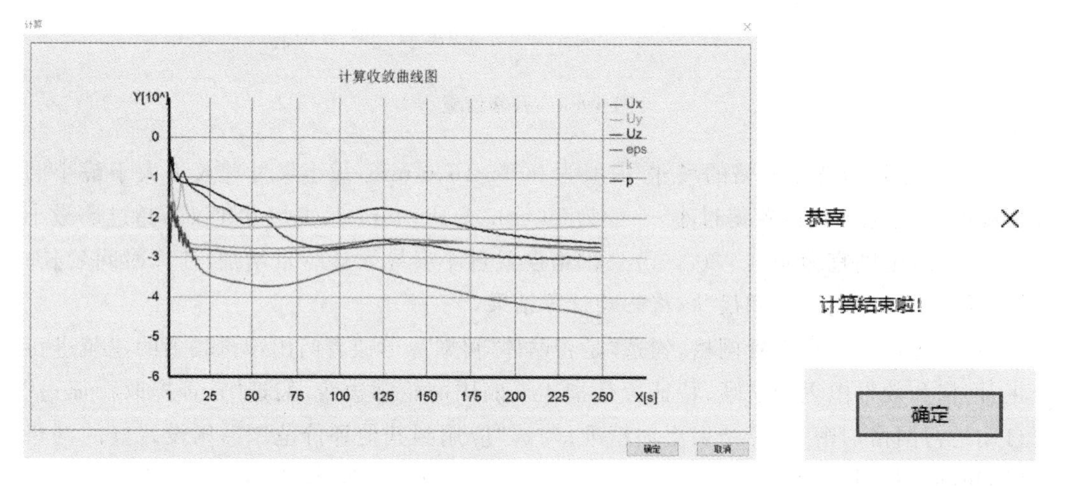

图 6-6-6　计算收敛曲线图　　　图 6-6-7　计算结束提示图

6.7　结果分析

计算结束后需要对计算结果进行分析。风环境模拟分析软件可以提供以下评价结果：空气龄云图、风速云图、风速矢量图、通风开口面积与房间地板面积的比例。这些结果都以图表形式显示，清晰明了，让用户对室内风流动情况一目了然。依次点击结果按钮可以分别查看，对下面的图双击可放大查看原图。

空气龄是指空气质点自进入房间至到达室内某点所经历的时间。空气龄是房间内某一处空气在房间内已经滞留的时间，反映了室内空气的新鲜程度，可用于衡量房间的通风换气效果，是评价室内空气品质的重要指标。

如果显示的图片过小，可以调整图片大小。以空气龄云图为例，点击调整图片按钮，可以调整图片大小，还可以调整色卡的最大值和最小值，如图 6-7-1 所示。对于风速矢量图，调整图片可调整箭头的疏密及大小，若勾选“数值缩放”，可使箭头按照风速的实际大小比例尺寸显示，如图 6-7-2 所示。调整结束点击“确定”按钮即可。

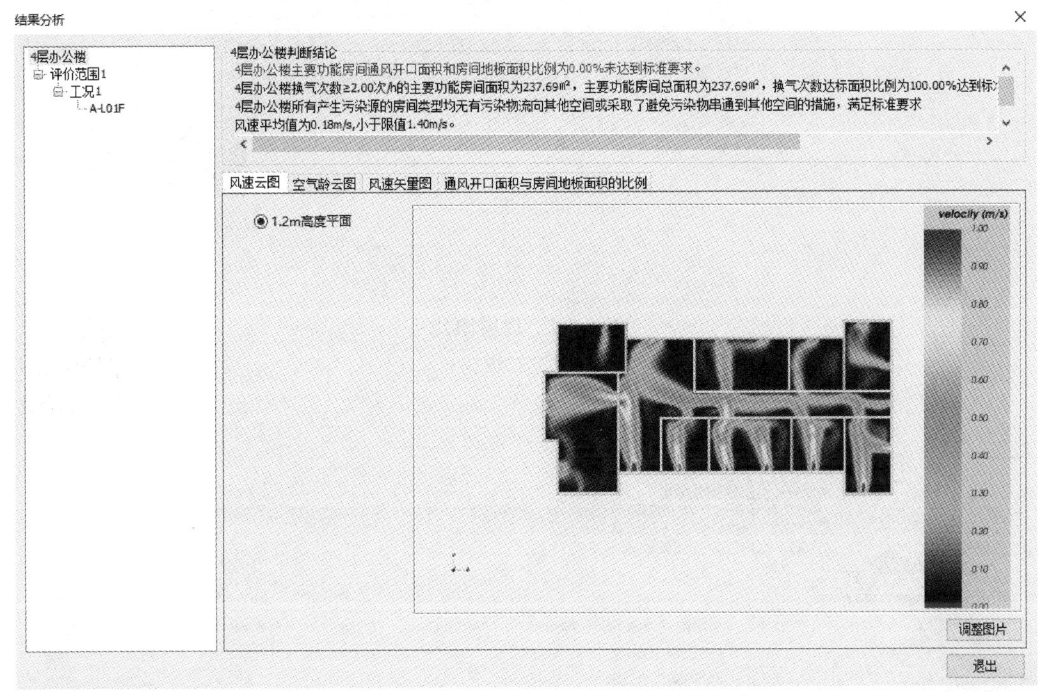

图 6-7-1 结果分析

（彩图见二维码）

在风速矢量图的调整图片界面可制作动画效果。点击“制作动画”按钮，即可在模型所在文件夹中生成动态的风速矢量视频。

换气次数＝房间送风量/房间体积，单位是次/h。换气次数的多少不仅与空调房间的性质有关，也与房间的体积、高度、位置、送风方式以及室内空气变差的程度等许多因素有关，是一个经验系数。换气次数如图 6-7-3 所示。

通风开口面积与房间地板面积的比例如图 6-7-4 所示，对于不满足标准限值的情况，软件会提示房间编号便于查看和后期修改。

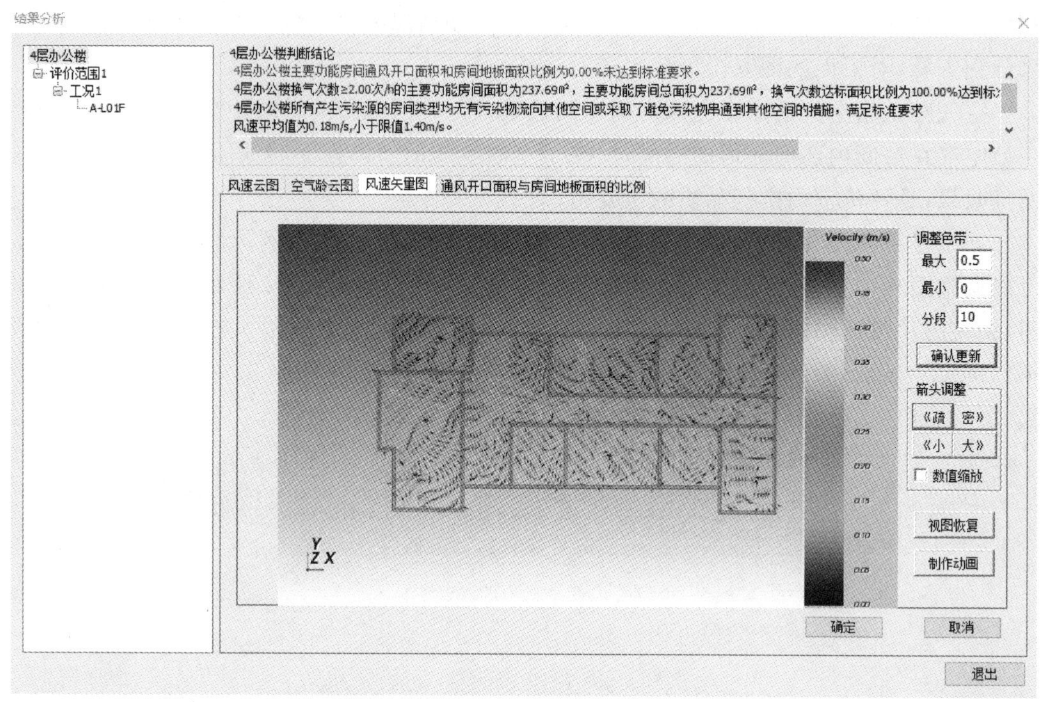

图 6-7-2　调整图片

（彩图见二维码）

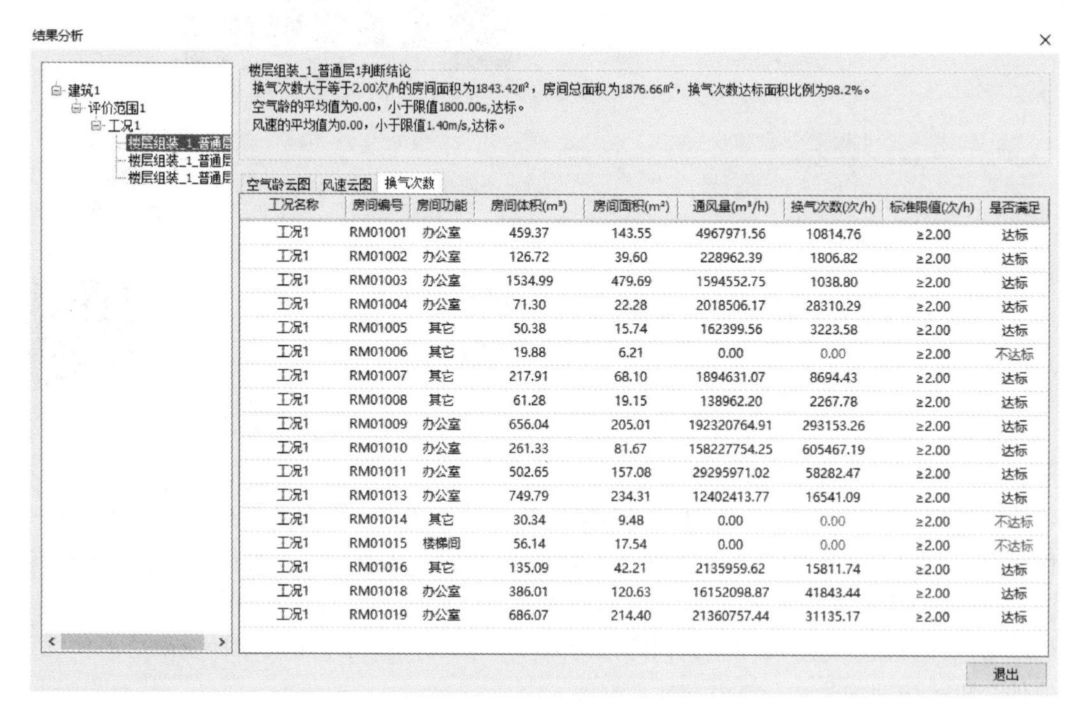

工况名称	房间编号	房间功能	房间体积(m³)	房间面积(m²)	通风量(m³/h)	换气次数(次/h)	标准限值(次/h)	是否满足
工况1	RM01001	办公室	459.37	143.55	4967971.56	10814.76	≥2.00	达标
工况1	RM01002	办公室	126.72	39.60	228962.39	1806.82	≥2.00	达标
工况1	RM01003	办公室	1534.99	479.69	1594552.75	1038.80	≥2.00	达标
工况1	RM01004	办公室	71.30	22.28	2018506.17	28310.29	≥2.00	达标
工况1	RM01005	其它	50.38	15.74	162399.56	3223.58	≥2.00	达标
工况1	RM01006	其它	19.88	6.21	0.00	0.00	≥2.00	不达标
工况1	RM01007	其它	217.91	68.10	1894631.07	8694.43	≥2.00	达标
工况1	RM01008	其它	61.28	19.15	138962.20	2267.78	≥2.00	达标
工况1	RM01009	办公室	656.04	205.01	192320764.91	293153.26	≥2.00	达标
工况1	RM01010	办公室	261.33	81.67	158227754.25	605467.19	≥2.00	达标
工况1	RM01011	办公室	502.65	157.08	29295971.02	58282.47	≥2.00	达标
工况1	RM01013	办公室	749.79	234.31	12402413.77	16541.09	≥2.00	达标
工况1	RM01014	其它	30.34	9.48	0.00	0.00	≥2.00	不达标
工况1	RM01015	楼梯间	56.14	17.54	0.00	0.00	≥2.00	不达标
工况1	RM01016	其它	135.09	42.21	2135959.62	15811.74	≥2.00	达标
工况1	RM01018	办公室	386.01	120.63	16152098.87	41843.44	≥2.00	达标
工况1	RM01019	办公室	686.07	214.40	21360757.44	31135.17	≥2.00	达标

图 6-7-3　换气次数

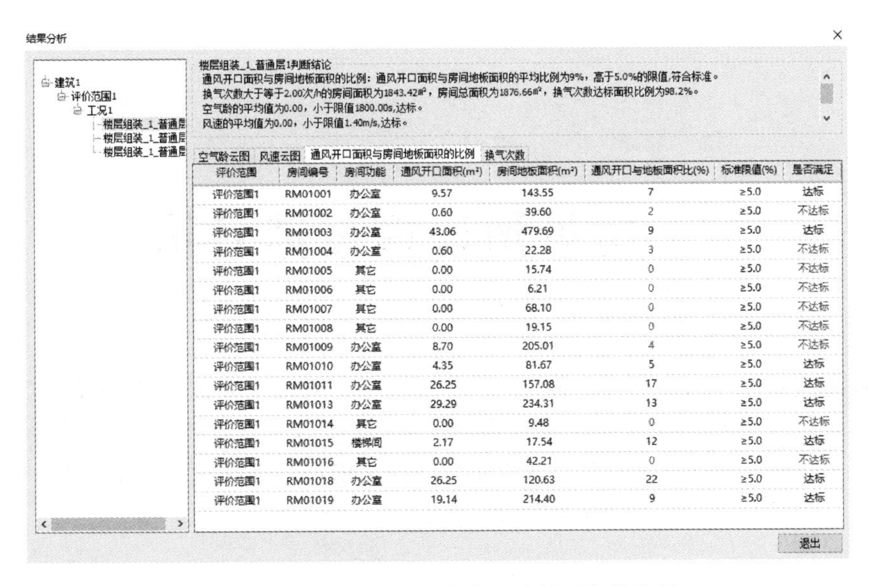

评价范围	房间编号	房间功能	通风开口面积(m²)	房间地板面积(m²)	通风开口与地板面积比(%)	标准限值(%)	是否满足
评价范围1	RM01001	办公室	9.57	143.55	7	≥5.0	达标
评价范围1	RM01002	办公室	0.60	39.60	2	≥5.0	不达标
评价范围1	RM01003	办公室	43.06	479.69	9	≥5.0	达标
评价范围1	RM01004	办公室	0.60	22.28	3	≥5.0	不达标
评价范围1	RM01005	其它	0.00	15.74	0	≥5.0	不达标
评价范围1	RM01006	其它	0.00	6.21	0	≥5.0	不达标
评价范围1	RM01007	其它	0.00	68.10	0	≥5.0	不达标
评价范围1	RM01008	其它	0.00	19.15	0	≥5.0	不达标
评价范围1	RM01009	办公室	8.70	205.01	4	≥5.0	不达标
评价范围1	RM01010	办公室	4.35	81.67	5	≥5.0	达标
评价范围1	RM01011	办公室	26.25	157.08	17	≥5.0	达标
评价范围1	RM01013	办公室	29.29	234.31	13	≥5.0	达标
评价范围1	RM01014	其它	0.00	9.48	0	≥5.0	不达标
评价范围1	RM01015	楼梯间	2.17	17.54	12	≥5.0	达标
评价范围1	RM01016	其它	0.00	42.21	0	≥5.0	不达标
评价范围1	RM01018	办公室	26.25	120.63	22	≥5.0	达标
评价范围1	RM01019	办公室	19.14	214.40	9	≥5.0	达标

图 6-7-4　通风开口面积与房间地板面积的比例

6.8　报　告　书

软件内置自动生成报告书功能，可生成符合各地审图要求的报告书及相关的审查资料。计算完成后向导会提示生成报告书，用户也可点击“生成报告”。图 6-8-1 所示即为一例。

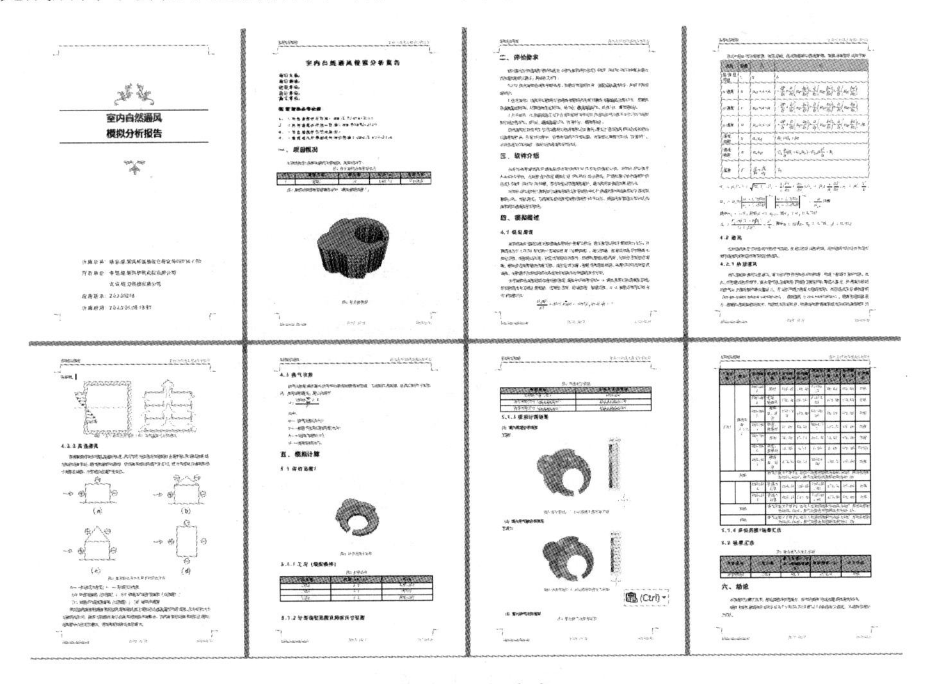

图 6-8-1　报告书

7 室外风环境模拟分析

在绿色建筑设计初步方案阶段，可借助建筑风环境模拟分析软件 PKPM-CFD 对建筑室外风环境进行模拟分析，预测项目场地风环境等需在方案阶段确定的参数，为调节项目中各个建筑的规划布置及排列形式提供设计优化依据，同时提供对标《绿色建筑评价标准》(GB/T 50378—2019)等标准所需的计算书。

7.1 标准选择

"标准选择"中，支持国标及各地的地方标准中的风环境模拟要求(见图 7-1-1)，设计师可根据项目地址选择对应标准进行风环境模拟分析。

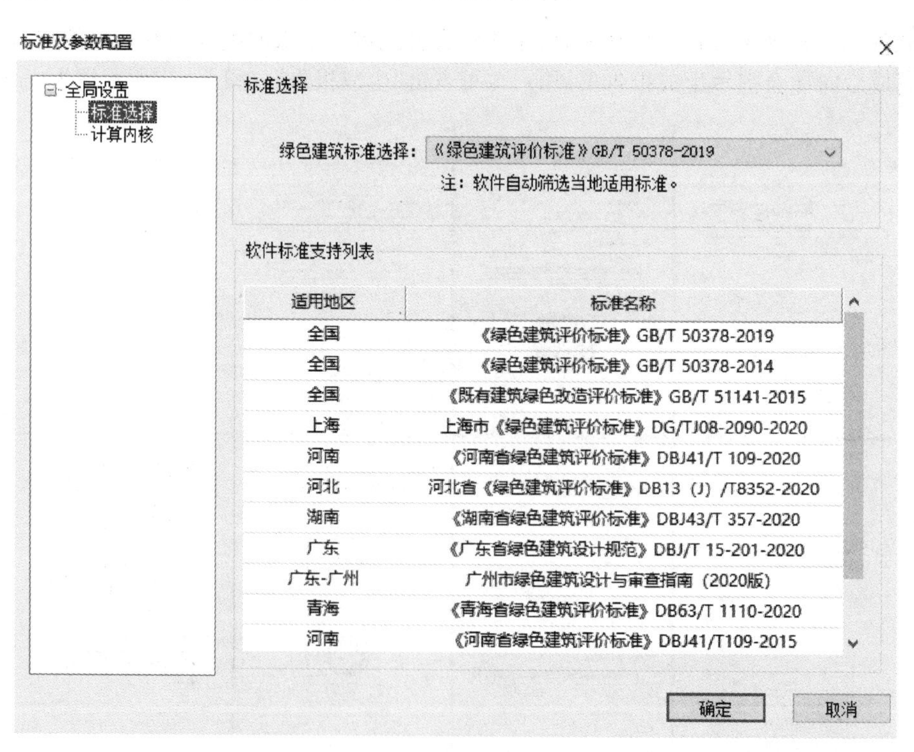

图 7-1-1 标准选择

“计算内核”设置(见图 7-1-2),用户可选择并行计算核数,软件可选择的核数为本地计算机最大支持线程数减 2,默认核数为最大线程的 1/2,若计算机性能较好,内存充足,可适当增加并行计算核数;若建筑模型较大且计算时提示内存不足,可适当减少并行计算核数。选择多核计算可充分发挥计算机的性能,大幅度提升计算速度。

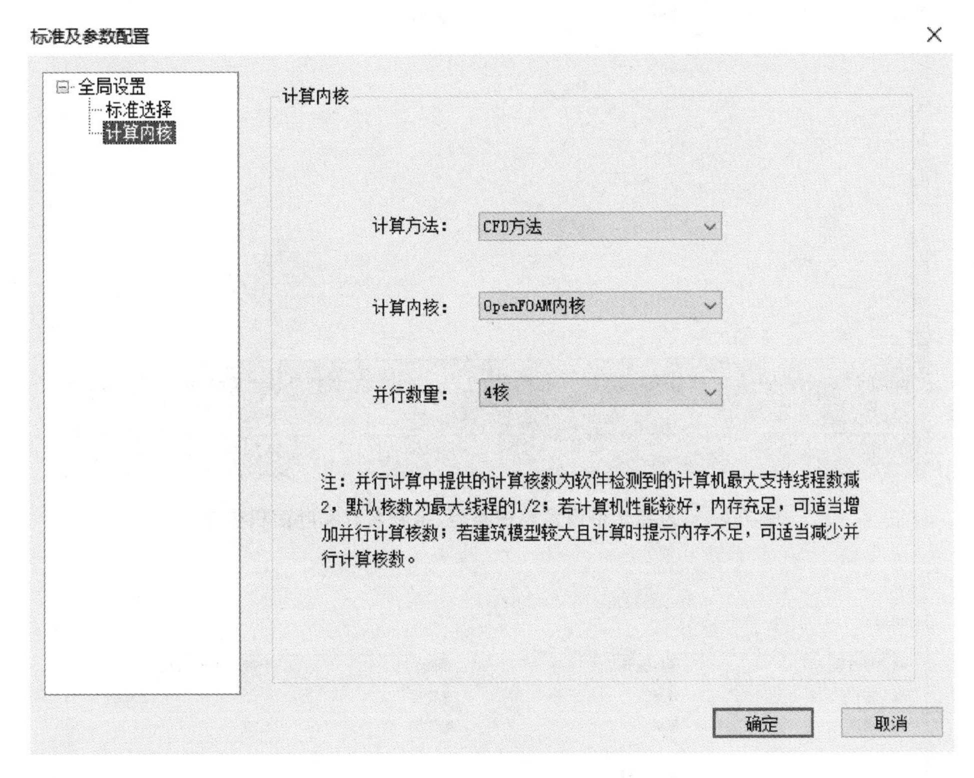

图 7-1-2 “计算内核”设置

7.2 专业设计

7.2.1 专业属性

对于区域建筑的绿化带,可以为每一片绿化带设置植株类型、植物名称和叶面积密度,如图 7-2-1 所示。植株的大小、枝叶的疏密度等,均对室外风环境及热环境产生直接影响。

当然,软件也可以统一设置绿化带种类(设置界面见图 7-2-2),为用户提高工作效率、节省设计时间。

7.2.2 工况设计

软件提供两种不同工况设计,软件默认按当地模拟要求与气象参数取值。提供夏季、

专业设计
植物
绿化带编号
植株类型
植物名称
叶面积密度（㎡/m³）
绿化带1
灌木
珊瑚树
6.10
绿化带2
灌木
珊瑚树
6.10
操作提示：请先选择植株类型，再选择相应植物名称。若绿化带信息不全，请到规划总体的“绿化带”里去补充绘制或提取。
统一设置
确定

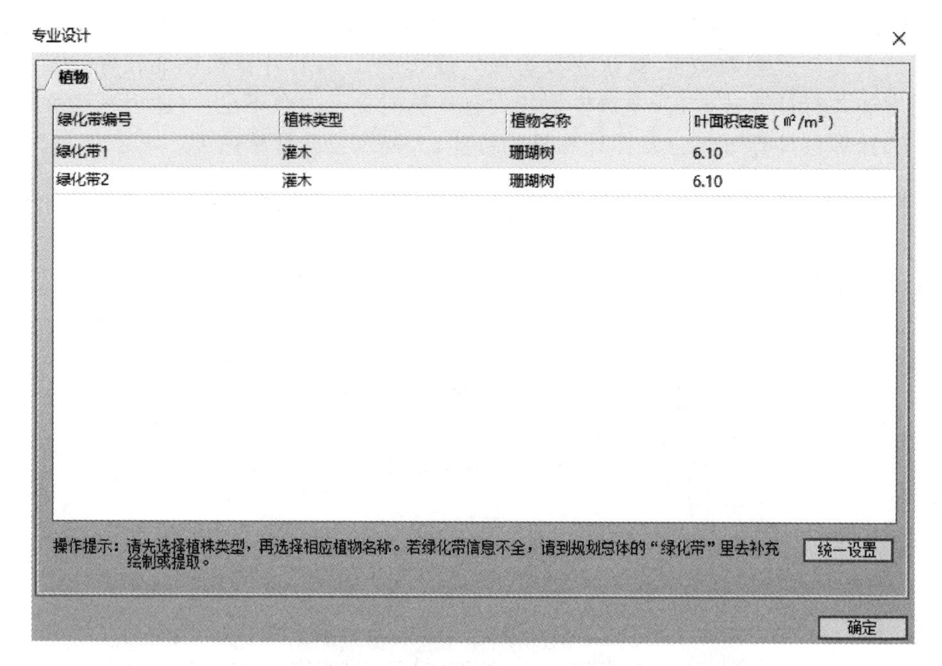

图 7-2-1　为绿化带设置植株类型、植物名称和叶面积密度

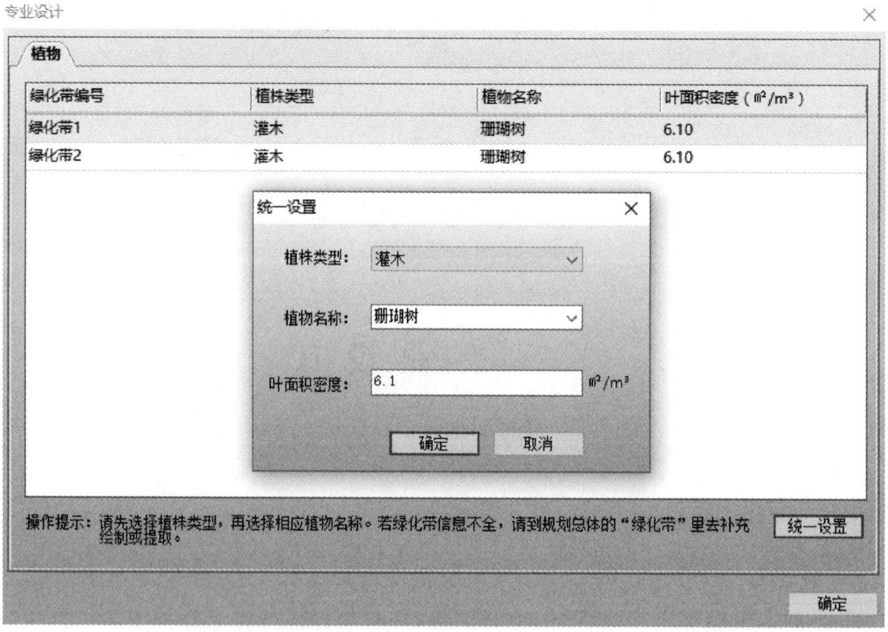

专业设计
植物
绿化带编号
植株类型
植物名称
叶面积密度（㎡/m³）
绿化带1
灌木
珊瑚树
6.10
绿化带2
灌木
珊瑚树
6.10
统一设置
植株类型：
灌木
植物名称：
珊瑚树
叶面积密度：
6.1
㎡/m³
确定
取消
操作提示：请先选择植株类型，再选择相应植物名称。若绿化带信息不全，请到规划总体的“绿化带”里去补充绘制或提取。
统一设置
确定

图 7-2-2　统一设置绿化带种类界面

过渡季及冬季的最多风向、风速等参数（见图 7-2-3），为模拟人行区域风速风压提供参数依据，用户也可根据实际情况，自行添加或删除工况。

为了帮助用户理解特定的朝向风向的准确含义及取值依据，软件提供各地区的风向示意图（风玫瑰图），如图 7-2-4 所示。

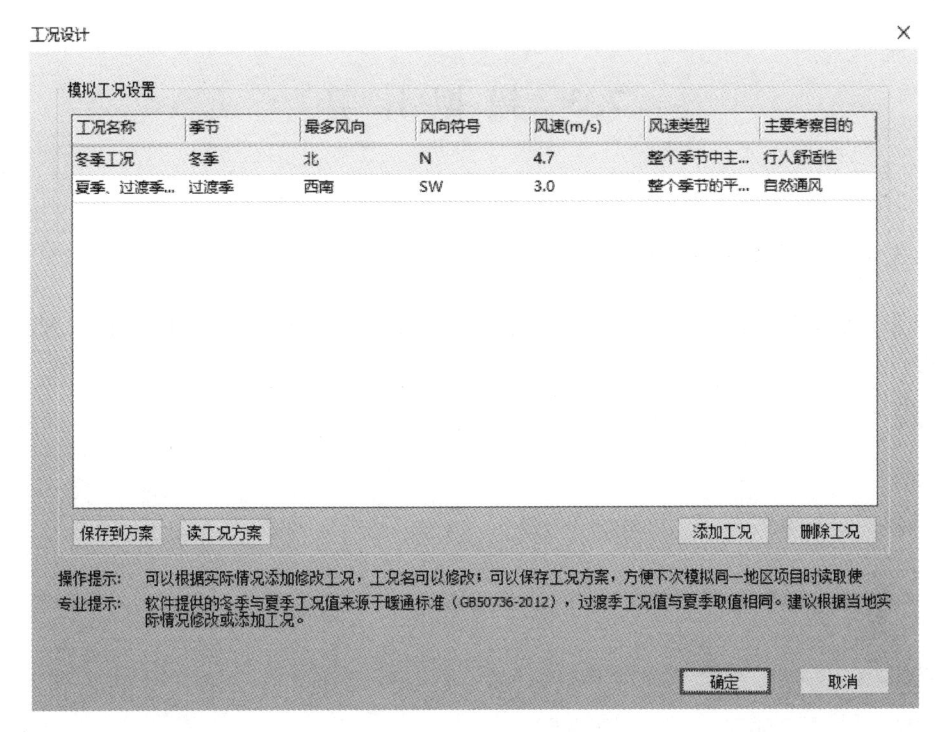

图 7-2-3　工况设计

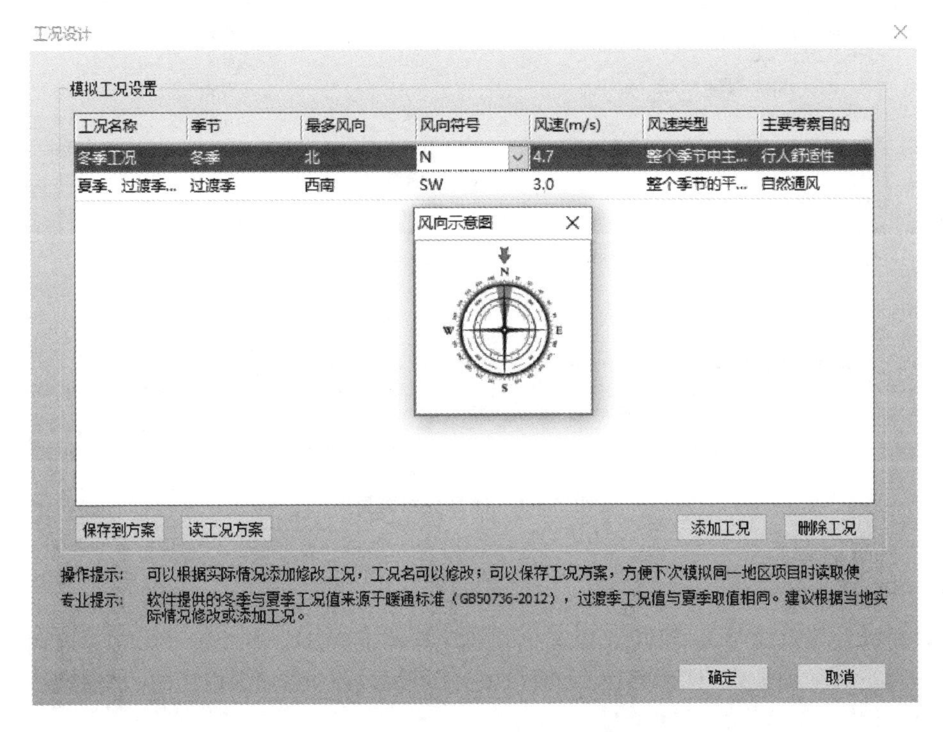

图 7-2-4　模拟工况的风向示意图

7.3 模拟计算

7.3.1 计算分析配置

计算分析配置如图 7-3-1 所示，提供了项目环境类型、湍流模型、计算精度、判断参数等设置。

图 7-3-1　计算分析配置

1. 计算配置

（1）项目环境类型

根据绿色建筑国标及《民用建筑绿色性能计算标准》(JGJ/T 449—2018)，软件将项目环境分为空旷平坦地带、城市郊区、大城市中心、近海湖岸等类型，相应的入口梯度风幂指数会自动设置，无需用户手动填写。

（2）湍流模型

湍流是一种非常复杂的非稳态三维运动，在湍流运动中流体的各种物理参数，如速度、压力、温度等都随时间和空间的变化而变化，是随机的非线性过程。到目前为止，尚无完善理论指出在进行湍流运动数值模拟计算时，应该采取某一确定的湍流模型。当今应用较多的有标准 k-ε 湍流模型、RNG k-ε 湍流模型、MP k-ε 湍流模型等模型。结合众多实际工程经验及国内外科学家研究成果得出，相对于其他湍流模型，标准 k-ε 湍流模型更易于收敛，在满足工程计算精度的前提下，使用方便，计算快捷。

软件默认选择标准 k-ε 湍流模型，同时支持用户选择其他种类的计算模型。

(3)计算精度

收敛精度，又叫迭代精度，会影响计算的精确性、计算步长、计算时间等。一般来说，建议只有建筑的模型，计算精度采用默认的普通精度即可；当用户建立了草地等比较低矮的模型时，计算精度可适当调高，从而保证计算结果的准确性。

2. 分析配置

"人行区域包含空地"：《绿色建筑评价标准》(GB/T 50378—2019)中要求的冬季风速评价范围为人行区域，人行区域应该是指道路、休闲广场等位置，然而目前有些地方在评审时认为所有空地区域都是人行区域。为了适应这两种不同情况，PKPM-CFD 软件在此处增加该选项，默认为勾选状态，此时软件在统计风速时，会把整个空地区域全部统计进来以查看是否达标；若用户去掉该勾选项，则软件只统计道路等区域的风速，但需要注意的是，这样做的前提是用户建立了道路模型。

"建筑背风面涡旋不得分"：从计算理论的角度来说，建筑背风面肯定会出现或大或小的旋涡区。这里是否勾选，会对后面自动对标的得分产生联动影响。

7.3.2 分析建筑

《绿色建筑评价标准》(GB/T 50378—2019)中，可以排除迎风第一排来对建筑风压进行评价。在软件中可通过对各工况分析建筑的设置，选择不参与风压判断的建筑。选择的方式有两种：一是在界面中直接指定，通过方向按钮选择不参与风压计算的建筑(见图 7-3-2)；二是到图上指定，进入模型界面选择迎风第一排的建筑，选中建筑后点击鼠标右键确认。

7.3.3 网格划分

先绘制出模型，为了能准确划分网格，以图 7-3-3 所示建筑模型为例。

在"网格设置"中，可对计算域、网格尺寸等参数进行设置，如图 7-3-4 所示，基准尺寸是指背景网格的尺寸，一般为 8000～16 000 mm；最小尺寸设置过大会导致计算结果不理想，也不宜设置得过小，建议一般为 1000～3000 mm；最大尺寸建议不超过基准尺寸，范围宜为 4000～8000 mm。网格设置过小会导致计算量增加，计算时间延长；若设置网格过大，会导致计算结果不理想。

在"其他设置"中，区域加密是对区域网格自动加密，根据建筑表面尺寸自动逐渐变化到最大的基准尺寸，加密会使计算更准确，同时也会导致网格数量增加，不宜超过 3 层。

勾选"是否贴体"可对异形或者凸出部位较多的建筑进行修正，减少结果彩图锯齿效应。

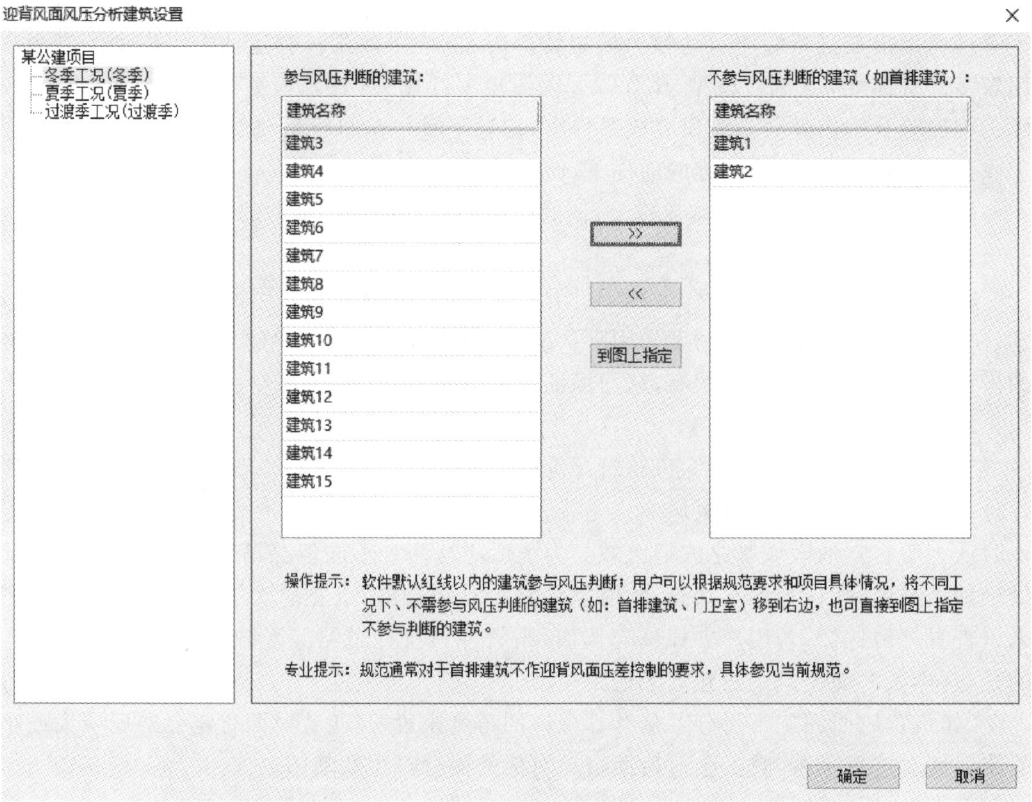

迎背风面风压分析建筑设置 

某公建项目
- 冬季工况(冬季)
- 夏季工况(夏季)
- 过渡季工况(过渡季)

参与风压判断的建筑：

建筑名称
建筑3
建筑4
建筑5
建筑6
建筑7
建筑8
建筑9
建筑10
建筑11
建筑12
建筑13
建筑14
建筑15

>>

<<

到图上指定

不参与风压判断的建筑（如首排建筑）：

建筑名称
建筑1
建筑2

操作提示：软件默认红线以内的建筑参与风压判断；用户可以根据规范要求和项目具体情况，将不同工况下、不需参与风压判断的建筑（如：首排建筑、门卫室）移到右边，也可直接到图上指定不参与判断的建筑。

专业提示：规范通常对于首排建筑不作迎背风面压差控制的要求，具体参见当前规范。

确定　取消

图 7-3-2　分析建筑

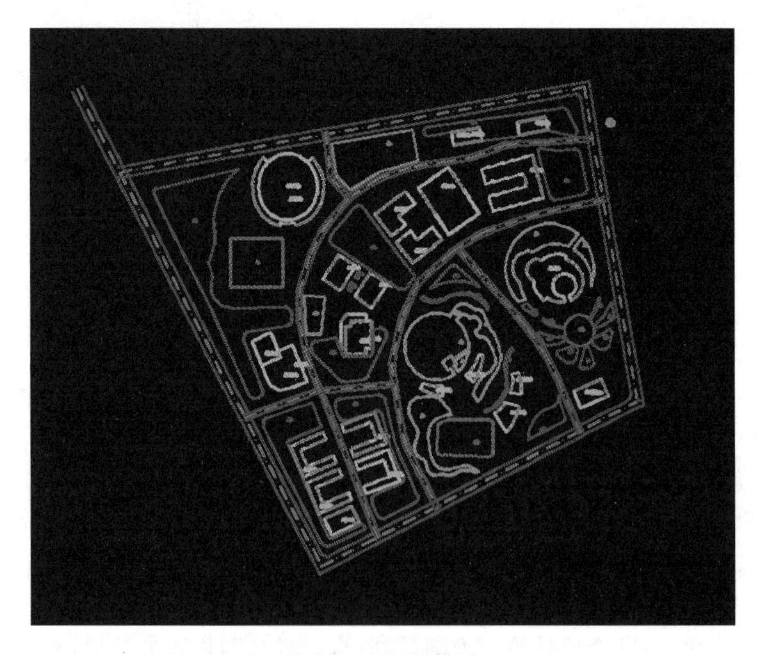

图 7-3-3　区域模型

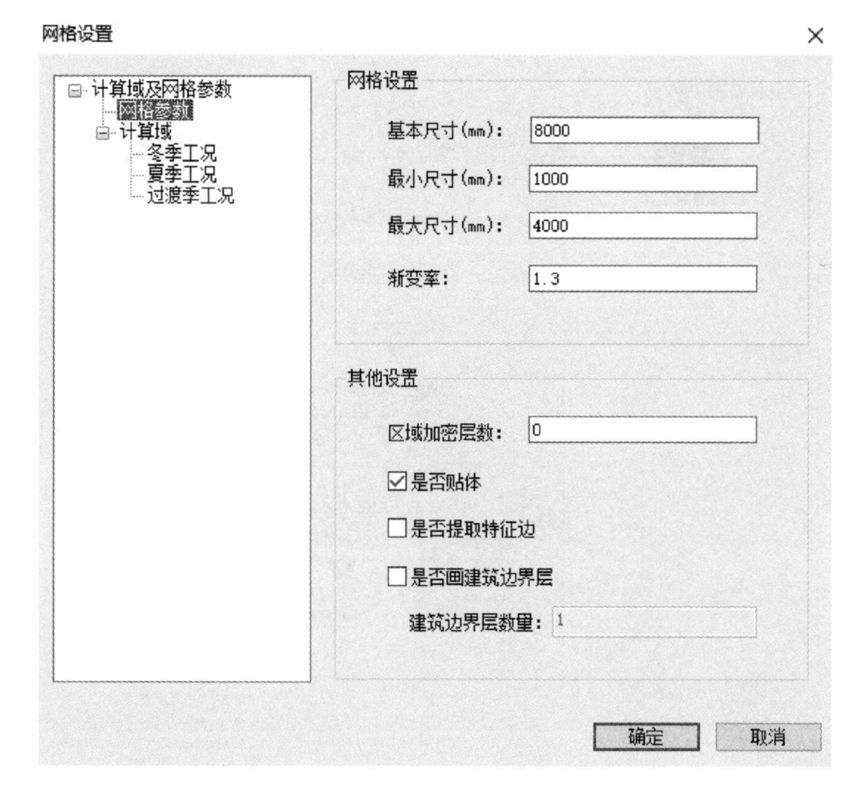

图 7-3-4　网格设置

特征边是指建筑四周的轮廓边线，勾选"是否提取特征边"后可自动进行网格加密，计算结果更加精准。

建筑边界层，只有贴体网格才能有边界层，是为了更加准确地计算靠近建筑墙面附近的空气流动情况而设置的，有边界层会使建筑周边靠近墙面附近的流动计算得更加准确，但是会增加网格划分时间和计算时间，建议设置不超过 3 层。

另外，也可以进一步对计算域进行设置，如图 7-3-5 所示。"计算域"设置，根据《民用建筑绿色性能计算标准》(JGJ/T 449—2018)，对象建筑(群)顶部至计算域上边界的垂直高度应大于 $5H$；对象建筑(群)的外缘至水平方向的计算域边界的距离应大于 $5H$；流入侧边界至对象建筑(群)外缘的水平距离应大于 $5H$；流出侧边界至对象建筑(群)外缘的水平距离应大于 $10H$。

7.3.4　计算

软件采用 CFD 模拟手段进行专业模拟分析。CFD 模拟是从微观角度，针对某一区域或房间，利用质量、能量及动量守恒等基本方程对流场模型进行求解，分析其空气流动状况。采用 CFD 对自然通风进行模拟，主要用于自然通风风场布局优化和室内流场分析，以及对象中庭这类高大空间的流场模拟，可以提供直观详细的信息，便于设计者对特定的房间或区域进行通风策略调整，使之更有效地实现自然通风。

待网格划分好，点击"模拟计算"，就能看到图 7-3-6 所示的计算收敛曲线图，软件能模拟多个工况的风环境，并且可同时计算出各个工况的模拟结果。

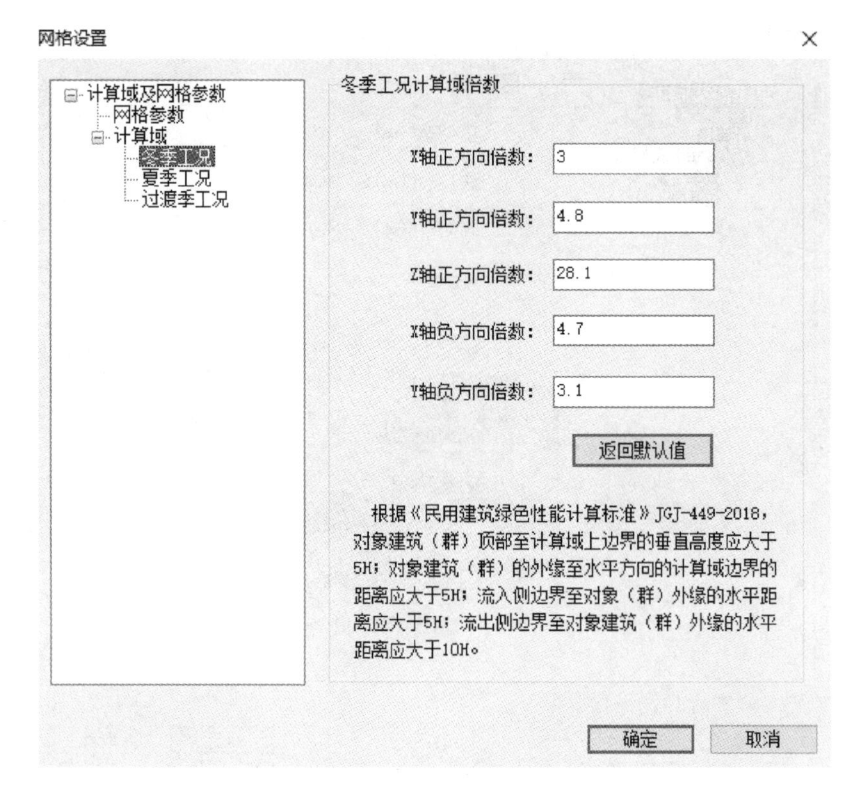

图 7-3-5 “计算域”设置

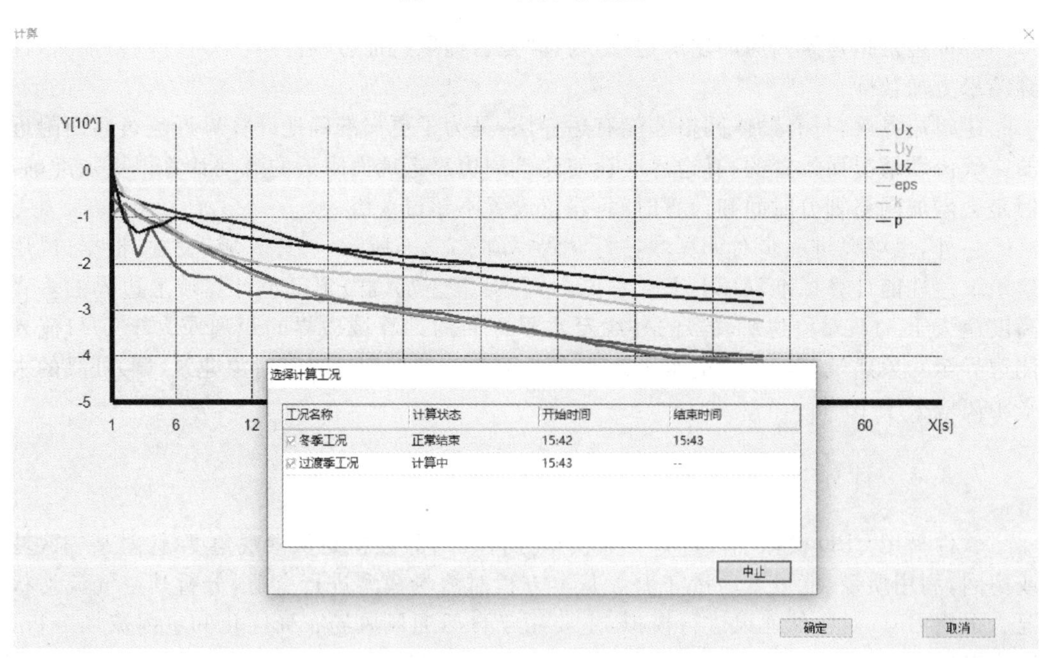

图 7-3-6 计算收敛曲线图

（彩图见二维码）

7.4 结果分析

对于计算生成的结果，可将其进行图像显示，并可调整图片以符合制作报告要求。冬季工况标准要求图片：1.5 m 高度处风速云图、1.5 m 高度处风速达标图、1.5 m 高度处风速矢量图、建筑表面(包含建筑迎风、背风面等)风压图(见图 7-4-1～图 7-4-4)。可点击“调整图片”对图片进行调整。

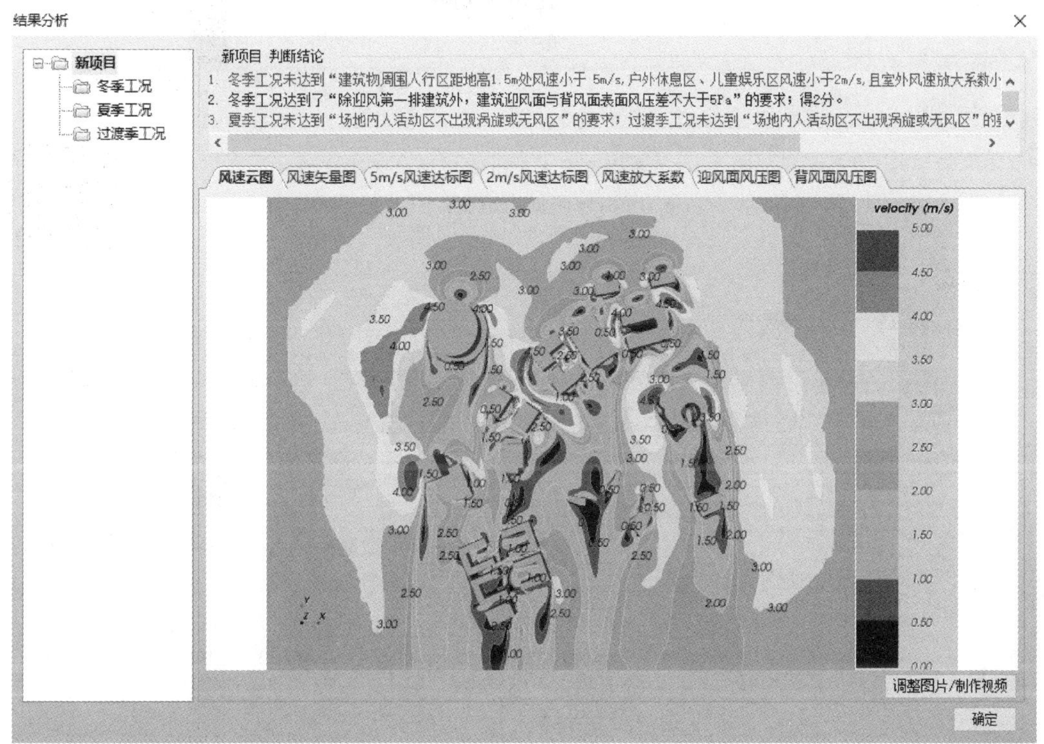

图 7-4-1 冬季工况 1.5 m 高度处风速云图

(彩图见二维码)

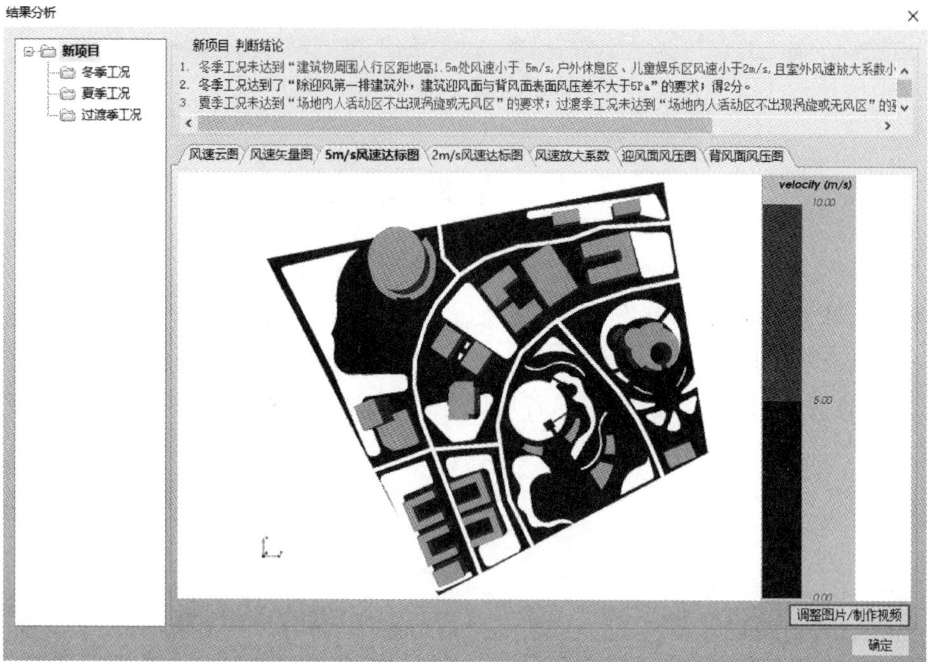

图 7-4-2　冬季工况 1.5 m 高度处风速达标图

(彩图见二维码)

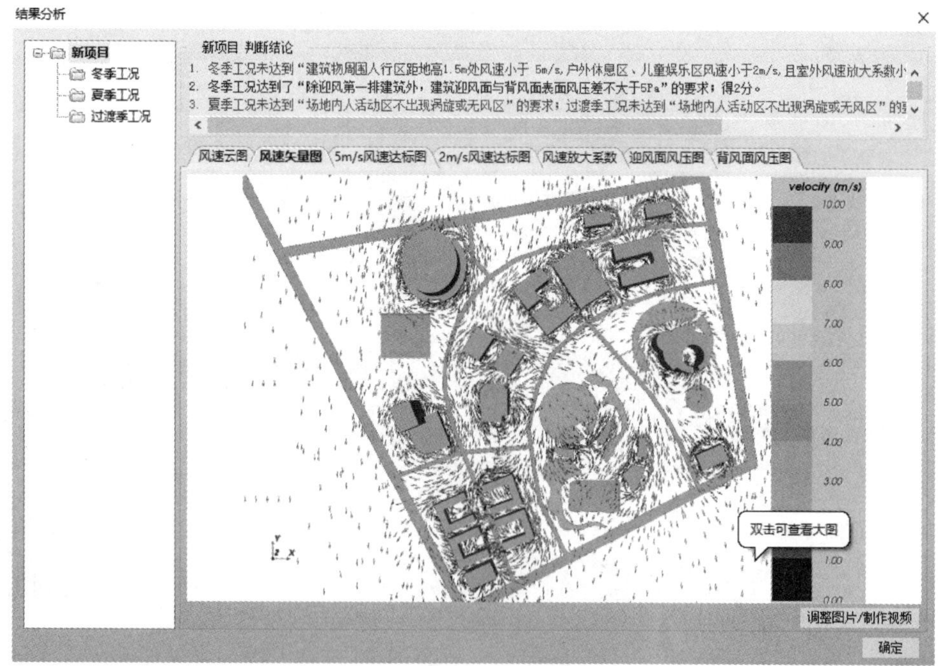

图 7-4-3　冬季工况 1.5 m 高度处风速矢量图

(彩图见二维码)

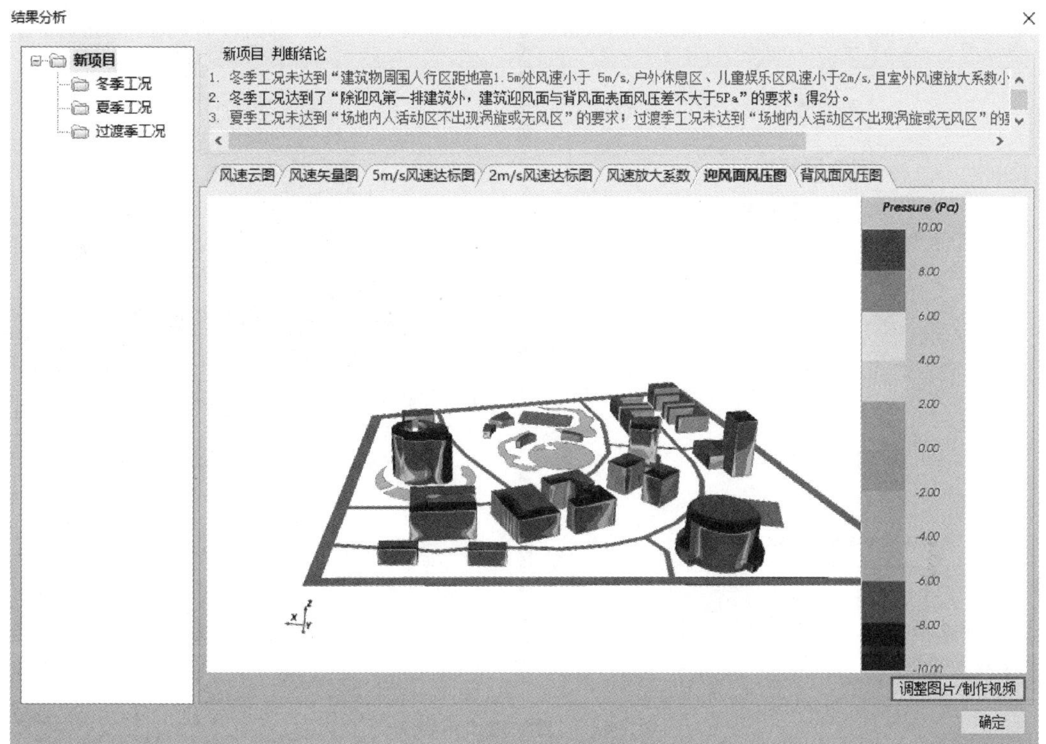

图 7-4-4　冬季工况迎风面风压图
（彩图见二维码）

7.5　报　告　书

软件能根据设置的参数，自动输出计算报告书。报告书中包含了项目信息、模拟设置的各参数和工况，让用户一目了然，如图 7-5-1 所示。

从报告书中，可以清楚地看出建筑周围的风环境情况，为建筑的设计提供参考和数据支持。建筑群和高大建筑物会显著改变城市近地面层风场结构。近地风的状况与建筑物的外形、尺寸、建筑物之间的相对位置以及周围地形地貌有着极其复杂的关系。报告书会清楚地给出最后的结论及标准相关的得分情况。

室外风环境

模拟计算报告

新项目

计算软件：风环境模拟分析软件PKPM-CFD

开发单位：中国建筑科学研究院有限公司

北京构力科技有限公司

应用版本：

计算时间：

PKPM

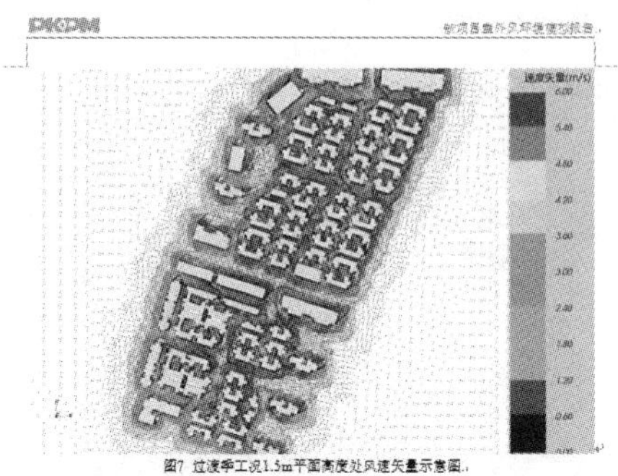

图7 过渡季工况1.5m平面高度处风速矢量示意图

过渡季工况涡旋判断表

工况季节	有无涡旋	该范围内的人行区域面积（㎡）	人行活动区域总面积（㎡）	占总面积百分比
过渡季	无涡旋	130256	130256	100%
	有涡旋	0	130256	0%
判断	人行区未产生涡旋的面积比为100%，达到了“场地内人活动区不出现涡旋”的要求			

注：根据用户自定义，场地内人活动区未产生涡旋的面积比＞95%即判定为达标。

五、结论

冬季工况达到了“除迎风第一排建筑外，建筑迎风面与背风面表面风压差不大于5Pa”的要求；得2分。

通过模拟分析，针对《绿色建筑评价标准》GB/T 50378-2019第8.2.8条的评判要求，本项目得分为7分。

图 7-5-1　自动输出报告书

8　绿建设计对标评价

在绿色建筑施工图审查及标识评价申报阶段，可借助绿色建筑设计分析评价软件PKPM-GBD & GBtools，自动完成绿色建筑对标评分，以及绿建专篇、绿建审查备案表、自评估等报告的生成等工作，评价以《绿色建筑评价标准》(GB/T 50378—2019)及各地方设计、评价标准为基础；全面支持绿色民用建筑、绿色工业建筑、既有改造建筑、健康建筑等评价体系；内置的大量项目信息、多个案例模板可供建筑师优化设计参考。

8.1　标准选择

点击“评价标准”面板→“标准选择”按钮，然后在弹出的界面进行“标准选择”(见图8-1-1)和“参数设置”操作。

图 8-1-1　标准选择

Step 1. 选择绿色建筑设计及评价标准。

Step 2. 选择设计及评价阶段。

Step 3. 选择建筑的星级：一星级、二星级、三星级。

8.2 专业设计

"专业设计"根据绿色建筑评价标准，将标准中各个条文拆分成各专业的指标点，可引导设计师完成项目施工图设计指标的填写和汇总。软件可以根据设计师提供的项目基本信息，如容积率、住区绿地率等，自动生成此项目的得分情况，并生成符合施工图审查和绿色建筑标识申报要求的报告书内容。设计师还可按照专业分配完成并指导项目的评估申报工作。

8.2.1 填写设计指标

在"专业设计"中打开"填写设计指标"，依据各专业的设计填写设计指标信息。"专业设计"开始界面如图 8-2-1 所示。

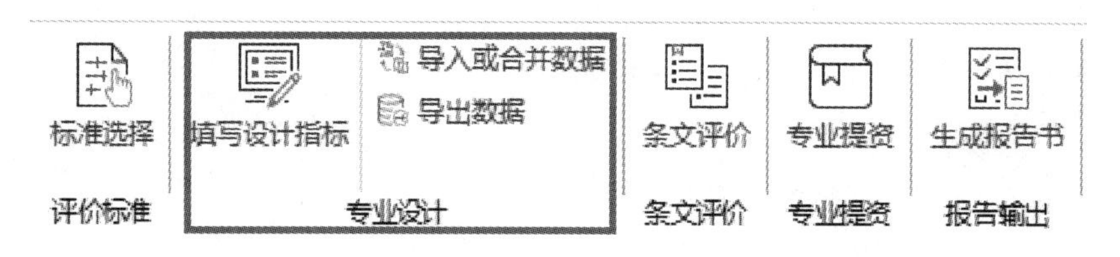

图 8-2-1 专业设计

1. 项目专业分工

"项目专业分工"对话框中，可勾选项目参与的专业情况，具体分为：规划专业、建筑专业、暖通专业、给排水专业、电气专业、结构专业、景观专业、运营专业、绿建咨询专业，如图 8-2-2 所示。

用户可根据实际情况，勾选参与项目的专业情况，若勾选，则在左侧菜单中变成黑色；若未勾选，则在左侧菜单中为灰色。

2. 专业二级分类

"项目专业分工"中参与专业情况勾选完毕后，进入专业二级分类设计，如图 8-2-3 所示。

界面左侧为各个专业及其二级专业情况，主要包括以下内容。

①特殊要求。

②规划：场地位置、场地安全、日照规划、场地规划。

③建筑：整体经济指标、围护结构设计、装修及饰面、绿化设计、室内设计、场地规划、设计措施说明。

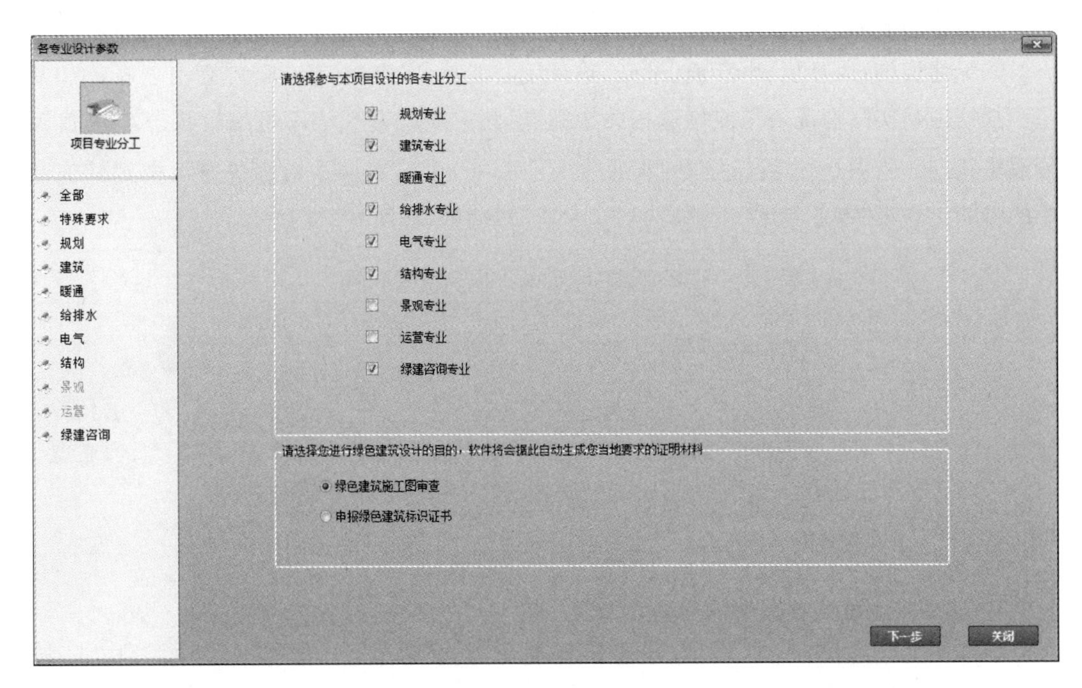

图 8-2-2　项目专业分工

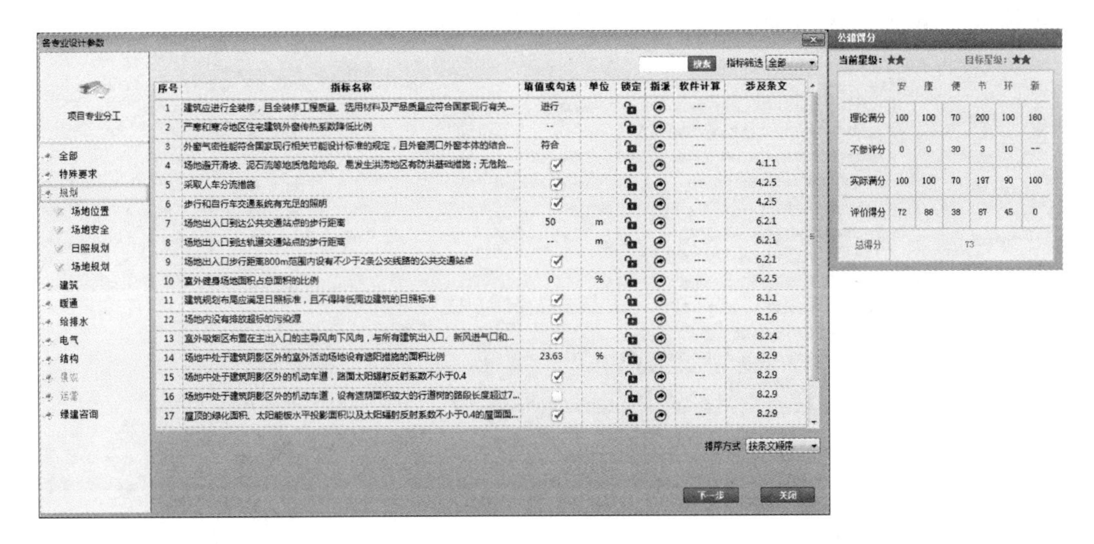

图 8-2-3　专业二级分类

④暖通：暖通系统设计、气流组织、空气质量、设备参数、智能化控制、能源利用、设计措施说明。

⑤给排水：给排水系统设计、节水措施、绿化灌溉、雨水设计、非传统水源设计、设计措施说明。

⑥电气：照明设计、变压器选型、分项计量、能源利用、设计措施说明。

⑦结构：结构类型及优化、建材用量、绿色建材、设计措施说明。

⑧景观：雨水景观设计、绿化设计。

⑨运营：物业管理。

⑩绿建咨询：风环境、声环境、采光、热环境及能耗、室内气流组织、提高与创新。

根据项目实际情况填写或勾选相关指标点，其中锁定代表不可编辑状态，代表可编辑状态。指派代表切换专业，通过专业切换，可以实现该指标快速切换到其他专业的目的。点击"专业指派"后弹出"切换专业"对话框，如图 8-2-4 所示。

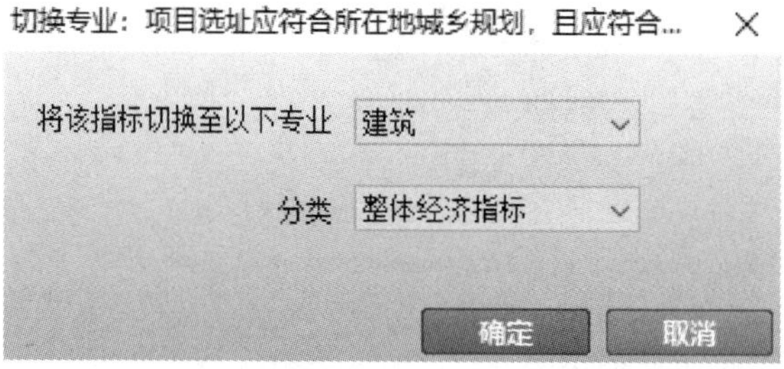

切换专业：项目选址应符合所在地城乡规划，且应符合...

将该指标切换至以下专业 建筑

分类 整体经济指标

确定 取消

图 8-2-4　专业切换

3. 填写专业设计参数时的帮助小工具

①排序方式：如图 8-2-5 所示，通过下拉"排序方式"菜单可以选择不同的排序方式：按条文排序、按单位排序、已填在前、未填在前。

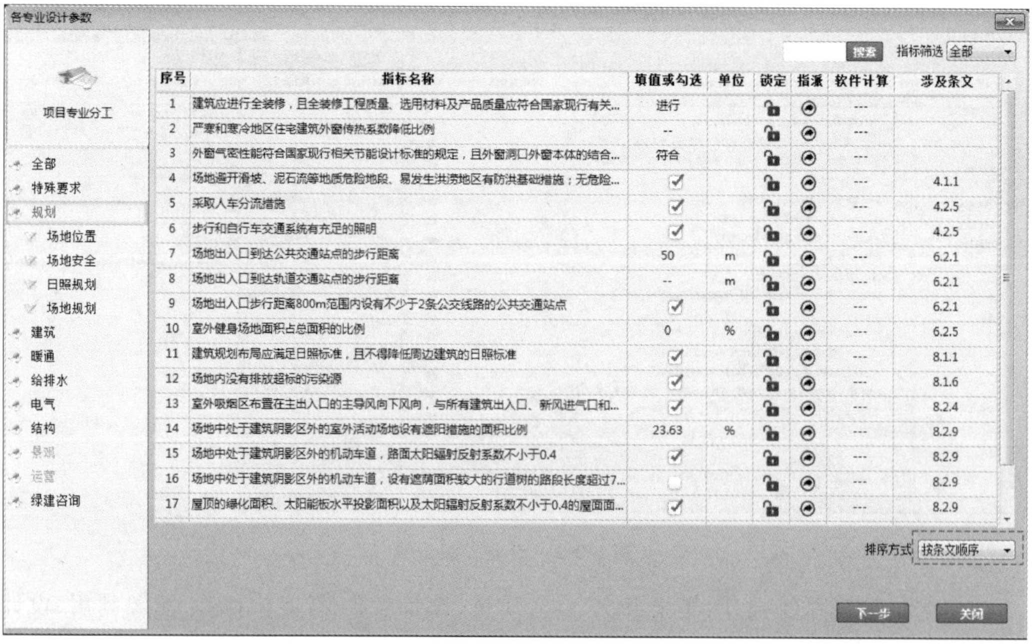

各专业设计参数

项目专业分工

全部　特殊要求　规划（场地位置　场地安全　日照规划　场地规划）　建筑　暖通　给排水　电气　结构　景观　运营　绿建咨询

搜索　指标筛选 全部

序号	指标名称	填值或勾选	单位	锁定	指派	软件计算	涉及条文
1	建筑应进行全装修，且全装修工程质量、选用材料及产品质量应符合国家现行有关...	进行				---	
2	严寒和寒冷地区住宅建筑外窗传热系数降低比例	--				---	
3	外窗气密性能符合国家现行相关节能设计标准的规定，且外窗洞口外窗本体的结合...	符合				---	
4	场地避开滑坡、泥石流等地质危险地段、易发生洪涝地区有防洪基础措施；无危险...	✓				---	4.1.1
5	采取人车分流措施	✓				---	4.2.5
6	步行和自行车交通系统有充足的照明	✓				---	4.2.5
7	场地出入口到达公共交通站点的步行距离	50	m			---	6.2.1
8	场地出入口到达轨道交通站点的步行距离	--	m			---	6.2.1
9	场地出入口步行距离800m范围内设有不少于2条公交线路的公共交通站点	✓				---	6.2.1
10	室外健身场地面积占总面积的比例	0	%			---	6.2.5
11	建筑规划布局应满足日照标准，且不得降低周边建筑的日照标准	✓				---	8.1.1
12	场地内没有排放超标的污染源	✓				---	8.1.6
13	室外吸烟区布置在主出入口的主导风向下风向，与所有建筑出入口、新风进气口和...	✓				---	8.2.4
14	场地中处于建筑阴影区外的室外活动场地设有遮阳措施的面积比例	23.63	%			---	8.2.9
15	场地中处于建筑阴影区外的机动车道，路面太阳辐射反射系数不小于0.4	✓				---	8.2.9
16	场地中处于建筑阴影区外的机动车道，设有遮荫面积较大的行道树的路段长度超过7...					---	8.2.9
17	屋顶的绿化面积、太阳能板水平投影面积以及太阳辐射反射系数不小于0.4的屋面面...	✓				---	8.2.9

排序方式 按条文顺序

下一步　关闭

图 8-2-5　排序方式

②指标筛选：如图 8-2-6 所示，通过下拉"指标筛选"菜单可以选择不同的指标：全部、已锁定、未锁定、已填写、未填写。

③搜索：如图 8-2-7 所示，通过搜索框中填写指标，可以快速地搜索出所需要的指标点。

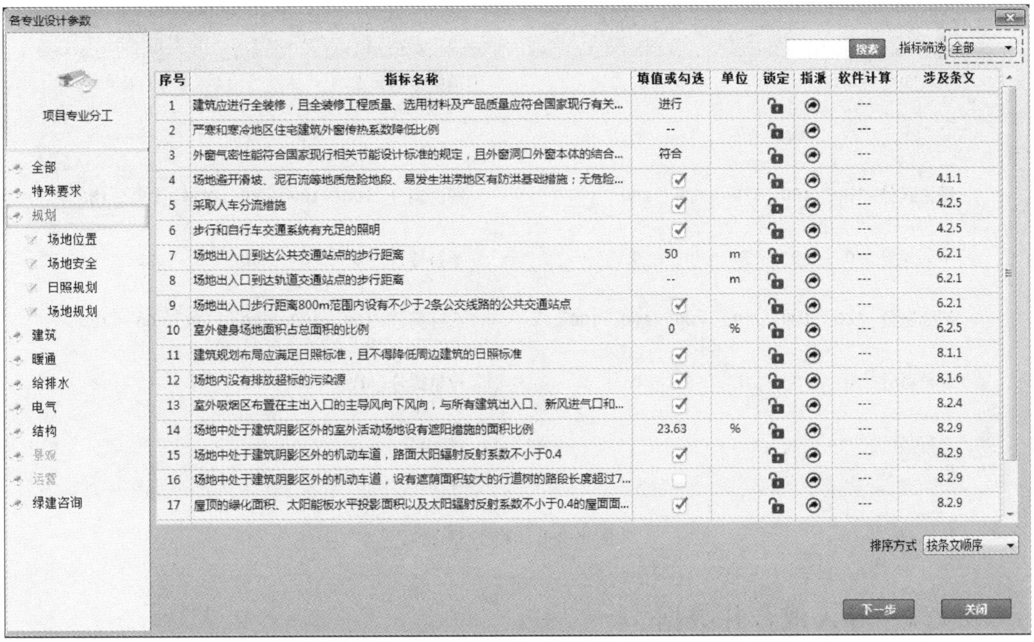

各专业设计参数

搜索 指标筛选 全部

项目专业分工

- 全部
- 特殊要求
- 规划
  - 场地位置
  - 场地安全
  - 日照规划
  - 场地规划
- 建筑
- 暖通
- 给排水
- 电气
- 结构
- 景观
- 运营
- 绿建咨询

序号	指标名称	填值或勾选	单位	锁定	指派	软件计算	涉及条文
1	建筑应进行全装修，且全装修工程质量、选用材料及产品质量应符合国家现行有关...	进行				---	
2	严寒和寒冷地区住宅建筑外窗传热系数降低比例	--				---	
3	外窗气密性能符合国家现行相关节能设计标准的规定，且外窗洞口外窗本体的结合...	符合				---	
4	场地避开滑坡、泥石流等地质危险地段、易发生洪涝地区有防洪基础措施；无危险...	✓				---	4.1.1
5	采取人车分流措施	✓				---	4.2.5
6	步行和自行车交通系统有充足的照明	✓				---	4.2.5
7	场地出入口到达公共交通站点的步行距离	50	m			---	6.2.1
8	场地出入口到达轨道交通站点的步行距离	--	m			---	6.2.1
9	场地出入口步行距离800m范围内设有不少于2条公共交通线路的公共交通站点	✓				---	6.2.1
10	室外健身场地面积占总面积的比例	0	%			---	6.2.5
11	建筑规划布局应满足日照标准，且不得降低周边建筑的日照标准	✓				---	8.1.1
12	场地内没有排放超标的污染源	✓				---	8.1.6
13	室外吸烟区布置在主出入口的主导风向下风向，与所有建筑出入口、新风进气口和...	✓				---	8.2.4
14	场地中处于建筑阴影区外的室外活动场地设有遮阳措施的面积比例	23.63	%			---	8.2.9
15	场地中处于建筑阴影区外的机动车道，路面太阳辐射反射系数不小于0.4	✓				---	8.2.9
16	场地中处于建筑阴影区外的机动车道，设有遮荫面积较大的行道树的路段长度超过7...					---	8.2.9
17	屋顶的绿化面积、太阳能板水平投影面积以及太阳辐射反射系数不小于0.4的屋面面...	✓				---	8.2.9

排序方式 按条文顺序

下一步 关闭

图 8-2-6 指标筛选

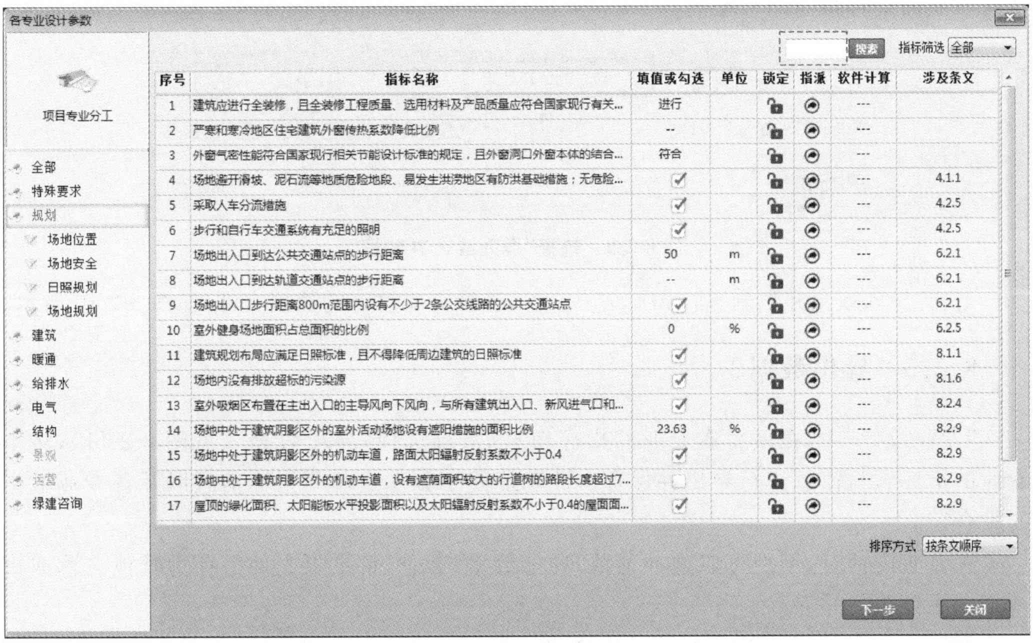

各专业设计参数

搜索 指标筛选 全部

项目专业分工

- 全部
- 特殊要求
- 规划
  - 场地位置
  - 场地安全
  - 日照规划
  - 场地规划
- 建筑
- 暖通
- 给排水
- 电气
- 结构
- 景观
- 运营
- 绿建咨询

序号	指标名称	填值或勾选	单位	锁定	指派	软件计算	涉及条文
1	建筑应进行全装修，且全装修工程质量、选用材料及产品质量应符合国家现行有关...	进行				---	
2	严寒和寒冷地区住宅建筑外窗传热系数降低比例	--				---	
3	外窗气密性能符合国家现行相关节能设计标准的规定，且外窗洞口外窗本体的结合...	符合				---	
4	场地避开滑坡、泥石流等地质危险地段、易发生洪涝地区有防洪基础措施；无危险...	✓				---	4.1.1
5	采取人车分流措施	✓				---	4.2.5
6	步行和自行车交通系统有充足的照明	✓				---	4.2.5
7	场地出入口到达公共交通站点的步行距离	50	m			---	6.2.1
8	场地出入口到达轨道交通站点的步行距离	--	m			---	6.2.1
9	场地出入口步行距离800m范围内设有不少于2条公共交通线路的公共交通站点	✓				---	6.2.1
10	室外健身场地面积占总面积的比例	0	%			---	6.2.5
11	建筑规划布局应满足日照标准，且不得降低周边建筑的日照标准	✓				---	8.1.1
12	场地内没有排放超标的污染源	✓				---	8.1.6
13	室外吸烟区布置在主出入口的主导风向下风向，与所有建筑出入口、新风进气口和...	✓				---	8.2.4
14	场地中处于建筑阴影区外的室外活动场地设有遮阳措施的面积比例	23.63	%			---	8.2.9
15	场地中处于建筑阴影区外的机动车道，路面太阳辐射反射系数不小于0.4	✓				---	8.2.9
16	场地中处于建筑阴影区外的机动车道，设有遮荫面积较大的行道树的路段长度超过7...					---	8.2.9
17	屋顶的绿化面积、太阳能板水平投影面积以及太阳辐射反射系数不小于0.4的屋面面...	✓				---	8.2.9

排序方式 按条文顺序

下一步 关闭

图 8-2-7 指标搜索

④界面右侧实时联动得分情况(见图 8-2-8)，当对指标点进行修改时，得分情况实时变动。

4. 选择绿色建筑设计目的

在“项目专业分工”对话框中选择项目设计目的：绿色建筑施工图审查或申报绿色建筑标识证书，如图 8-2-2 所示。

居建得分

当前星级：基本级　　目标星级：★

	安	康	便	节	环	新
理论满分	100	100	70	200	100	180
不参评分	0	0	30	0	0	--
实际满分	100	100	70	200	100	100
评价得分	0	0	0	0	0	0
总得分	40					

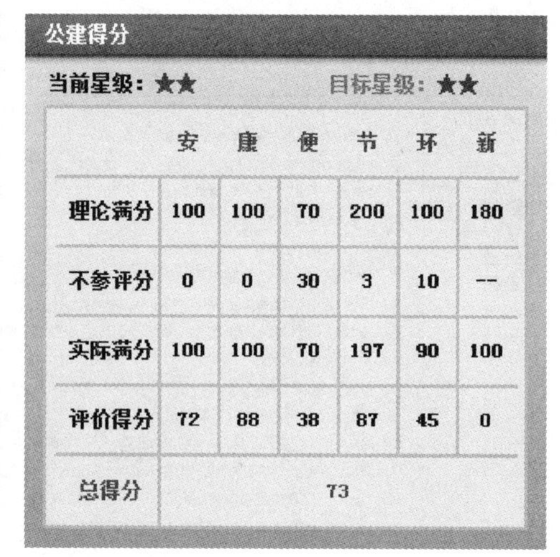
公建得分

当前星级：★★　　目标星级：★★

	安	康	便	节	环	新
理论满分	100	100	70	200	100	180
不参评分	0	0	30	3	10	--
实际满分	100	100	70	197	90	100
评价得分	72	88	38	87	45	0
总得分	73					

图 8-2-8　得分情况

8.2.2　导入或合并数据

专业设计中，在填写各专业指标信息后，可选择“导入或合并数据”，如图 8-2-9 所示，将各专业的指标信息进行整合。

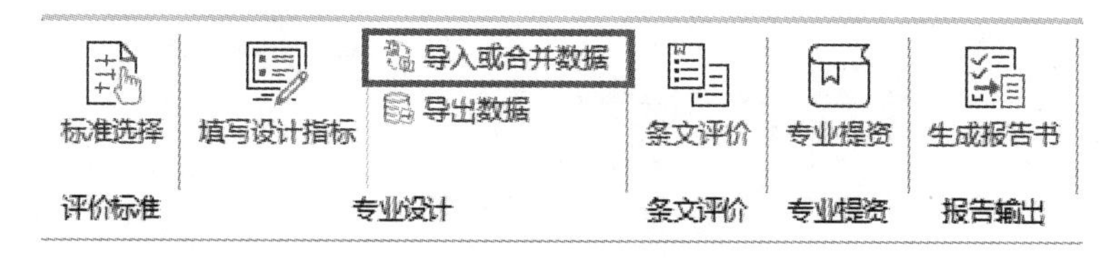

图 8-2-9　选择“导入或合并数据”

选择“导入或合并数据”后，添加结果文件，选择需要整合的数据文件，如图 8-2-10 所示。

8.2.3　导出数据

“专业设计”中，在填写本专业的指标信息后，可选择“导出数据”(见图 8-2-11)，将本专业的指标填写信息进行导出并保存。此功能便于分专业填写指标信息以及各专业数据的整合。

在专业设计时，用户可以选择菜单“导出数据”命令，将结果文件另存为其他名称或重新指定保存路径并保存。

具体步骤详见图 8-2-12 对话框中文字。

根据专业设计所填写或勾选的指标点，自动判定对应条文的得分情况，确定绿色建筑的星级；根据条文评价所填写内容，最终生成符合要求的报告书内容。

软件“条文评价”界面(见图 8-2-13)的左侧为树状条文列表，与基本信息所选标准相对应，每个具体条目以不同的图标代表当前条目的评价状态，点击每个条目，右侧则显示条目的详细信息。

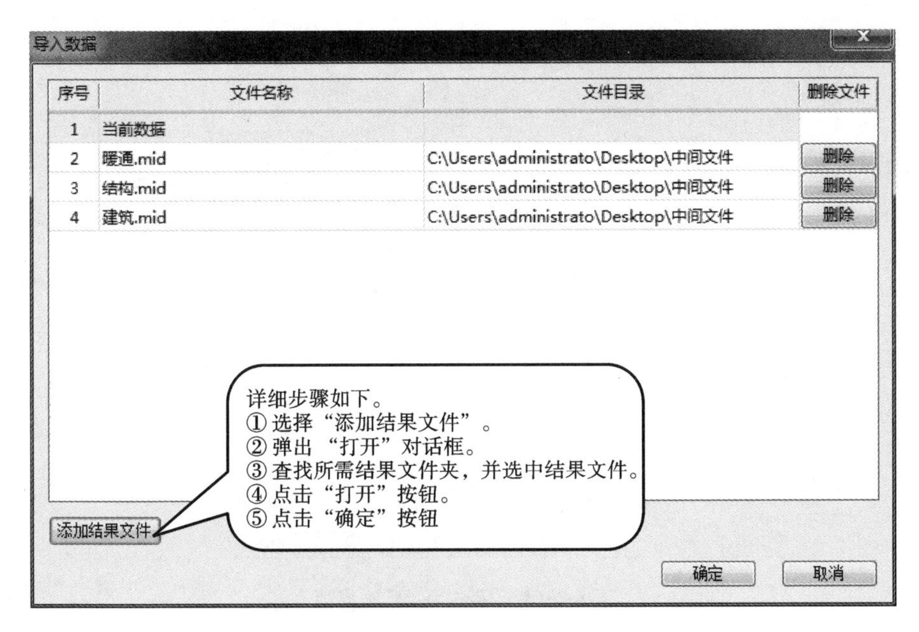

图 8-2-10　添加结果文件

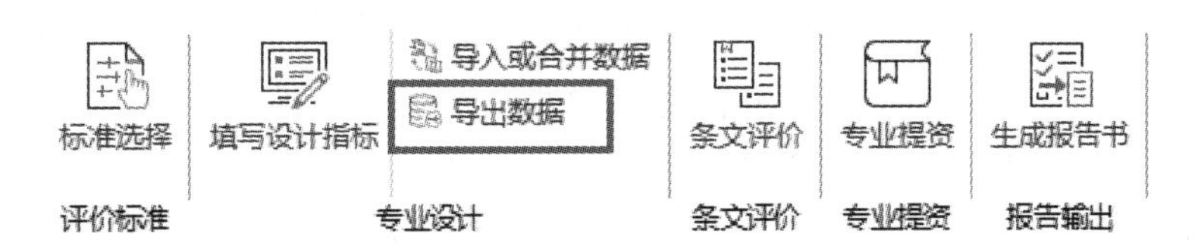

图 8-2-11　导出数据

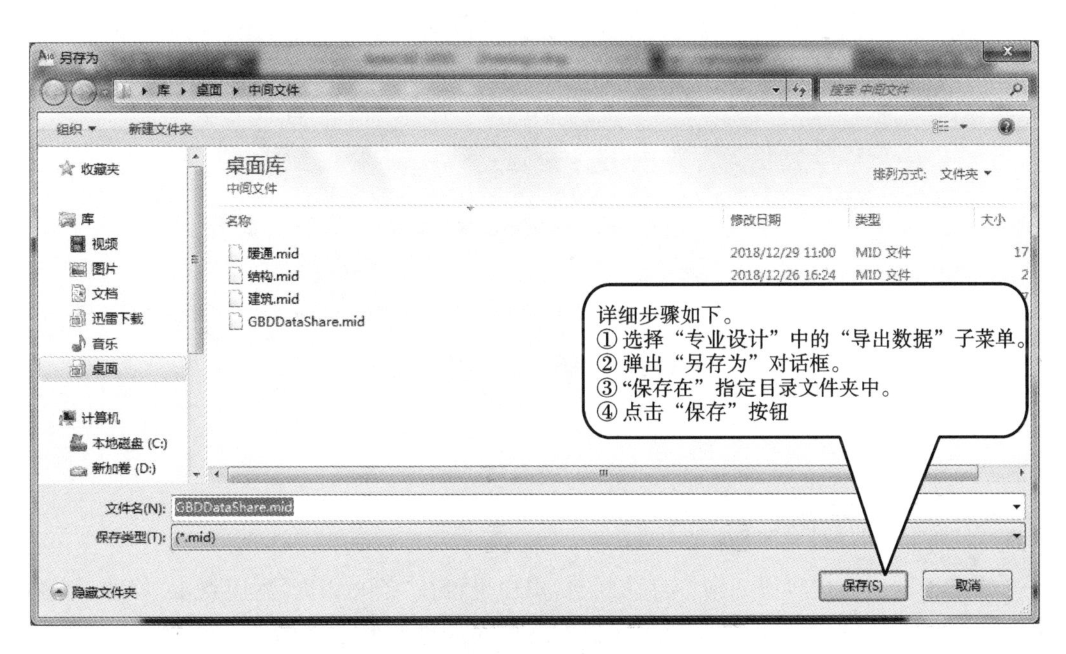

图 8-2-12　另存数据

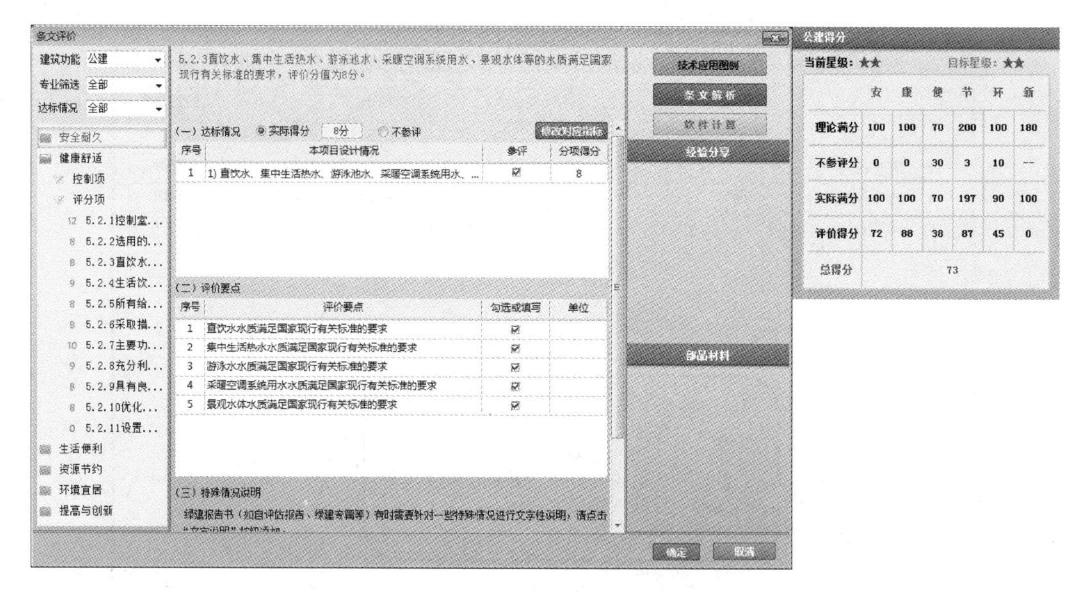

图 8-2-13 “条文评价”主界面

在“条文评价”界面中，✓ 代表该条文达标，× 代表该条文未达标，? 代表填入的指标点无法判断是否达标，-- 代表不参评项，19 代表该条文得 19 分，0 代表该条文不得分。界面左上角有三个筛选功能，其中“建筑功能”包括公建、居建；“专业筛选”包括全部、规划、建筑、暖通、给排水、电气、结构、景观、运营、绿建咨询；“达标情况”包括全部、达标、不达标、无法判断、不参评，如图 8-2-14 所示。通过这些筛选选项，可以得到相关条文。

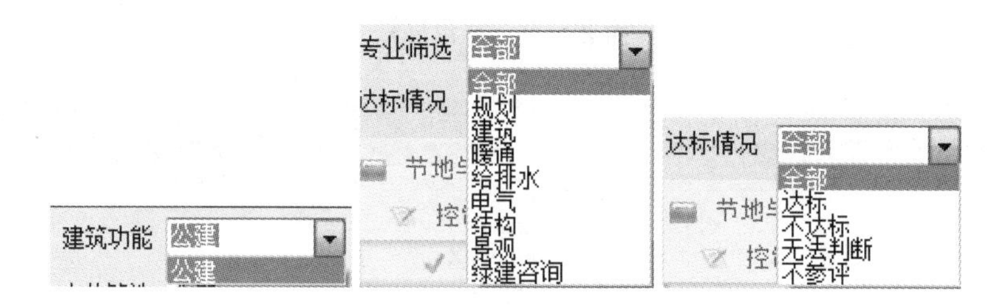

图 8-2-14 筛选功能下拉菜单

8.3 条 文 评 价

8.3.1 达标情况

软件根据前面用户填的指标自动判断，用户也可在“条文评价”界面点击“修改对应指标”修改分值（见图 8-3-1），这里的达标与不达标对应着左侧条文的 ✓ 与 × 。可以整条选择不参评或分条目选择不参评，当选择不参评时，左侧条文出现 -- 。

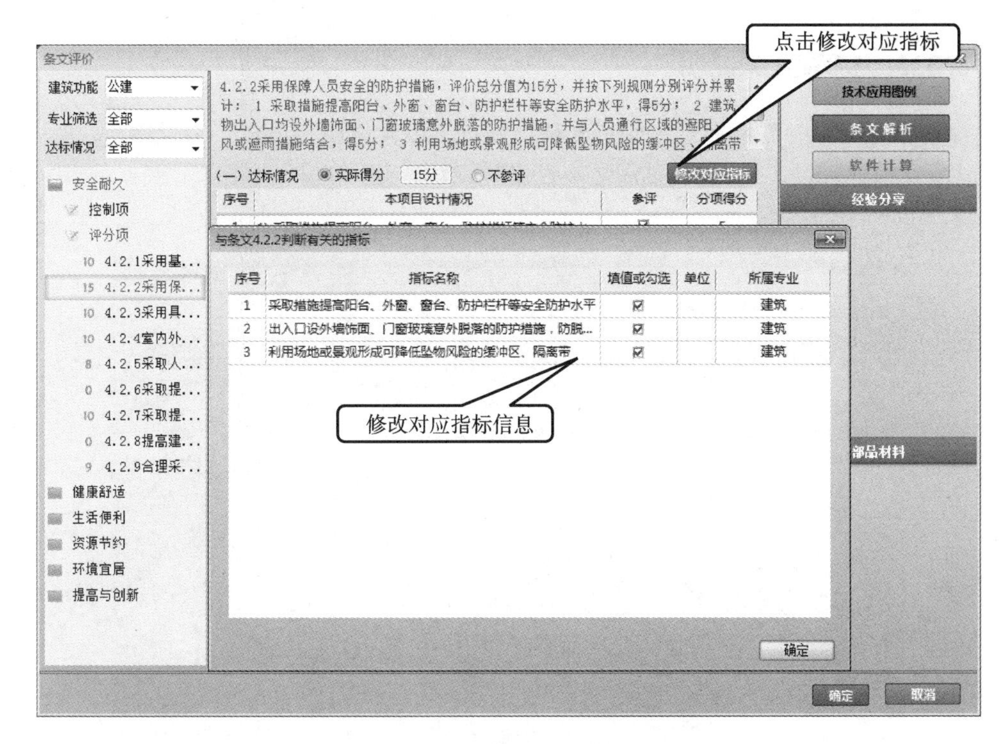

图 8-3-1　修改对应指标

8.3.2　评价要点

根据专业设计的内容,“评价要点”(见图 8-3-2)会自动获取相应的指标点或数值,用户也可以自行填写评价要点信息。通过评价要点的内容会自动生成相应的绿建专篇、自评估报告等。

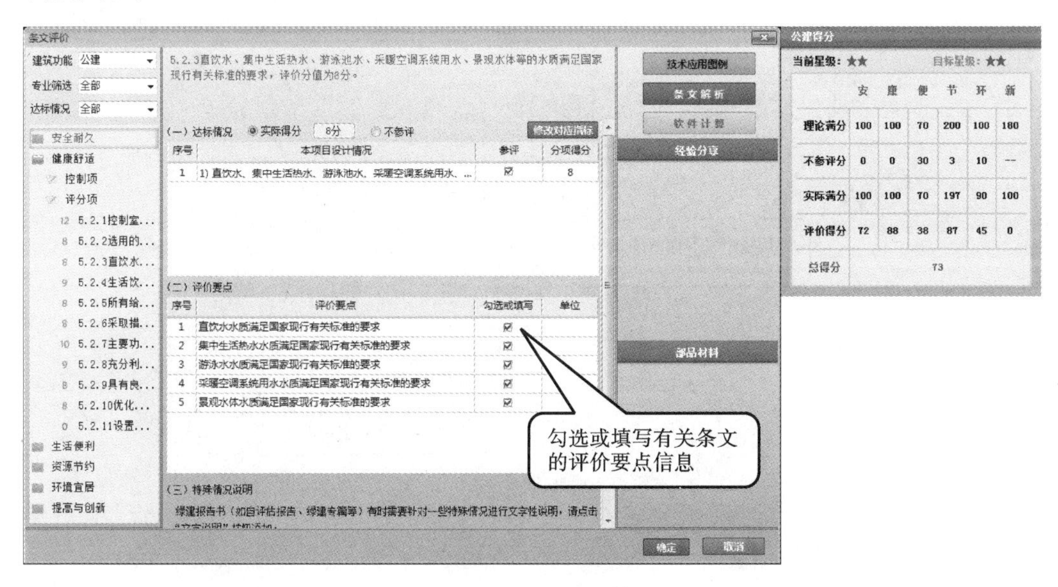

图 8-3-2　评价要点

8.3.3 特殊情况说明

绿建报告书有时需要针对一些特殊情况进行文字性说明，点击“文字说明”按钮添加，如图 8-3-3 所示，在“文字说明”对话框中点击“模板”按钮可选择软件自带模板，应用到项目的文字说明中。

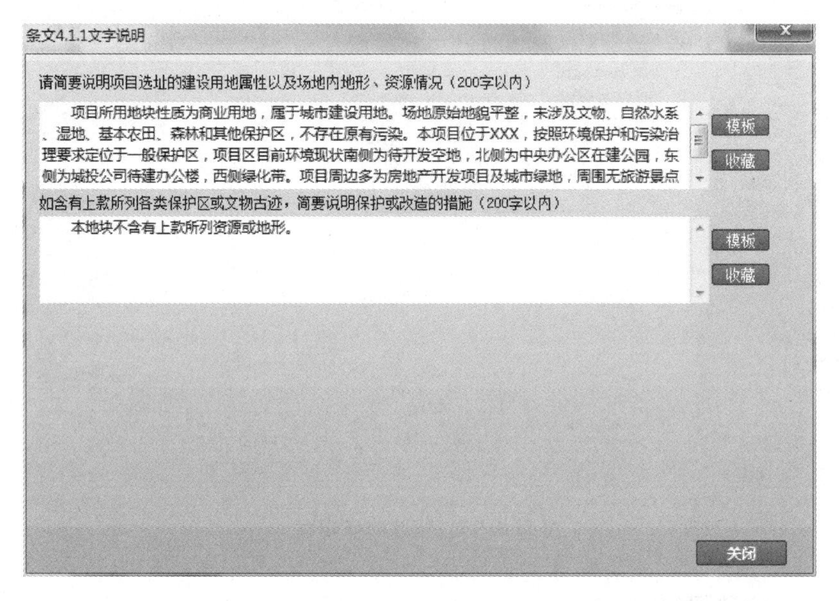

图 8-3-3　文字说明 1

在“文字说明”对话框中，点击“收藏”按钮，可将文字说明添加到“项目情况描述模板”的“本地收藏模板”中，如图 8-3-4 所示，再次点击“模板”按钮时，可应用本地收藏模板或软件自带模板。

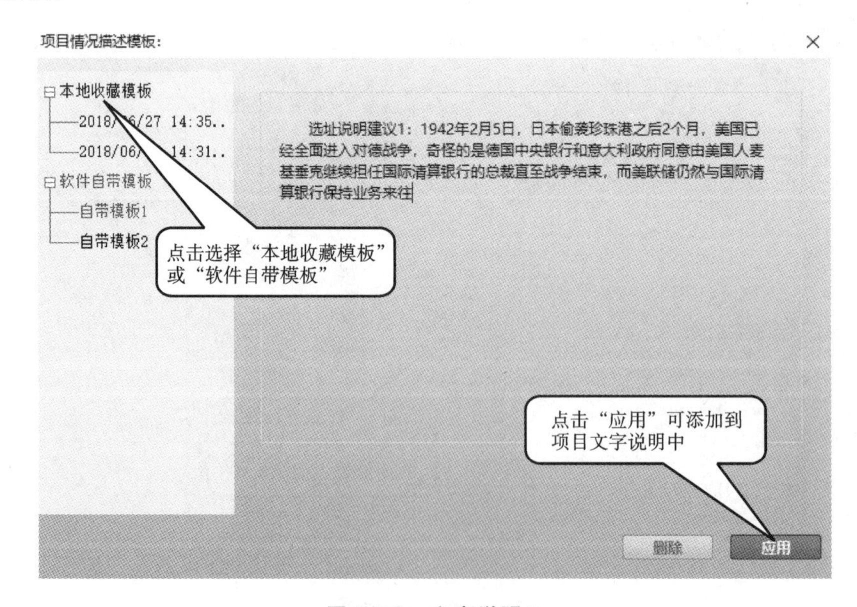

图 8-3-4　文字说明 2

8.3.4　证明材料

绿建报告书有时需要提交一些证明材料，点击“添加证明材料”按钮进行添加。在“添加证明材料”对话框中，选择材料路径，根据需要采用软件推荐目录格式或自定义目录格式之后进行添加，如图 8-3-5 所示。

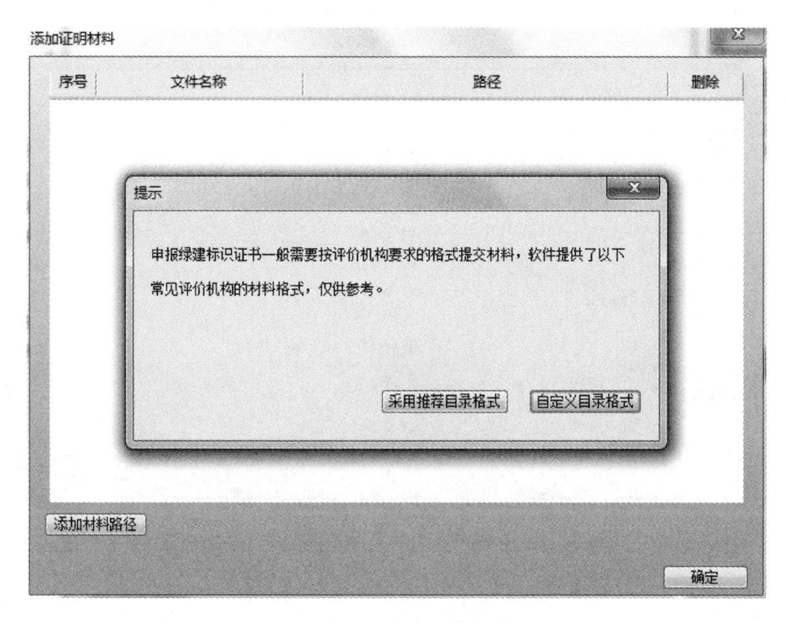

图 8-3-5　文字说明

“条文评价”界面右侧有一系列辅助设计师了解条文的选项，它们分别是：条文说明、评价细则、证明材料说明、经验分享和计算软件等。这些选项可以让初学者快速学习标准中的条文，可以快速打开条文相关的计算软件。

界面右上角有得分表，根据专业分工及条文评价情况，软件自动更新分值，最终核算出该评分条目的评价总得分。

8.4　项 目 提 资

项目提资是方案设计完成后，为设计师提供后续设计所需的资料。“项目提资”与前面的技术路线和条目有所关联，生成的提资清单为施工图阶段所需申报资料，具有一定的专业深度，可给予设计师一定的技术指导。

在“专业提资”界面中，左侧面板包括规划设计、建筑设计、景观设计、给排水设计、电气设计、暖通设计、结构设计、模拟报告、项目审批文件 9 项内容，如图 8-4-1 所示。

点击“生成提资清单”，可以生成和查阅提资清单。

如图 8-4-2 所示，生成的提资清单内容详尽，为不同专业设计人员提供需要提交的审查资料明细，以及各申报资料需要达到的专业深度。

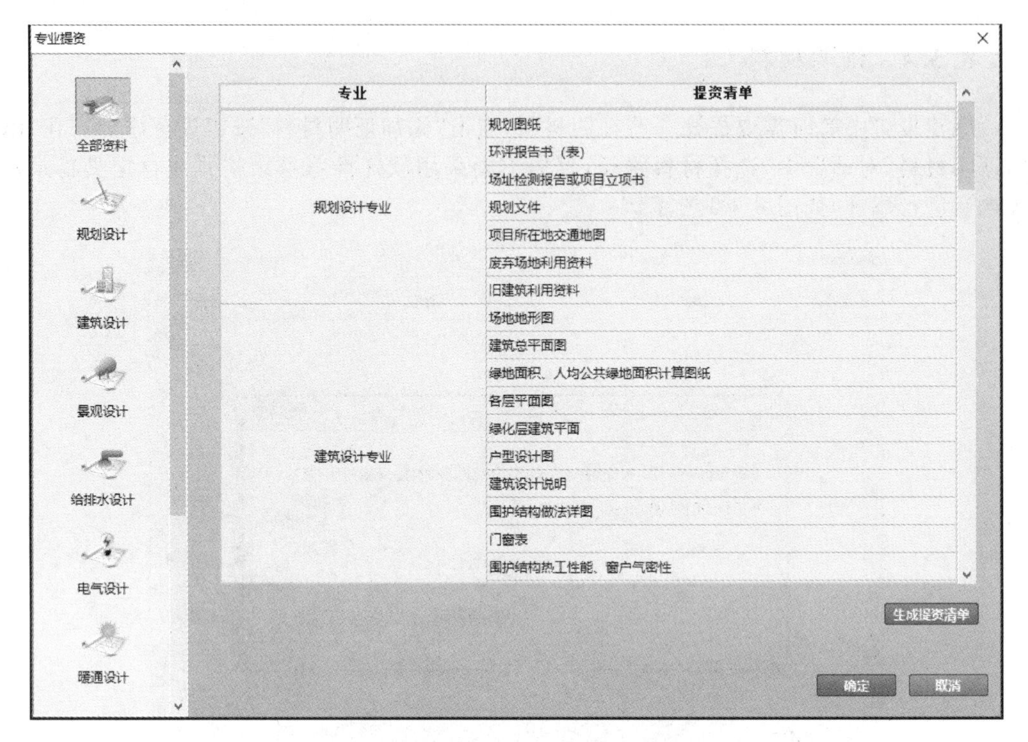

图 8-4-1　专业提资

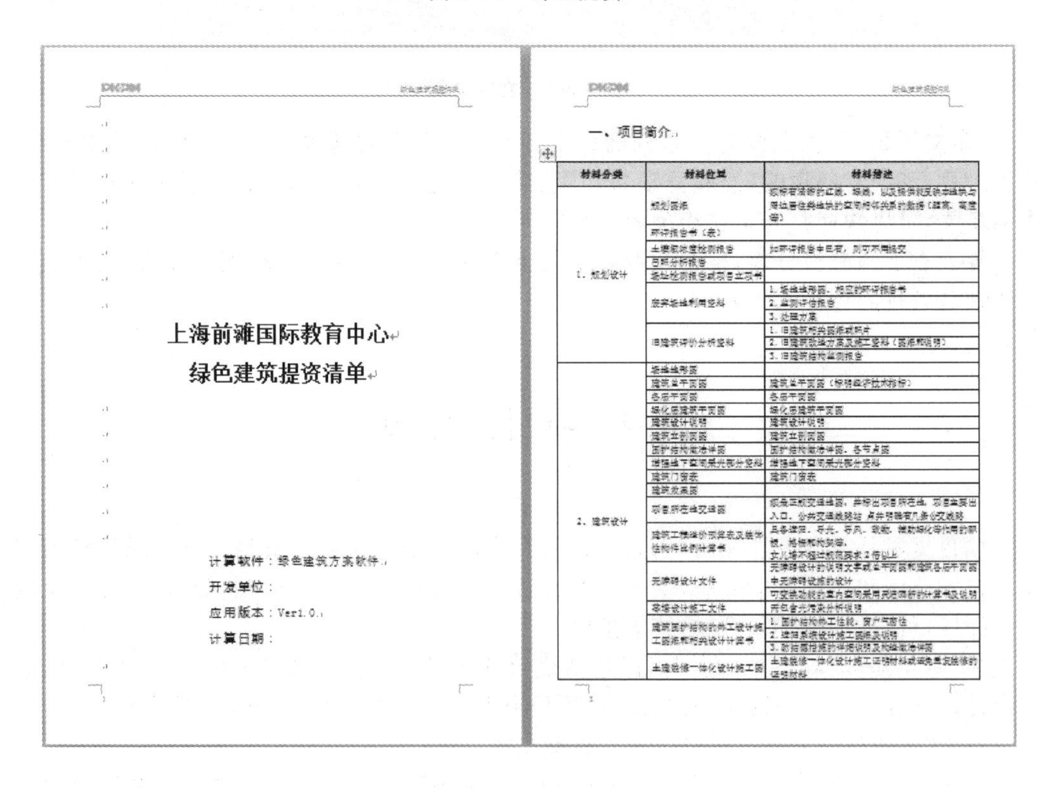

上海前滩国际教育中心
绿色建筑提资清单

计算软件：绿色建筑方案软件
开发单位：
应用版本：Ver1.0
计算日期：

一、项目简介

材料分类	材料位置	材料描述
1. 规划设计	规划图纸	表明有依据的红线、绿线，以及提供能反映本地块与周边居住类地块的空间相邻关系的数据（距离、高度等）
	环评报告书（表）	
	土壤氡浓度检测报告	如环评报告中已有，则可不再提交
	日照分析报告	
	场址检测报告或项目立项书	
	废弃场地利用资料	1. 场地地形图、相应的环评报告书
		2. 监测评估报告
		3. 处理方案
	旧建筑评价分析资料	1. 旧建筑相关图纸或照片
		2. 旧建筑改造方案及施工资料（图纸和说明）
		3. 旧建筑结构监测报告
2. 建筑设计	场地地形图	
	建筑总平面图	建筑总平面图（标明经济技术指标）
	各层平面图	各层平面图
	绿化层建筑平面图	绿化层建筑平面图
	建筑设计说明	建筑设计说明
	建筑立剖面图	建筑立剖面图
	围护结构做法详图	围护结构做法详图、各节点图
	增强地下空间采光部分资料	增强地下空间采光部分资料
	建筑门窗表	建筑门窗表
	建筑效果图	
	项目所在地交通图	须是正规交通地图，并标出项目所在地、项目主要出入口、公共交通换乘站点并明确有几条公交线路
	建筑工程造价预算表及装饰性构件比例计算书	具备遮阳、导光、导风、载物、辅助绿化等作用的飘板、格栅和构架等。女儿墙不超过规范要求2倍以上
	无障碍设计文件	无障碍设计的说明文字或总平面图和建筑各层平面图中无障碍设施的设计
		可变换功能的室内空间采用灵活隔断的计算书及说明
	幕墙设计施工文件	需包含光污染分析说明
	建筑围护结构的热工设计施工图纸和相关设计计算书	1. 围护结构热工性能、窗户气密性
		2. 遮阳系统设计施工图纸及说明
		3. 防结露措施的详细说明及构造做法详图
	土建装修一体化设计施工图	土建装修一体化设计施工证明材料或提供业主装修的证明材料

图 8-4-2　提资清单明细

3、暖通设计	暖通设计说明	暖通设计说明（室内外设计参数、系统形式）
	设备列表及性能参数计算说明书	设备列表及性能参数计算说明书（机组额定工况能效比、机组部分负荷工况能效比）
	机房图纸	机房图纸
	暖通平面图纸	暖通平面图纸
	特殊空间气流组织设计说明	特殊空间气流组织设计说明
	户式新风系统的新风量说明	户式新风系统的新风量说明
	蓄冷蓄热技术设计说明及计算报告	蓄冷蓄热技术设计说明及计算报告
	排风热回收系统设计文件	排风热回收系统设计说明、效益分析、系统施工图
	余热利用证明文件	余热利用证明文件
	风机单位风量耗功率计算书、冷热源系统的输送能效比计算书	风机单位风量耗功率计算书、冷热源系统的输送能效比计算书
	分布式热电冷联供系统设计说明	分布式热电冷联供系统设计说明
	末端系统的调控说明	末端系统的调控说明
	可再生能源设计文件	可再生能源利用系统设计说明、图纸、能够提供的电量或者提供的热水量、可再生能源利用率
4、给排水设计	水系统规划方案及说明	
	给排水施工图、设计说明	包含室内外给排水系统，所用的管材、管件、接口、阀门、水表、节水器具等的选用，管道敷设、试压等工程措施
	景观用水设计说明	如无景观水体，可免
	给排水管网防漏损相关产品、节水器具产品说明	
	绿化灌溉设计说明	绿化灌溉方式及设施等说明
	再生水利用方案	再生水利用方案，包含水源选择的技术经济分析
	雨水系统方案及技术经济分析	技术经济分析中应包括系统设计容量的分析计算
	非传统水源利用率计算书	
5、电气设计	分项计量图纸	冷热源、输配系统和照明等各部分分项计量配电系统图。
	照明施工图纸及设计说明	需详细说明各功能房间的照度设计值、照明功率密度设计值
	景观照明设计施工文件	
	电气施工图纸说明	包含弱电及建筑智能化设计
	室内空气质量监控系统设计文件	包括 CO2 参数的监控和通风系统的联动
	智能化系统方案	
6、结构设计	结构施工图	结构设计总说明、各层结构平面图
	材料用量比例计算书	可再循环材料使用比例计算书
	高性能混凝土使用说明文件	

	及比例计算书	
	高强度钢使用说明文件及比例计算书	
	整体化定型设计厨卫说明文件	
	材料用量清单	
	预拌混凝土证明文件	
	预拌砂浆证明文件	
	建筑结构体系优化论证资料	建筑结构体系优化论证资料（如木结构、钢结构等）
7、景观设计	种植施工图	应标明具体的植物名称及数量
	苗木表	应与种植图对应，并统计各种植物的数量
	景观设计施工图纸和说明	
	场地铺装图	透水地面位置、面积、铺装材料
	屋顶绿化设计施工图	屋顶绿化方式、绿化面积、可绿化面积、种植苗木表
	垂直绿化设计施工图	垂直绿化的方案、位置、苗木表
8、模拟报告	场地环境噪声分析计算报告	如环评报告中有，可免
	建筑节能计算报告	含规定性指标计算，权衡计算或耗热量计算书
	建筑能耗模拟分析报告	含明确的参数说明、采用国家认可的软件进行计算
	室外风环境模拟分析报告	对不同季节、不同布局建筑的室外风环境进行模拟计算，并提出最优设计方案
	自然通风模拟分析报告	对于利用风压、热压进行自然通风的建筑，需要对其自然通风效果进行模拟计算，提供自然通风换气次数计算说明文档
	建筑构件隔声性能分析计算报告	
	自然采光分析计算报告	对室内自然采光效果进行模拟计算，提供照度、采光系数的计算说明文档，对地下室或室内空间等有增强自然采光的措施进行说明
	室内背景噪声计算报告	
9、项目审批文件	土地使用证	
	立项批复文件	
	规划许可证	
	施工许可证	
	施工图、节能审查合格证	
	建设单位简介	
	建设单位法人证书	
	开发资质证明或自建批复文件	
	设计单位简介	
	设计单位资质证书	
	设计案例介绍	

续图 8-4-2

8.5　报告输出

在专业设计、条文评价得分判定之后，可以选择“报告输出”（见图 8-5-1）自动生成本项目符合施工图审查和绿建标识申报要求的绿色建筑设计说明专篇、审查备案表、自评估报告书等材料。

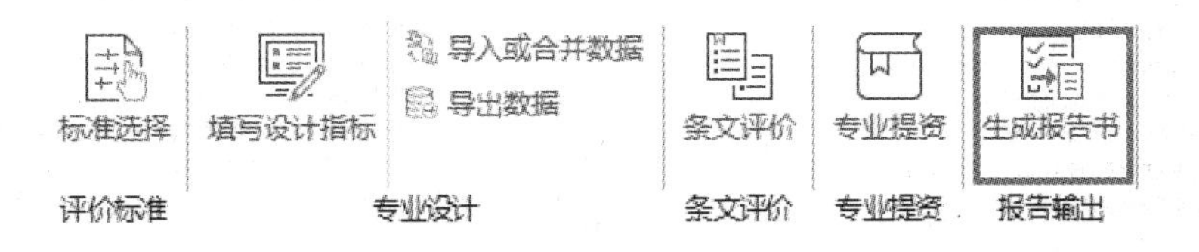

图 8-5-1　报告输出

在“报告输出”界面选择“施工图审查材料”或“绿建标识申报材料”，弹出“选择需要生成的报告书”对话框中勾选一个或多个报告书（见图 8-5-2），点击生成报告书，即可自动生成报告书（见图 8-5-3）。

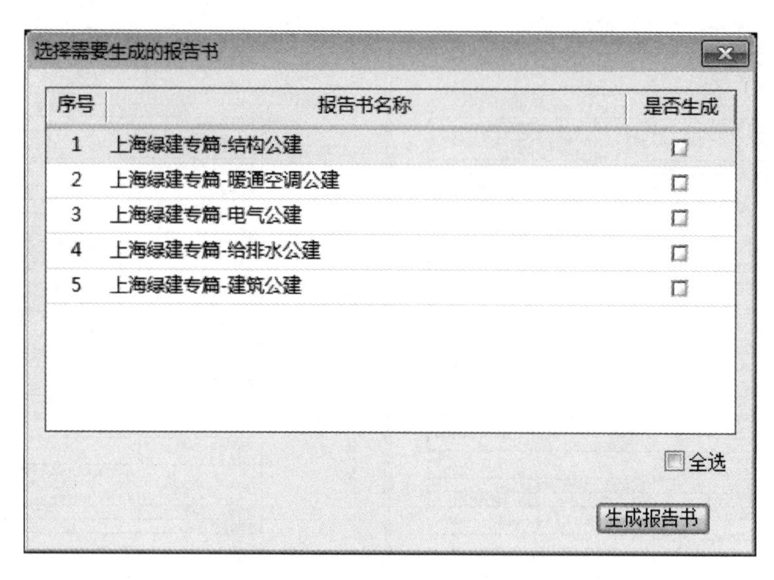

图 8-5-2　选择需要生成的报告书

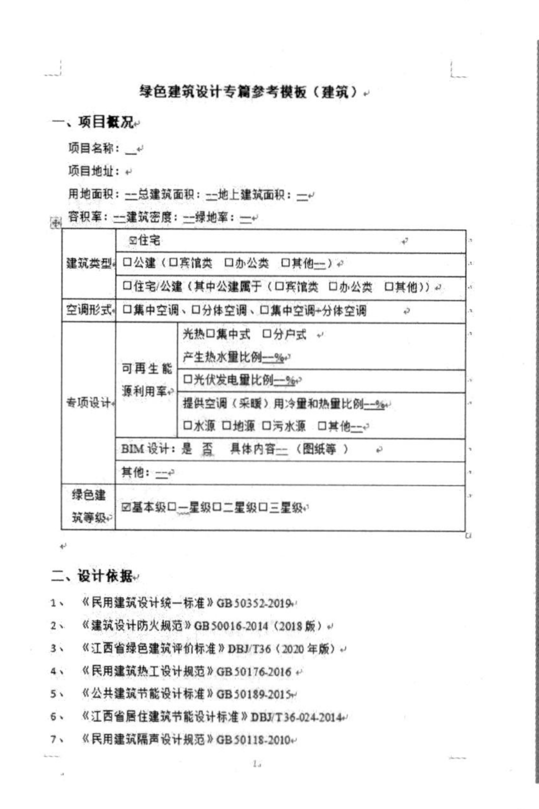

绿色建筑设计专篇参考模板（建筑）

一、项目概况

项目名称：__

项目地址：

用地面积：--总建筑面积：--地上建筑面积：--

容积率：--建筑密度：--绿地率：--

建筑类型	☑住宅	
	□公建（□宾馆类　□办公类　□其他--）	
	□住宅/公建（其中公建属于（□宾馆类　□办公类　□其他））	
空调形式	□集中空调、□分体空调、□集中空调+分体空调	
专项设计	可再生能源利用率	光热□集中式　□分户式 产生热水量比例--%
		□光伏发电量比例--%
		提供空调（采暖）用冷量和热量比例--% □水源 □地源 □污水源　□其他--
	BIM 设计：是　否　具体内容--（图纸等）	
	其他：--	
绿色建筑等级	☑基本级□一星级□二星级□三星级	

二、设计依据

1、《民用建筑设计统一标准》GB 50352-2019

2、《建筑设计防火规范》GB 50016-2014（2018 版）

3、《江西省绿色建筑评价标准》DBJ/T36（2020 年版）

4、《民用建筑热工设计规范》GB 50176-2016

5、《公共建筑节能设计标准》GB 50189-2015

6、《江西省居住建筑节能设计标准》DBJ/T 36-024-2014

7、《民用建筑隔声设计规范》GB 50118-2010

1

8、《建筑采光设计标准》GB 50033-2013

9、国家、省、市现行的法律、规范及其他相关规定

三、基本级设计内容

1、场地应避开滑坡、泥石流等地质危险地段，易发生洪涝地区应有可靠的防洪涝基础设施；场地无危险化学品、易燃易爆危险源的威胁，无电磁辐射、含氡土壤的危害。

（1）场地选址附近是否有以下威胁或者危险源：

□洪灾、□泥石流、□风切变、□抗震不利地段（如地震断裂带、易液化土、人工填土等）、□火、爆、有毒物质等（如油库、煤气站、有毒物质车间等）、☑以上皆无。

（2）土壤中的氡浓度符合现行国家标准《民用建筑工程室内环境污染控制规范》GB 50325 的规定，详见《土壤氡浓度检测报告》；如含氡，防氡措施为：___；

（3）电磁辐射符合现行国家标准《电磁辐射防护规定》GB 8702 的规定。电磁辐射源：□电视广播发射塔、□雷达站、□通信发射台、□变电站、□高压电线，□其他：___，详见《电磁辐射监测报告》；如有，简要说明避免以上威胁或危险源的措施：；

2、建筑外墙、屋面、门窗、幕墙及外保温等围护结构满足安全、耐久和防护的要求。详见。（如建筑设计总说明、工程做法和构造一览表等）

3、外部设施与建筑主体结构统一设计、施工，并具备安装、检修与维护条件。

建筑外部有以下设施：

□外遮阳、□太阳能设施、□空调室外机位、□外墙花池、□广告、□店招、□检修通道、□马道、□吊篮固定端、□预埋件、□其他：__。

外部设施的位置、尺寸、构造详见图纸：。

4、建筑外门窗必须安装牢固，建筑外门窗的气密性分级符合国家标准《建筑外门窗气密、水密、抗风压性能分级及检测方法》GB/T 7106、《公共建筑节能设计标准》GB 50189 和《江西省居住建筑节能设计标准》DBJ/T 36-024 中的相关规定。详见（如建筑设计总说明、节能设计专篇、门窗表等）。

5、□卫生间、□浴室、□其他:___的地面设置防水层，墙面、顶棚设置防潮层。

2

图 8-5-3　自动生成报告书

9 绿建设计评价案例分享

9.1 居住建筑工程实例

9.1.1 工程概况及绿色建筑设计定位

某居住建筑工程项目位于广东省，规划净用地面积为 97 807.13 m^2，总建筑面积约 333 779.44 m^2，计算容积率建筑面积为 244 517.43 m^2，项目容积率为 2.50，建筑密度为 19.78%，绿地率为 36.89%。项目规划机动车停车位 2364 个，非机动车停车位 4912 个。主要包括 17 栋居住建筑，总户数 2107 户，最大层数 27 层，建筑高度为 80.00 m。本次报建为三期(二标)工程 3-4 座及地下室，报建建筑面积 41 551.09 m^2。本工程的建设目标为《绿色建筑评价标准》(GB/T 50378—2019)一星级标准。项目鸟瞰效果图见图 9-1-1。

图 9-1-1 项目鸟瞰效果图

9.1.2 场地环境分析

1. 场地日照环境分析

以项目建筑设计总平面图为参考并进行适当简化，在分析软件中建立项目的主要建筑模型（见图 9-1-2）。

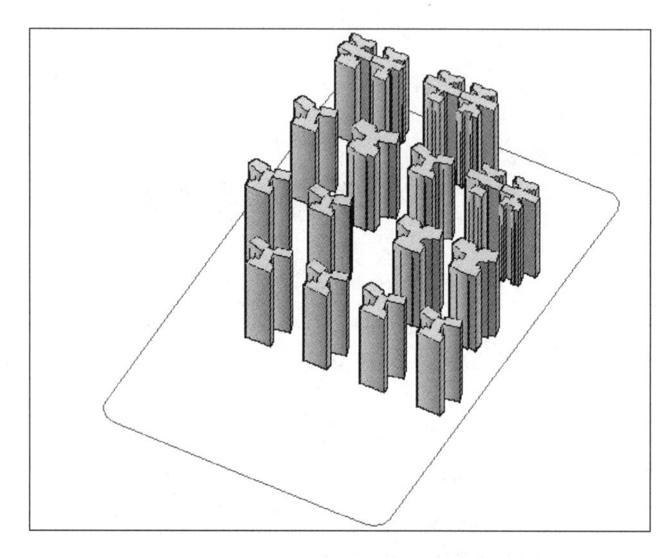

图 9-1-2 建立项目的主要建筑模型

选取大寒日 8:00—16:00 时作为分析时间段，本项目拟建建筑建成后的阴影轮廓分析结果如图 9-1-3 所示。

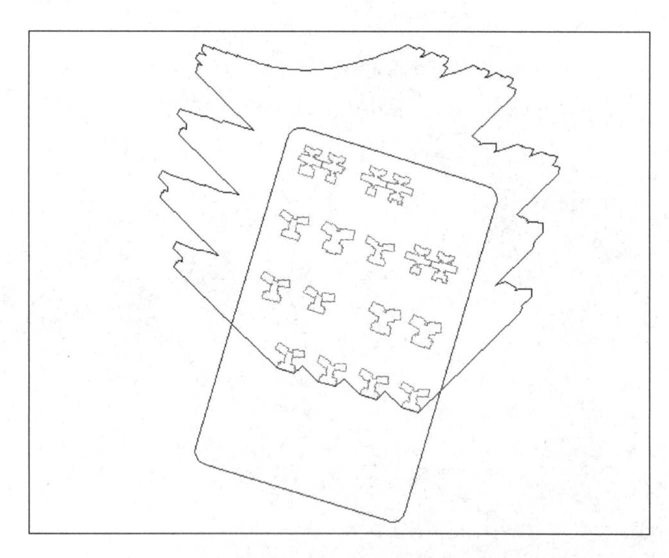

图 9-1-3 项目拟建建筑建成后的阴影轮廓分析结果

本项目在大寒日 8:00—16:00 时期间，拟建建筑建成后建筑日照多点区域分析结果分别如图 9-1-4、图 9-1-5 所示。

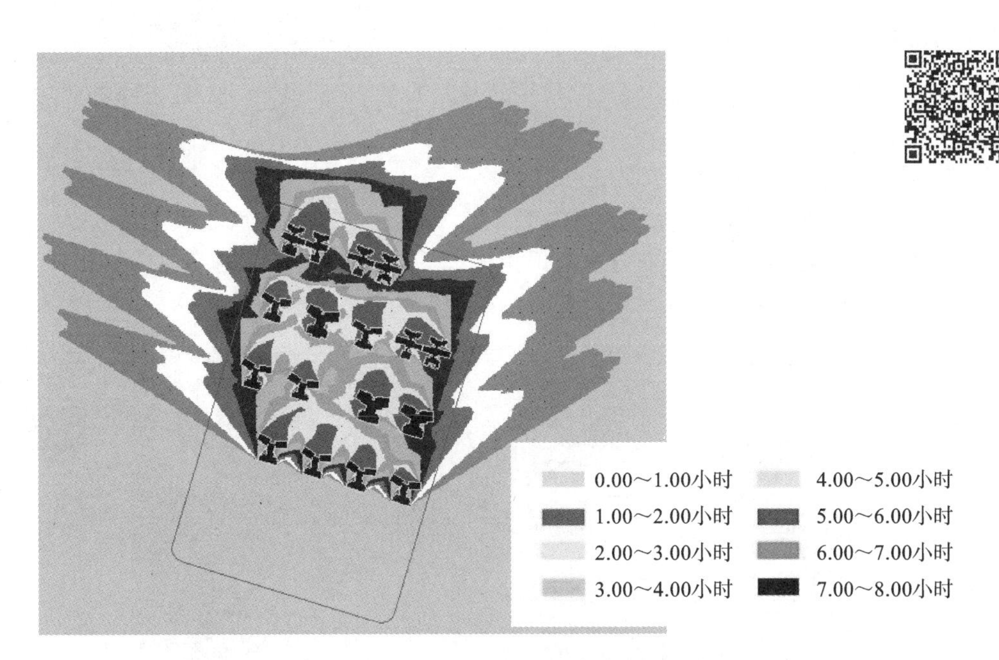

图 9-1-4　项目拟建建筑建成后的一层日照多点区域分析结果
(彩图见二维码)

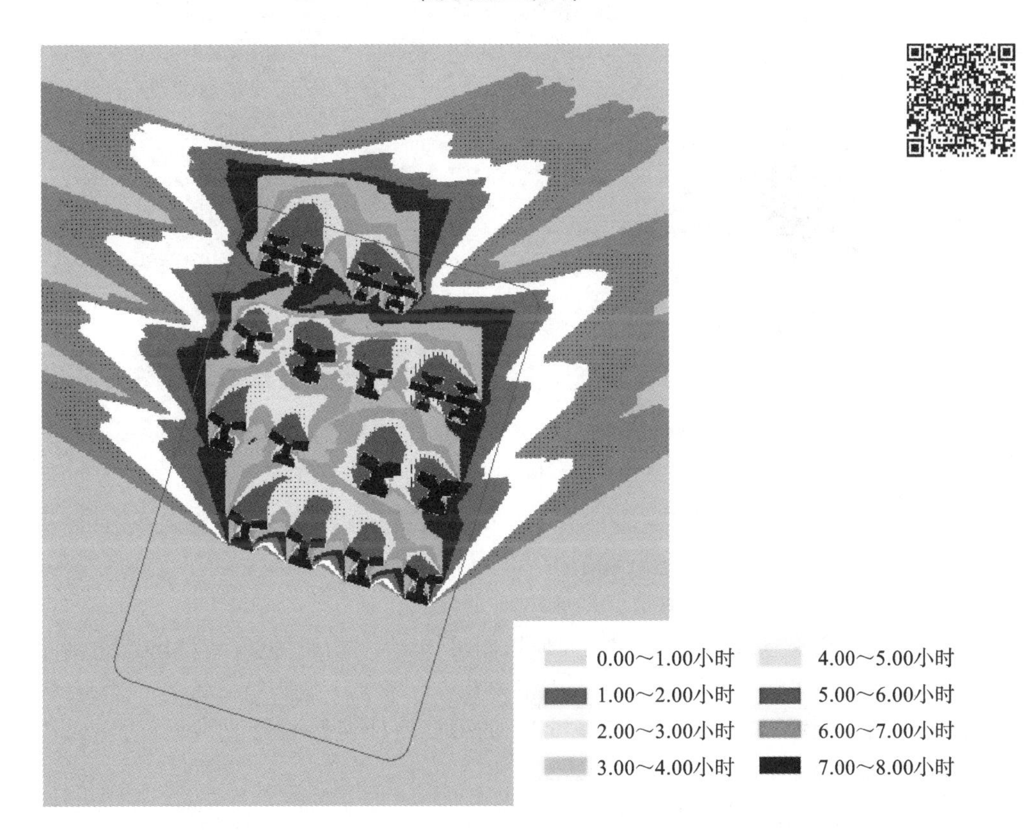

图 9-1-5　项目拟建建筑建成后的二层日照多点区域分析结果
(彩图见二维码)

对比分析图 9-1-4 和图 9-1-5 后可知：在大寒日 8:00—16:00 时间段，本项目满足住宅标准大寒日最低 3 小时日照时数，拟建建筑规划布局满足日照标准，且未降低周边建筑的日照标准。

2. 场地风环境分析

(1) 夏季、过渡季工况室外风环境模拟分析

本项目所在地夏季主导风向为东南偏南 292.5°(SSE)，平均风速为 2.3 m/s，项目建筑室外风环境模拟图和建筑表面风压分布情况如图 9-1-6～图 9-1-9 所示。

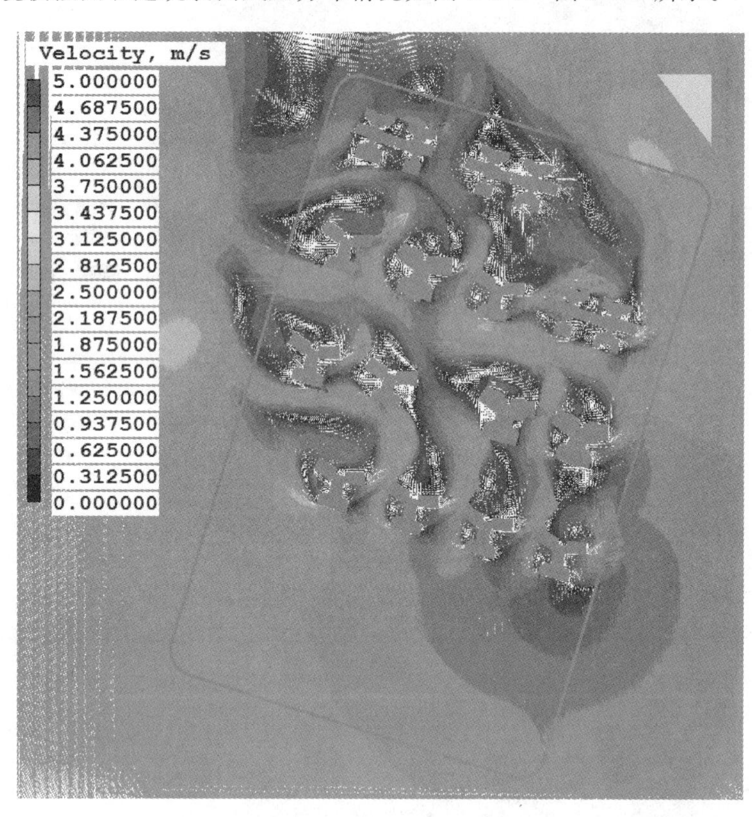

图 9-1-6　夏季、过渡季 1.5 m 高度处风速矢量图

(彩图见二维码)

由夏季 1.5 m 高度处风速矢量图和 1.5 m 高度处风速云图可知，在夏季、过渡季典型风速和风向条件下：本项目用地红线范围内最大风速约为 3.0 m/s，小于 5 m/s；部分区域风速小于 0.3 m/s，即场地内人员活动区出现无风区。

由夏季、过渡季建筑迎风面、背风面风压图可知，在夏季、过渡季典型风速和风向条件下：本项目建筑迎风面与背风面表面风压差为 0～80.5 Pa；在夏季工况下，住区内建筑两侧大部分都有明显的风压差，且大于 0.5 Pa 的可开启外窗比例大于 50%，为室内自然通风创造有利条件。

(2) 冬季工况室外风环境模拟分析

本项目所在地冬季主导风向为东北偏北 67.5°(NNE)，平均风速为 2.7 m/s，项目建筑室外风环境模拟图和建筑表面风压分布情况如图 9-1-10～图 9-1-14 所示。

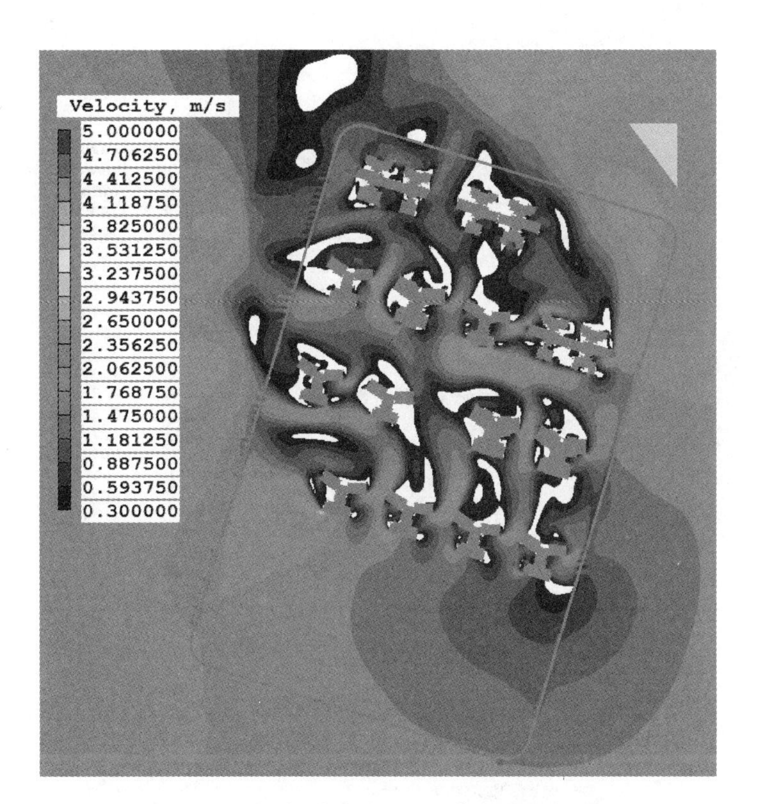

图 9-1-7　夏季、过渡季 1.5 m 高度处风速云图
(彩图见二维码)

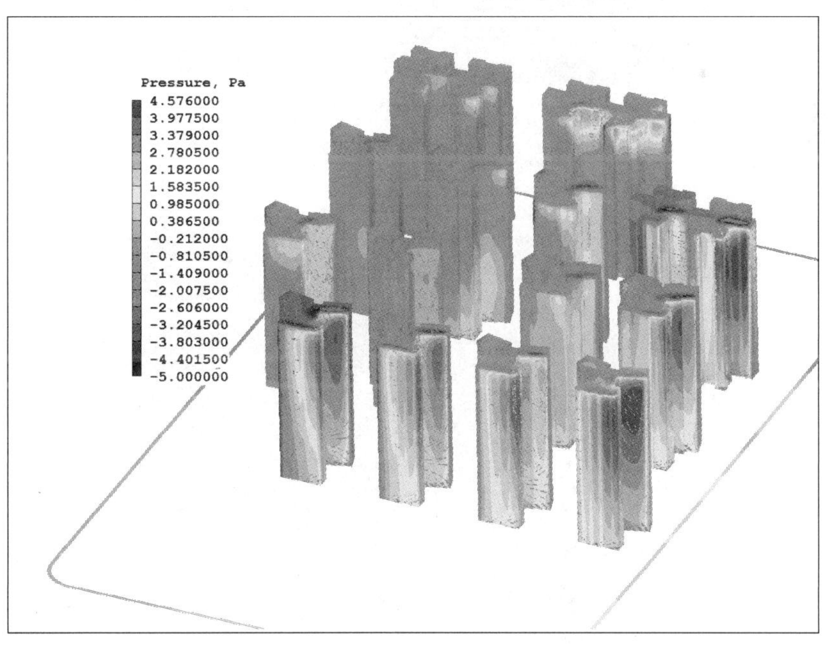

图 9-1-8　夏季、过渡季建筑迎风面风压图
(彩图见二维码)

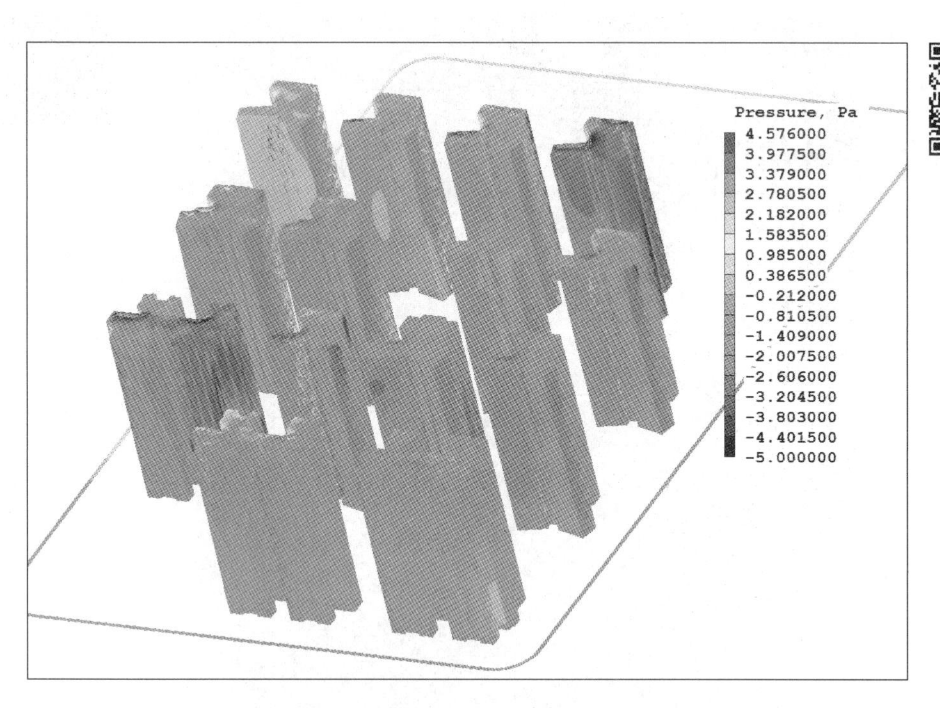

图 9-1-9　夏季、过渡季建筑背风面风压图
（彩图见二维码）

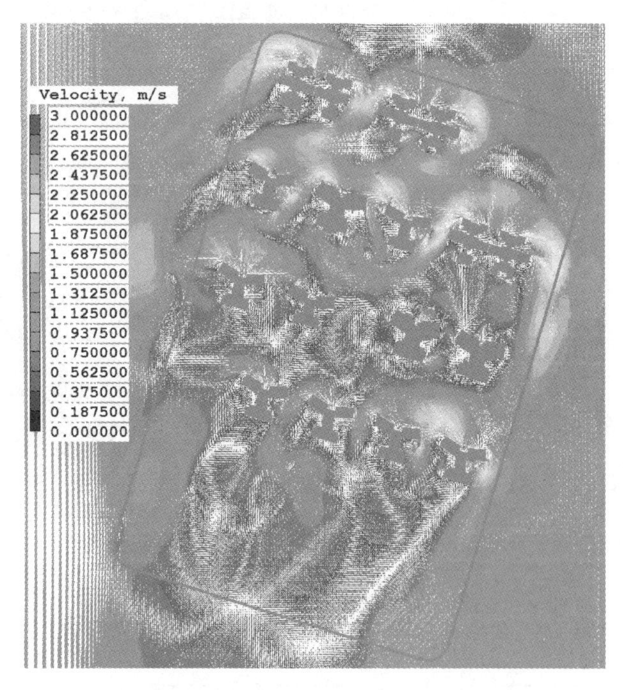

图 9-1-10　冬季 1.5 m 高度处风速矢量图
（彩图见二维码）

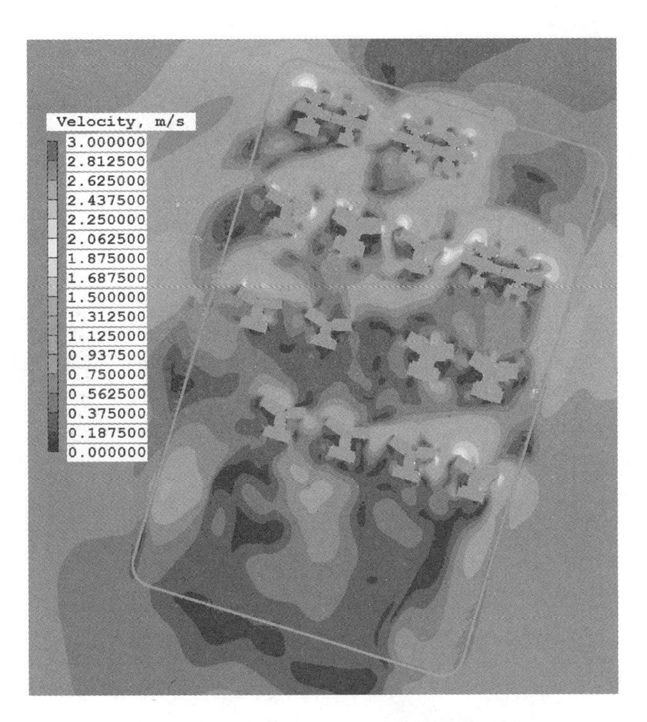

图 9-1-11 冬季 1.5 m 高度处风速云图
(彩图见二维码)

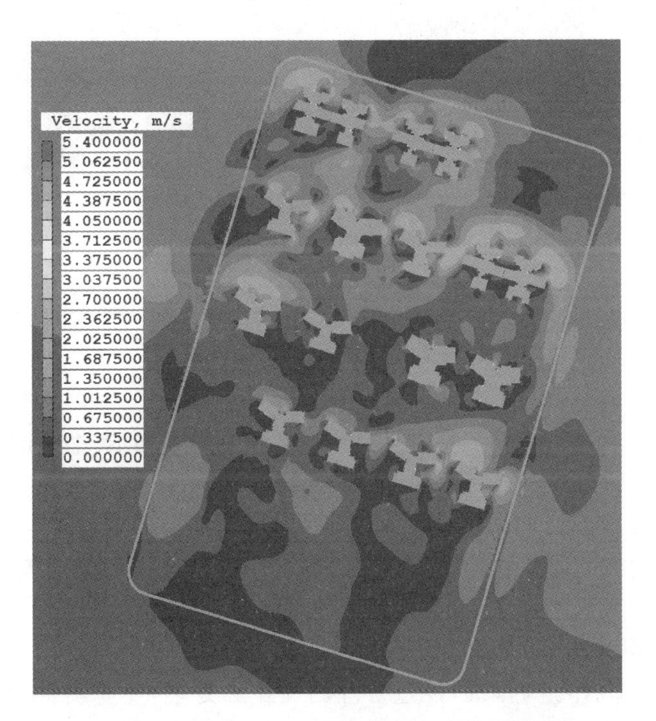

图 9-1-12 冬季 1.5 m 高度处风速放大系数云图
(彩图见二维码)

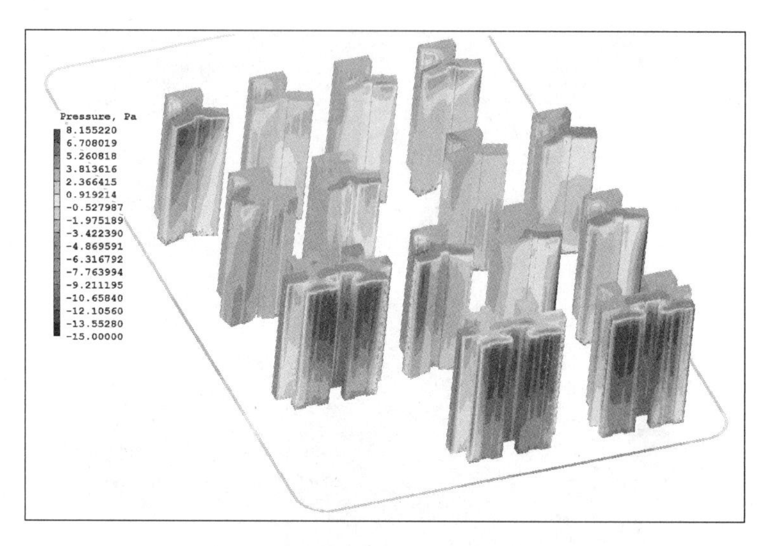

图 9-1-13　冬季建筑迎风面风压图

(彩图见二维码)

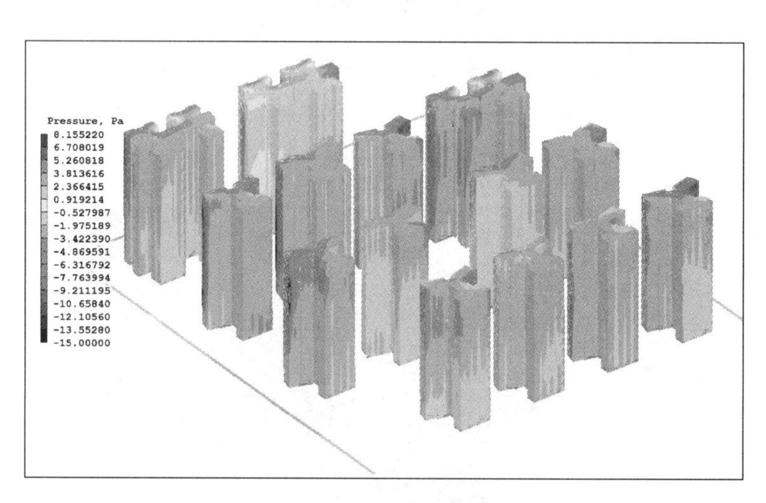

图 9-1-14　冬季建筑背风面风压图

(彩图见二维码)

由冬季 1.5 m 高度处风速矢量图、风速云图、风速放大系数云图可知，冬季典型风速和风向条件下：本项目用地红线范围内最大风速约为 2 m/s，小于 5 m/s；用地红线范围内最大风速放大系数约为 1.8，不超过 2.0。

由冬季建筑迎风面、背风面风压图可知，在冬季典型风速和风向条件下：本项目建筑迎风面与风面表面风压差为 0～65 Pa；建筑迎风面和背风面风压差小于 5 Pa。

3. 场地声环境分析

以本项目的设计图纸为基准，经过合理的简化和处理，建立项目的交通噪声分析模型，如图 9-1-15 所示。

项目建成后，场地 1.5 m 高度处建筑立面昼间及夜间噪声情况模拟结果如图 9-1-16、图 9-1-17 所示。

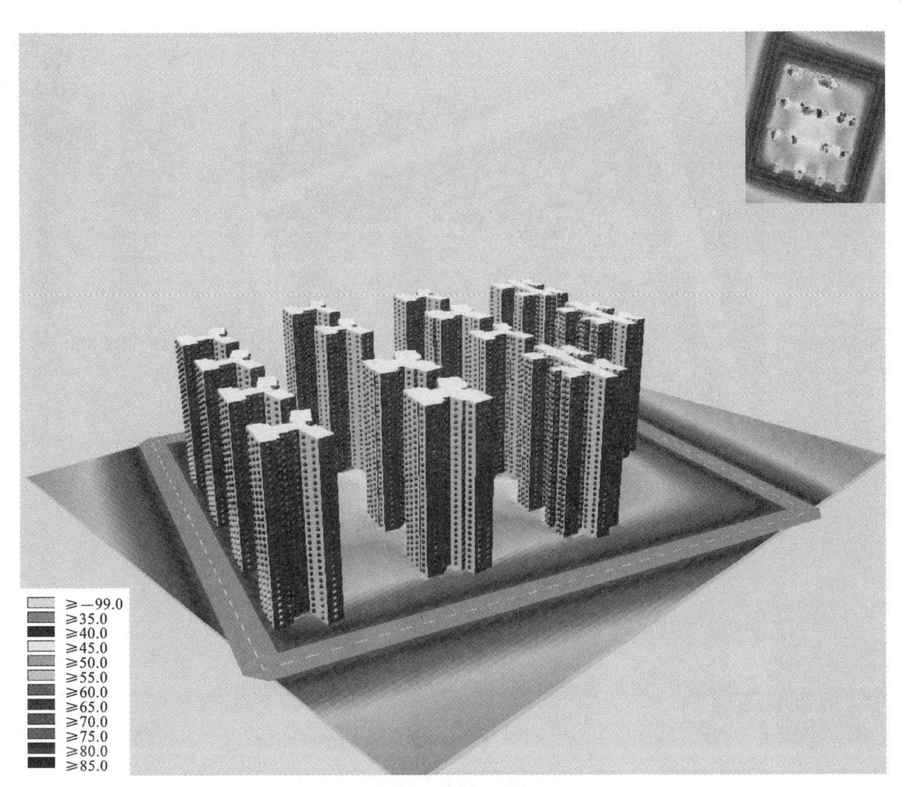

图 9-1-15　交通噪声分析模型
（彩图见二维码）

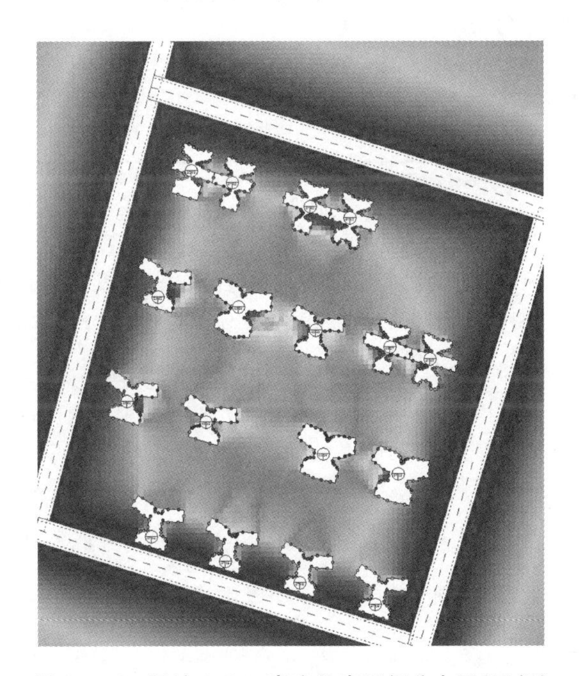

图 9-1-16　场地 1.5 m 高度处声压级分布图（昼间）
（彩图见二维码）

图 9-1-17　场地 1.5 m 高度处声压级分布图(夜间)
(彩图见二维码)

由场地 1.5 m 高度处噪声预测结果分布图(图 9-1-16、图 9-1-17)可知:本项目建筑噪声预测值满足《声环境质量标准》(GB 3096—2008)2 类标准限值。

9.1.3　达标条文分析

自评得分表见表 9-1-1。

表 9-1-1　自评得分表

指标名称	类别	标准条文	总分值	得分
安全耐久	控制项	4.1.1　场地应避开滑坡、泥石流等地质危险地段,易发生洪涝地区应有可靠的防洪涝基础设施;场地应无危险化学品、易燃易爆危险源的威胁,应无电磁辐射、含氡土壤的危害	√	√
		4.1.2　建筑结构应满足承载力和建筑使用功能要求。建筑外墙、屋面、门窗、幕墙及外保温等围护结构应满足安全、耐久和防护的要求	√	√
		4.1.3　外遮阳、太阳能设施、空调室外机位、外墙花池等外部设施应与建筑主体结构统一设计、施工,并应具备安装、检修与维护条件	√	√
		4.1.4　建筑内部的非结构构件、设备及附属设施等应连接牢固并能适应主体结构变形	√	√
		4.1.5　建筑外门窗必须安装牢固,其抗风压性能和水密性能应符合国家现行有关标准的规定	√	√

续表

指标名称	类别	标准条文	总分值	得分
安全耐久	控制项	4.1.6　卫生间、浴室的地面应设置防水层，墙面、顶棚应设置防潮层	√	√
		4.1.7　走廊、疏散通道等通行空间应满足紧急疏散、应急救护等要求，且应保持畅通	√	√
		4.1.8　应具有安全防护的警示和引导标识系统	√	√
	评分项	4.2.1　采用基于性能的抗震设计并合理提高建筑的抗震性能	10	0
		4.2.2　采取保障人员安全的防护措施	15	10
		4.2.3　采用具有安全防护功能的产品或配件	10	5
		4.2.4　室内外地面或路面设置防滑措施	10	3
		4.2.5　采取人车分流措施，且步行和自行车交通系统有充足照明	8	8
		4.2.6　采取提升建筑适变性的措施	18	0
		4.2.7　采取提升建筑部品部件耐久性的措施	10	5
		4.2.8　提高建筑结构材料的耐久性	10	0
		4.2.9　合理采用耐久性好、易维护的装饰装修建筑材料	9	0
得分合计			100	31
健康舒适	控制项	5.1.1　室内空气中的氨、甲醛、苯、总挥发性有机物、氡等污染物浓度应符合现行国家标准《室内空气质量标准》(GB/T 18883—2022)的有关规定。建筑室内和建筑主出入口处应禁止吸烟，并应在醒目位置设置禁烟标志	√	√
		5.1.2　应采取措施避免厨房、餐厅、打印复印室、卫生间、地下车库等区域的空气和污染物串通到其他空间；应防止厨房、卫生间的排气倒灌	√	√
		5.1.3　生活饮用水水质应满足现行国家标准《生活饮用水卫生标准》(GB 5749—2022)的要求；应制定水池、水箱等储水设施定期清洗消毒计划并实施，且生活饮用水储水设施每半年清洗消毒不应少于1次；应使用构造内自带水封的便器，且其水封深度不应小于50 mm；非传统水源管道和设备应设置明确、清晰的永久性标识	√	√
		5.1.4　室内噪声级应满足现行国家标准《民用建筑隔声设计规范》(GB 50118—2010)中的低限要求；外墙、隔墙、楼板和门窗的隔声性能应满足现行国家标准《民用建筑隔声设计规范》(GB 50118—2010)中的低限要求	√	√

续表

指标名称	类别	标准条文	总分值	得分
健康舒适	控制项	5.1.5 照明数量和质量应符合现行国家标准《建筑照明设计标准》(GB 50034—2004)的规定;人员长期停留的场所应采用符合现行国家标准《灯和灯系统的光生物安全性》(GB/T 20145—2006)规定的无危险类照明产品;选用LED照明产品的光输出波形的波动深度应满足现行国家标准《LED室内照明应用技术要求》(GB/T 31831—2015)的规定	√	√
		5.1.6 应采取措施保障室内热环境。采用集中供暖空调系统的建筑,房间内的温度、湿度、新风量等设计参数应符合现行国家标准《民用建筑供暖通风与空气调节设计规范》(GB 50736—2012)的有关规定;采用非集中供暖空调系统的建筑,应具有保障室内热环境的措施或预留条件	√	√
		5.1.7 在室内设计温度、湿度条件下,建筑非透光围护结构内表面不得结露;供暖建筑的屋面、外墙内部不应产生冷凝;屋顶和外墙隔热性能应满足现行国家标准《民用建筑热工设计规范》(GB 50176—2016)的要求	√	√
		5.1.8 主要功能房间应具有现场独立控制的热环境调节装置	√	√
		5.1.9 地下车库应设置与排风设备联动的一氧化碳浓度监测装置	√	√
	评分项	5.2.1 控制室内主要空气污染物的浓度	12	3
		5.2.2 选用的装饰装修材料满足国家现行绿色产品评价标准中对有害物质限量的要求	8	0
		5.2.3 直饮水、集中生活热水、游泳池水、采暖空调系统用水、景观水体等的水质满足国家现行有关标准的要求	8	8
		5.2.4 生活饮用水水池、水箱等储水设施采取措施满足卫生要求	9	9
		5.2.5 所有给水排水管道、设备、设施设置明确、清晰的永久性标识	8	8
		5.2.6 采取措施优化主要功能房间的室内声环境	8	4
		5.2.7 主要功能房间的隔声性能良好	10	5
		5.2.8 充分利用天然光	12	0
		5.2.9 具有良好的室内热湿环境	8	8
		5.2.10 优化建筑空间和平面布局,改善自然通风效果	8	0
		5.2.11 设置可调节遮阳设施,改善室内热舒适	9	0
得分合计			100	45
生活便利	控制项	6.1.1 建筑、室外场地、公共绿地、城市道路相互之间应设置连贯的无障碍步行系统	√	√
		6.1.2 场地人行出入口500 m内应设有公共交通站点或配备联系公共交通站点的专用接驳车	√	√

续表

指标名称	类别	标准条文	总分值	得分
生活便利	控制项	6.1.3 停车场应具有电动汽车充电设施或具备充电设施的安装条件，并应合理设置电动汽车和无障碍汽车停车位	√	√
		6.1.4 自行车停车场所应位置合理、方便出入	√	√
		6.1.5 建筑设备管理系统应具有自动监控管理功能	√	√
		6.1.6 建筑应设置信息网络系统	√	√
	评分项	6.2.1 场地与公共交通站点联系便捷	8	6
		6.2.2 建筑室内外公共区域满足全龄化设计要求	8	5
		6.2.3 提供便利的公共服务	10	5
		6.2.4 城市绿地、广场及公共运动场地等开敞空间，步行可达	5	0
		6.2.5 合理设置健身场地和空间	10	3
		6.2.6 设置分类、分级用能自动远传计量系统，且设置能源管理系统实现对建筑能耗的监测、数据分析和管理	8	0
		6.2.7 设置 PM_{10}、$PM_{2.5}$、CO_2浓度的空气质量监测系统，且具有存储至少一年的监测数据和实时显示等功能	5	0
		6.2.8 设置用水远传计量系统、水质在线监测系统	7	0
		6.2.9 具有智能化服务系统	9	6
		6.2.10 制定完善的节能、节水、节材、绿化的操作规程、应急预案，实施能源资源管理激励机制，且有效实施	5	0
		6.2.11 建筑平均日用水量满足现行国家标准《民用建筑节水设计标准》(GB 50555—2010)中节水用水定额的要求	5	0
		6.2.12 定期对建筑运营效果进行评估，并根据结果进行运行优化	12	0
		6.2.13 建立绿色教育宣传和实践机制，编制绿色设施使用手册，形成良好的绿色氛围，并定期开展使用者满意度调查	8	0
得分合计			100	25
资源节约	控制项	7.1.1 应结合场地自然条件和建筑功能需求，对建筑的体形、平面布局、空间尺度、围护结构等进行节能设计，且应符合国家有关节能设计的要求	√	√
		7.1.2 应采取措施降低部分负荷、部分空间使用下的供暖、空调系统能耗	√	√
		7.1.3 应根据建筑空间功能设置分区温度，合理降低室内过渡区空间的温度设定标准	√	√

续表

指标名称	类别	标准条文	总分值	得分
资源节约	控制项	7.1.4　主要功能房间的照明功率密度值不应高于现行国家标准《建筑照明设计标准》(GB 50034—2013)规定的现行值;公共区域的照明系统应采用分区、定时、感应等节能控制;采光区域的照明控制应独立于其他区域的照明控制	√	√
		7.1.5　冷热源、输配系统和照明等各部分能耗应进行独立分项计量	√	√
		7.1.6　垂直电梯应采取群控、变频调速或能量反馈等节能措施;自动扶梯应采用变频感应启动等节能控制措施	√	√
		7.1.7　应制定水资源利用方案,统筹利用各种水资源	√	√
		7.1.8　不应采用建筑形体和布置严重不规则的建筑结构	√	√
		7.1.9　建筑造型要素应简约,应无大量装饰性构件	√	√
		7.1.10　500 km 以内生产的建筑材料重量占建筑材料总重量的比例应大于60%;现浇混凝土应采用预拌混凝土,建筑砂浆应采用预拌砂浆	√	√
	评分项	7.2.1　节约集约利用土地	20	20
		7.2.2　合理开发利用地下空间	12	7
		7.2.3　采用机械式停车设施、地下停车库或地面停车楼等方式	8	8
		7.2.4　优化建筑围护结构的热工性能	15	10
		7.2.5　供暖空调系统的冷、热源机组能效均优于现行国家标准《公共建筑节能设计标准》(GB 50189—2015)的规定以及现行有关国家标准能效限定值的要求	10	5
		7.2.6　采取有效措施降低供暖空调系统的末端系统及输配系统的能耗	5	5
		7.2.7　采用节能型电气设备及节能控制措施	10	5
		7.2.8　采取措施降低建筑能耗	10	0
		7.2.9　结合当地气候和自然资源条件合理利用可再生能源	10	0
		7.2.10　使用较高用水效率等级的卫生器具	15	8
		7.2.11　绿化灌溉及空调冷却水系统采用节水设备或技术	12	6
		7.2.12　结合雨水综合利用设施营造室外景观水体,室外景观水体利用雨水的补水量大于水体蒸发量的60%,且采用保障水体水质的生态水处理技术	8	8
		7.2.13　使用非传统水源	15	5
		7.2.14　建筑所有区域实施土建工程与装修工程一体化设计及施工	8	8
		7.2.15　合理选用建筑结构材料与构件	10	5

续表

指标名称	类别	标准条文	总分值	得分
资源节约	评分项	7.2.16 建筑装修选用工业化内装部品	8	0
		7.2.17 选用可再循环材料、可再利用材料及利废建材	12	3
		7.2.18 选用绿色建材	12	0
得分合计			200	103
环境宜居	控制项	8.1.1 建筑规划布局应满足日照标准，且不得降低周边建筑的日照标准	√	√
		8.1.2 室外热环境应满足国家现行有关标准的要求	√	√
		8.1.3 配建的绿地应符合所在地城乡规划的要求，应合理选择绿化方式，植物种植应适应当地气候和土壤，且应无毒害、易维护，种植区域覆土深度和排水能力应满足植物生长需求，并应采用复层绿化方式	√	√
		8.1.4 场地的竖向设计应有利于雨水的收集或排放，应有效组织雨水的下渗、滞蓄或再利用；对大于 10 hm^2 的场地应进行雨水控制利用专项设计	√	√
		8.1.5 建筑内外均应设置便于识别和使用的标识系统	√	√
		8.1.6 场地内不应有排放超标的污染源	√	√
		8.1.7 生活垃圾应分类收集，垃圾容器和收集点的设置应合理并应与周围景观协调	√	√
	评分项	8.2.1 充分保护或修复场地生态环境，合理布局建筑及景观	10	0
		8.2.2 规划场地地表和屋面雨水径流，对场地雨水实施外排总量控制	10	10
		8.2.3 充分利用场地空间设置绿化用地	16	0
		8.2.4 室外吸烟区位置布局合理	9	0
		8.2.5 利用场地空间设置绿色雨水基础设施	15	0
		8.2.6 场地内的环境噪声优于现行国家标准《声环境质量标准》(GB 3096—2008)的要求	10	10
		8.2.7 建筑及照明设计避免产生光污染	10	10
		8.2.8 场地内风环境有利于室外行走、活动舒适和建筑的自然通风	10	5
		8.2.9 采取措施降低热岛强度	10	2
得分合计			100	37
提高与创新	加分项	9.2.1 采取措施进一步降低建筑供暖空调系统的能耗	30	0
		9.2.2 采用适宜地区特色的建筑风貌设计，因地制宜传承地域建筑文化	20	0
		9.2.3 合理选用废弃场地进行建设，或充分利用尚可使用的旧建筑	8	0

续表

指标名称	类别	标准条文	总分值	得分
提高与创新	加分项	9.2.4　场地绿容率不低于 3.0	5	0
		9.2.5　采用符合工业化建造要求的结构体系与建筑构件	10	0
		9.2.6　应用建筑信息模型(BIM)技术	15	0
		9.2.7　进行建筑碳排放计算分析,采取措施降低单位建筑面积碳排放强度	12	0
		9.2.8　按照绿色施工的要求进行施工和管理	20	0
		9.2.9　采用建设工程质量潜在缺陷保险产品	20	0
		9.2.10　采取节约资源、保护生态环境、保障安全健康、智慧友好运行、传承历史文化等其他创新,并有明显效益	40	0
得分合计			180	0

9.1.4　自评估得分

自评得分汇总表见表 9-1-2。

表 9-1-2　自评得分汇总表

	控制项基础分值 Q_0	安全耐久 Q_1	健康舒适 Q_2	生活便利 Q_3	资源节约 Q_4	环境宜居 Q_5	加分项 Q_A
预评价分值	400	100	100	70	200	100	100
评价分值	400	100	100	100	200	100	100
自评得分	400	31	45	25	103	37	0
总得分 Q	64.1						
自评星级	一星级						

注:总得分 $Q=(Q_0+Q_1+Q_2+Q_3+Q_4+Q_5+Q_A)/10$。

经过自评估,本项目满足全部控制项的要求,各类评分项得分均超过评分项满分值的30%,总得分为 64.1 分;满足国标一星级(60 分)的要求。

9.1.5　主要绿色建筑技术措施

(1) 人车分流

本项目场地内交通采用人车分流,各自独立,互不干扰。项目内不设地面停车位,机动车辆由北侧及西侧两个车行出入口直接进入地下车库。步行系统照明以路面平均照度、路面最小照度和垂直照度为评价指标,其照明标准值不低于现行行业标准《城市道路照明设计标准》CJJ 45 的有关要求。

(2) 安全防护

本项目凡单扇玻璃面积不小于 1.5 m²、玻璃距楼地面高度小于 0.5 m 的窗玻璃、落地窗、幕墙玻璃均采用安全玻璃;7 层及 7 层以上建筑物外开窗必须使用安全玻璃;安装高度大于 20 m 且地面人流较多的外墙窗应使用安全玻璃。

(3) 隔声楼板

本项目卧室楼板采用 100 mm 钢筋混凝土楼板+20 mm 水泥砂浆+16 mm 木地板,起居室楼板采用 100 mm 钢筋混凝土楼板+5 mm 隔声涂料+30 mm 水泥砂浆+8 mm 地砖,楼板的计权标准化撞击声压级满足现行国家标准的低限标准限值和高要求标准限值的平均值。

(4) 健身空间

本项目在 2~6 座首层架空层设置室内健身空间,面积为 2395.37 m²,地上建筑面积为 65 712.63 m²,室内健身空间的面积与地上建筑面积的比例为 3.65%,大于 0.3%。

(5) 节水器具

本项目全部卫生器具的用水效率等级达到 2 级,坐便器应当选用一次冲水量单挡平均不大于 5 L,双挡平均不大于 4 L(大挡不大于 5 L,小挡不大于 3.5 L)的产品。水嘴流量不大于 0.125 L/s。淋浴器流量不大于 0.12 L/s。

(6) 乔木遮阴

本项目场地中处于建筑阴影区外的步道、游憩场、庭院、广场等室外活动场地设有乔木、花架等遮阴措施的面积比例达到 30%,降低热岛强度。

(7) 节能照明系统

本项目走道、楼梯等人员短暂停留的场所采用延时自熄开关;门厅、大堂、电梯前厅等采用分区、定时和感应相结合的控制方式;地下车库采用微波感应型 LED 灯具并分组、分区控制。除设置单个灯具的房间外,每个房间灯的控制开关不少于 2 个。公共区域的照明功率密度值不高于国家现行标准的目标值。

9.1.6 绿色建筑增量成本分析

绿色建筑增量成本分析表见表 9-1-3。

表 9-1-3 绿色建筑增量成本分析表

为实现绿色建筑而采取的关键技术/产品名称	单价	应用量	应用面积/m²	增量成本/万元	备注
场地土壤氡含量检测	150 元/个	171 个	17 085.56	2.57	
围护结构热工性能指标提升 5%	50 元/m²	6000 m²	41 551.0	30	
安全玻璃	30 元/m²	6000 m²	41 551.0	18	
隔声楼板	30 元/m²	20 000 m²	41 551.0	60	隔声涂料
防滑地砖	30 元/m²	6000 m²	41 551.0	18	

续表

为实现绿色建筑而采取的关键技术/产品名称	单价	应用量	应用面积/m²	增量成本/万元	备注
地下车库一氧化碳浓度监控系统	2000 元/点位	8 点位	41 551.0	1.6	
合计/万元				130.17	
单位建筑面积增量成本/(元/m²)				31.33	

9.2 公共建筑类实例分析

9.2.1 工程概况及绿色建筑设计定位

某商业广场工程项目位于广东省,总用地面积 21 511.22 m²,总建筑面积 193 616.88 m²,其中地下建筑面积为 48 365.39 m²,容积率为 5.88,绿地率为 25%,设机动车位 1314 个,非机动车位 1264 个。本工程的建设目标为《绿色建筑评价标准》(GB/T 50378—2019)二星级标准。项目鸟瞰效果图见图 9-2-1。

图 9-2-1 项目鸟瞰效果图

9.2.2 场地环境分析

1. 场地日照环境分析

以项目建筑设计总平面图为参考并进行适当简化，在分析软件中建立主要建筑模拟计算分析模型(见图 9-2-2)。

选取大寒日 8:00—16:00 时作为分析时间段，本项目拟建建筑建成后的阴影轮廓分析结果如图 9-2-3 所示。

本项目在大寒日 8:00—16:00 时期间，拟建后建筑日照多点区域分析结果如图9-2-4、图 9-2-5 所示。

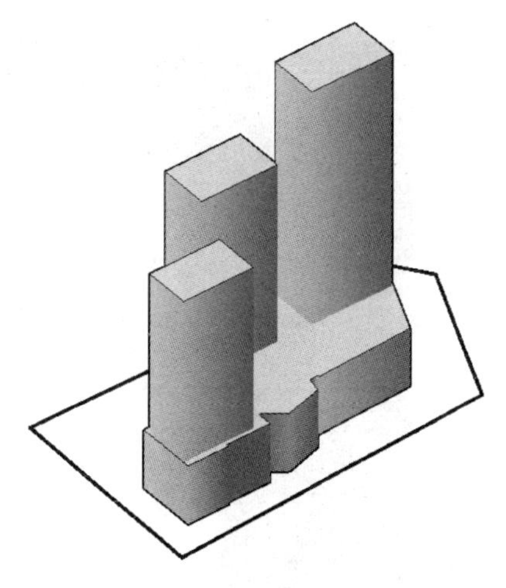

图 9-2-2 建立项目的主要建筑模型

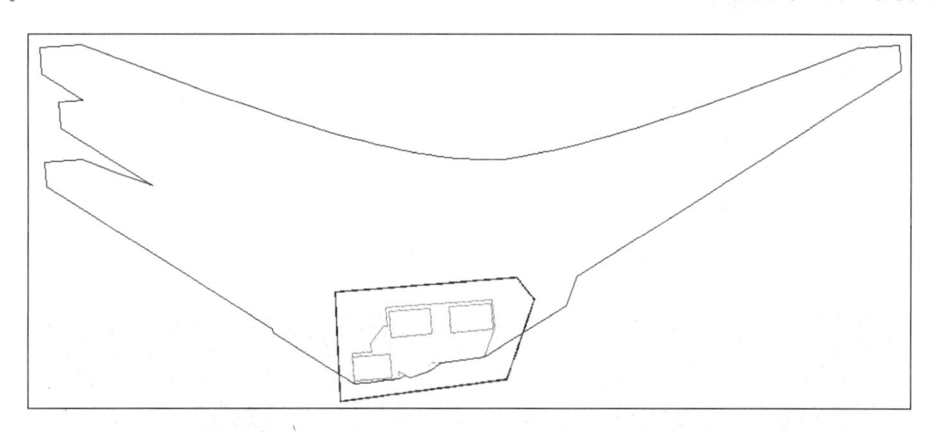

图 9-2-3 项目拟建建筑建成后的阴影轮廓分析结果

对比分析图 9-2-4 和图 9-2-5 可知：在大寒日 8:00—16:00 时间段，本项目拟建建筑规划布局满足所在城市现行控制性详细规划要求和已经批复的城市规划相关要求，且未降低周边建筑的日照标准。

2. 场地风环境分析

(1) 夏季、过渡季工况室外风环境模拟分析

本项目所在地夏季主导风向为东南偏南 292.5 ℃(SSE)，平均风速为 2.3 m/s，项目建筑室外风环境模拟图和建筑表面风压分布情况如图 9-2-6～图 9-2-9 所示。

由夏季、过渡季 1.5 m 高度处风速矢量图和 1.5 m 高度处风速云图可知，在夏季、过渡季典型风速和风向条件下：本项目建筑周边人行区最大风速为 4.38 m/s；建筑周围存在旋涡区。

由夏季、过渡季建筑迎风面、背风面风压图可知，在夏季、过渡季典型风速和风向条件下：本项目建筑迎风面压力与背风面压力压差为 0～16.8 Pa，且 50%以上可开启外窗室内外表面的风压压差大于 0.5 Pa，为室内自然通风创造有利条件。

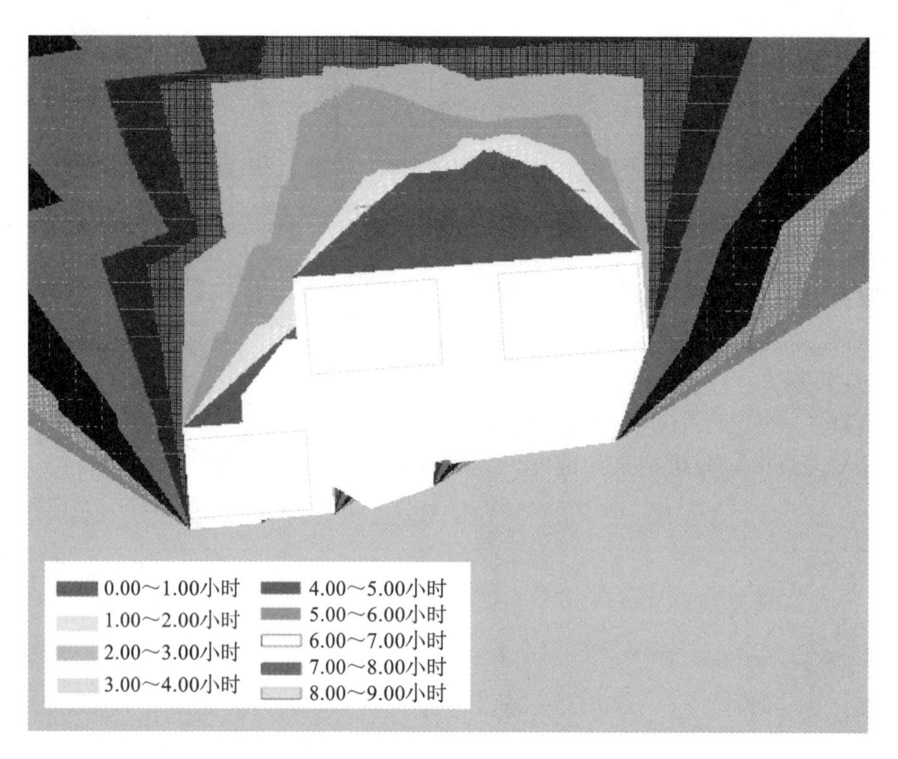

图 9-2-4　项目拟建建筑建成后的一层日照多点区域分析结果

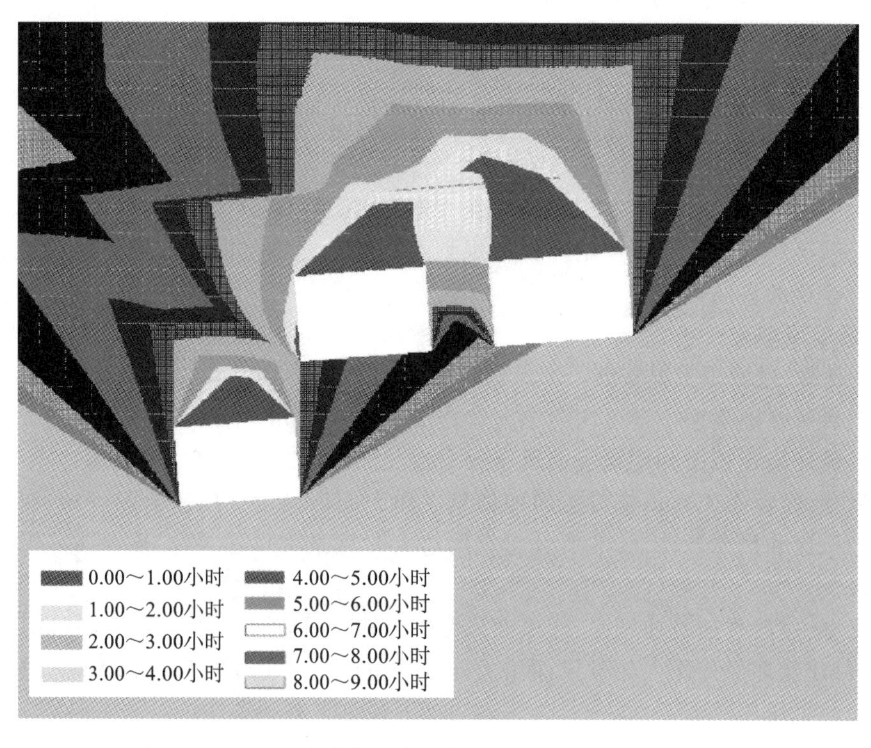

图 9-2-5　项目拟建建筑建成后的二层日照多点区域分析结果

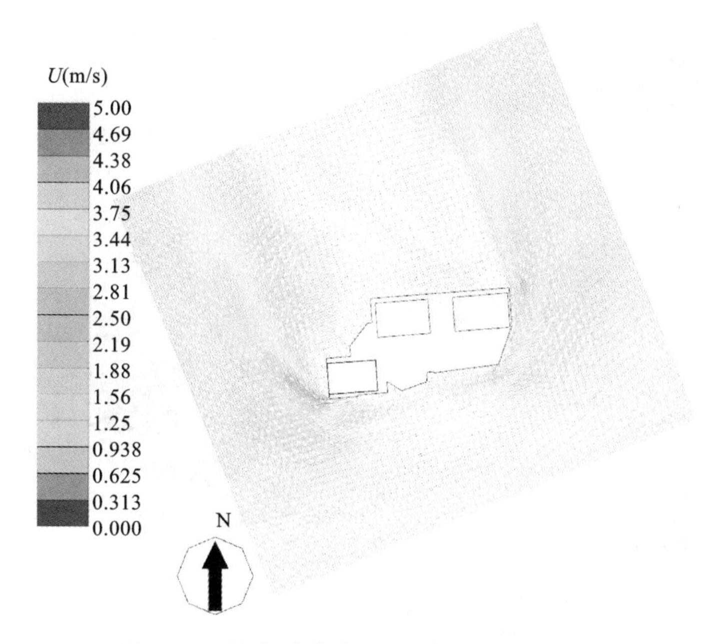

图 9-2-6　夏季、过渡季 1.5 m 高度处风速矢量图

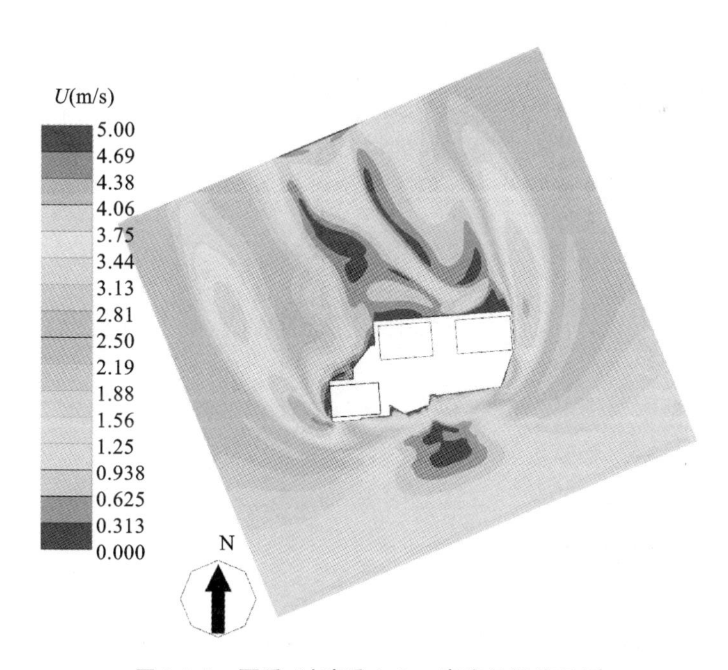

图 9-2-7　夏季、过渡季 1.5 m 高度处风速云图

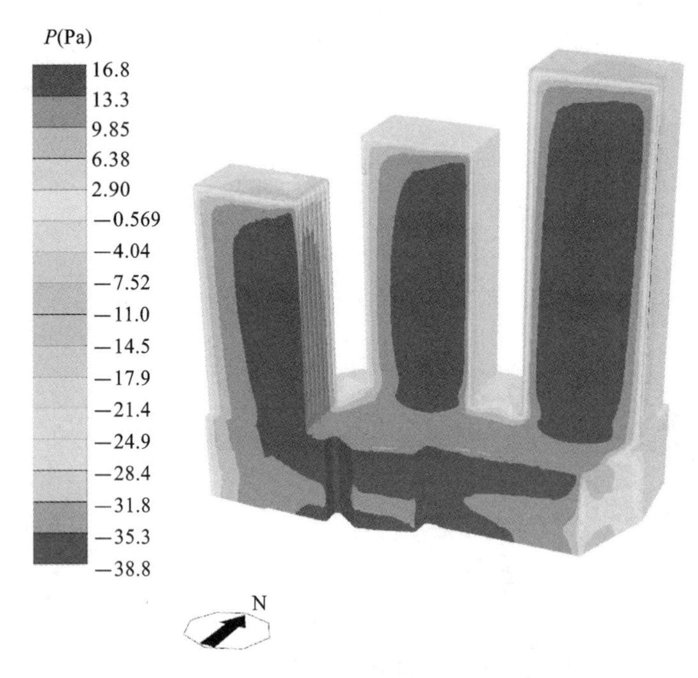

图 9-2-8　夏季、过渡季建筑迎风面风压图

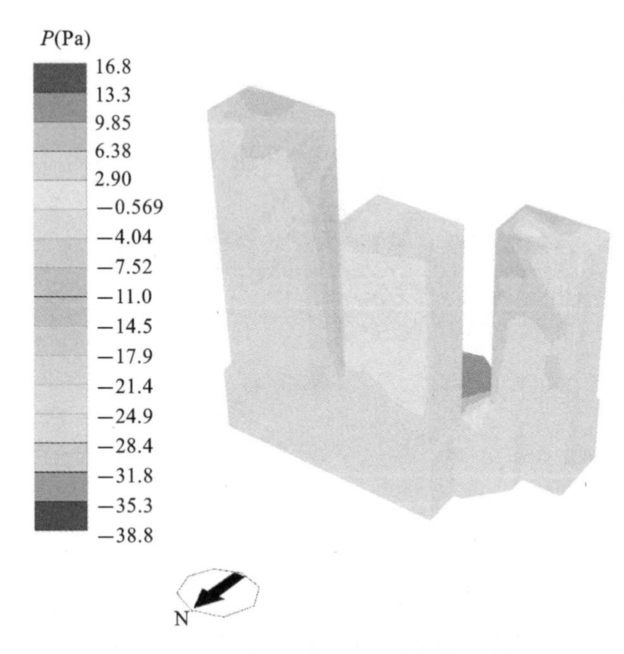

图 9-2-9　夏季、过渡季建筑背风面风压图

(2) 冬季工况室外风环境模拟分析

本项目所在地冬季主导风向为东北偏北 67.5°(NNE),平均风速为 2.7 m/s,项目建筑室外风环境模拟图和建筑表面风压分布情况如图 9-2-10～图 9-2-14 所示。

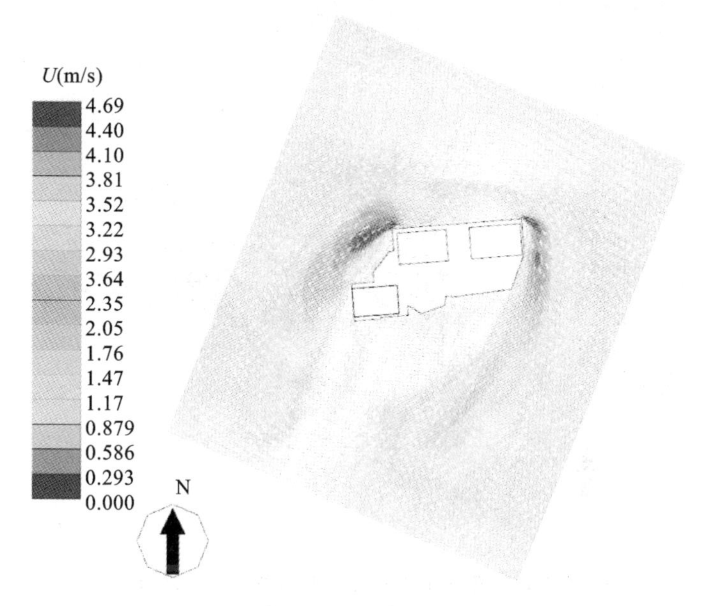

图 9-2-10 冬季 1.5 m 高度处风速矢量图

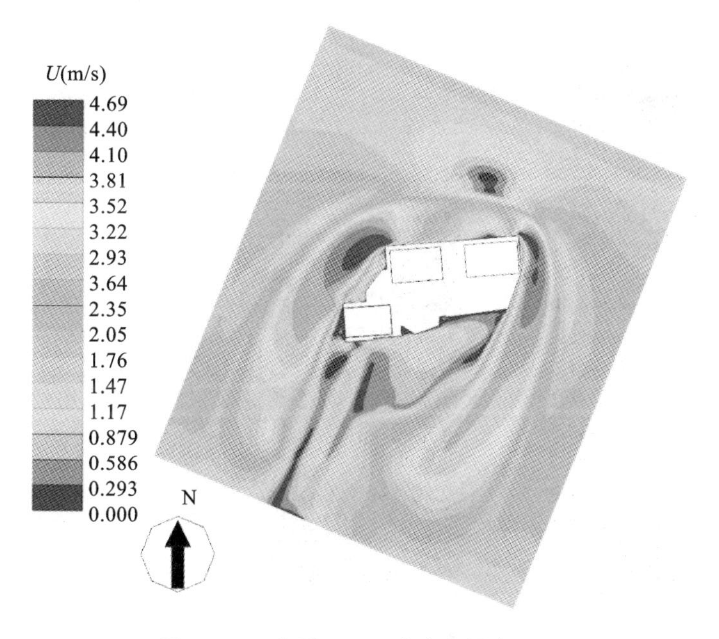

图 9-2-11 冬季 1.5 m 高度处风速云图

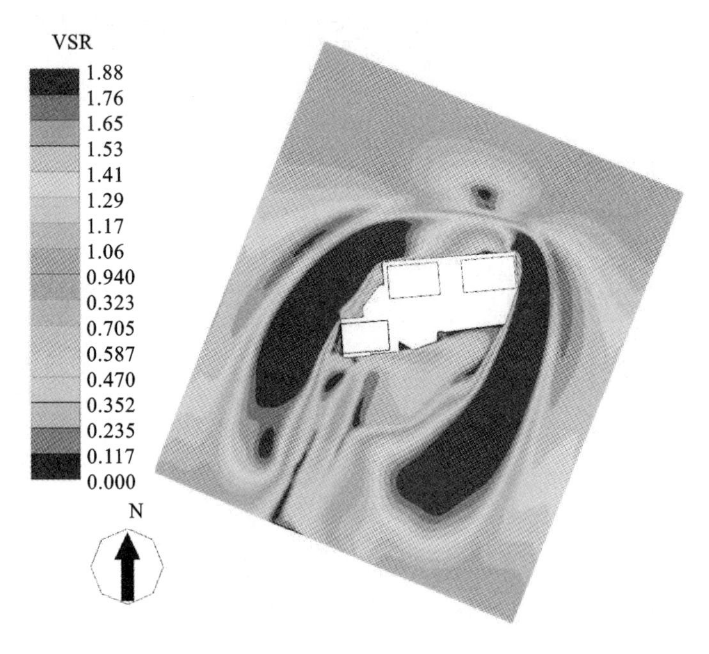

图 9-2-12　冬季 1.5 m 高度处风速放大系数云图

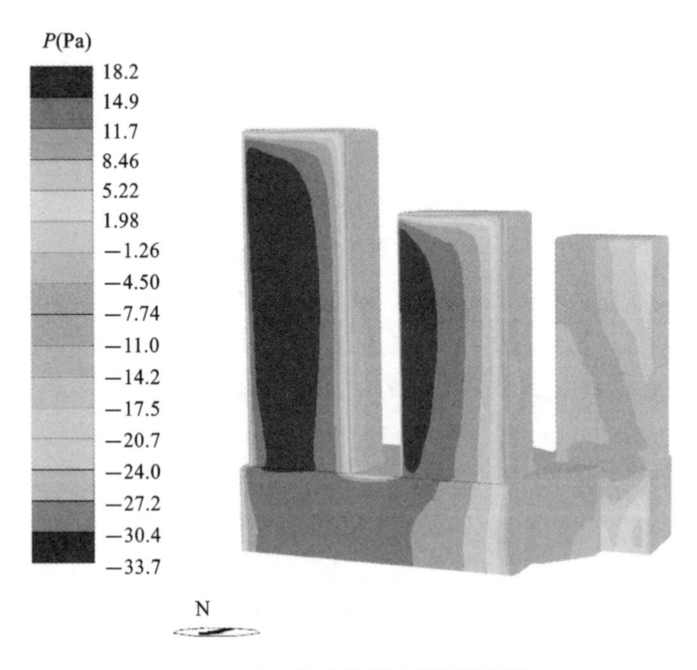

图 9-2-13　冬季建筑迎风面风压图

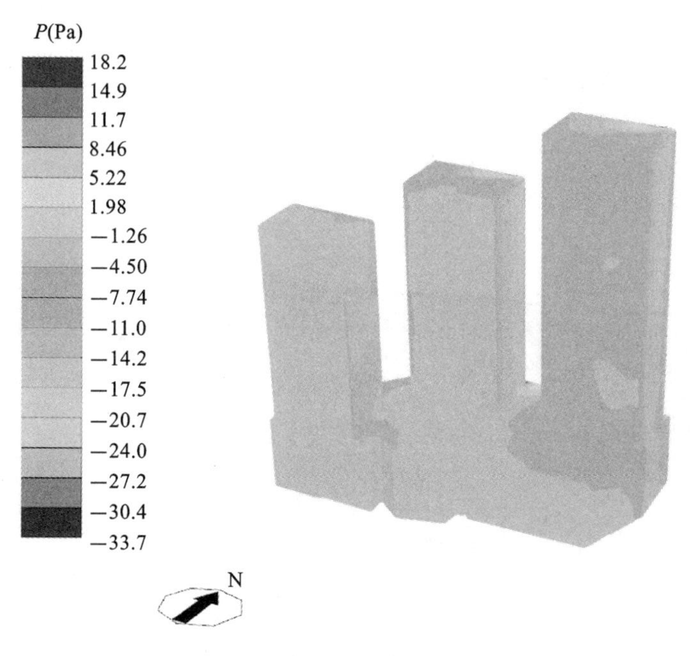

图 9-2-14　冬季建筑背风面风压图

由冬季 1.5 m 高度处风速矢量图、风速云图、风速放大系数云图可知，冬季典型风速和风向条件下：本项目建筑周边人行区最大风速为 4.69 m/s，风速放大系数小于 2，最大值为 1.88。

由冬季建筑迎风面、背风面风压图可知，在冬季典型风速和风向条件下：本项目建筑迎风面与背风面表面风压差为 0～18.2 Pa，本项目参评建筑（黑框内）迎风面和背风面风压差为 −1.26～1.98 Pa，小于 5 Pa。

3. 场地声环境分析

以本项目的设计图纸为基准，经过合理的简化和处理，建立项目的交通噪声分析模型，如图 9-2-15 所示。

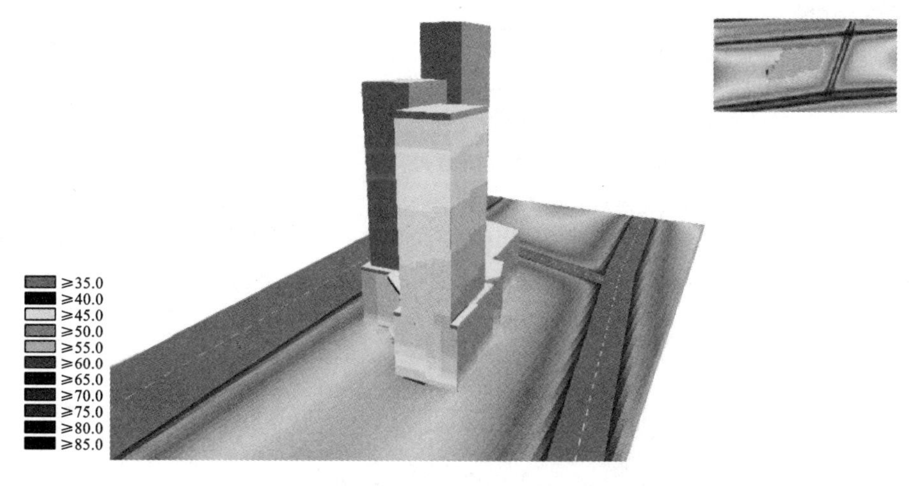

图 9-2-15　交通噪声分析模型

项目建成后，场地 1.5 m 高度处建筑立面昼间及夜间噪声情况模拟结果如图 9-2-16 和图 9-2-17 所示。

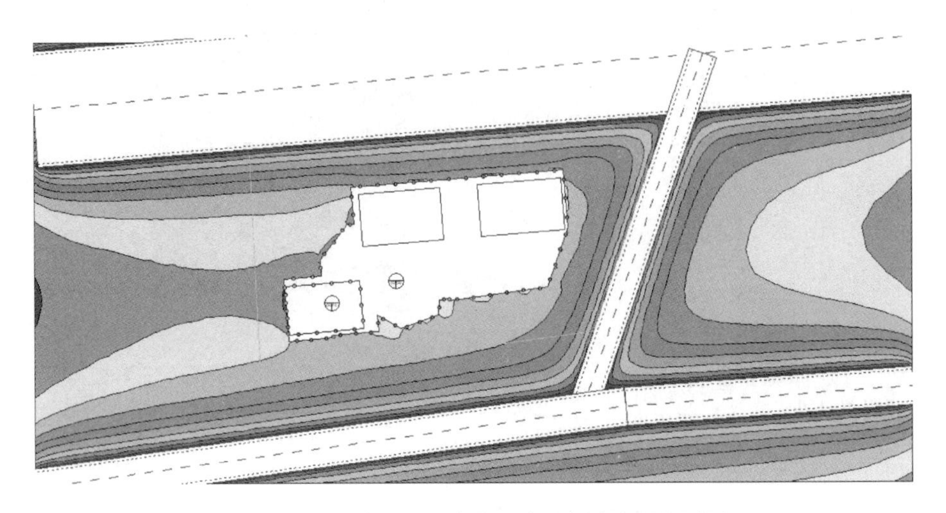

图 9-2-16　场地 1.5 m 高度处声压级分布图(昼间)

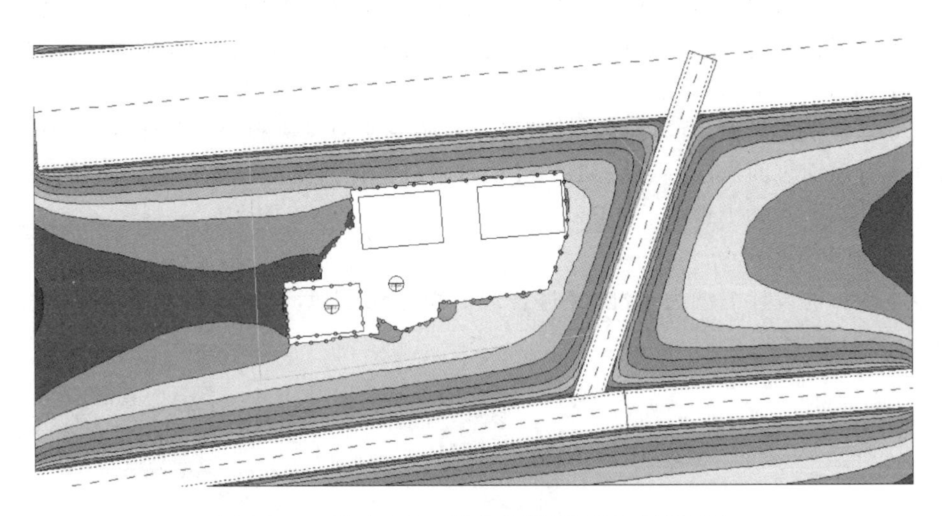

图 9-2-17　场地 1.5 m 高度处声压级分布图(夜间)

由场地 1.5 m 高度处噪声预测结果分布图(图 9-2-16、图 9-2-17)可知：本项目建筑噪声预测值满足《声环境质量标准》(GB 3096—2008)2 类标准限值。

9.2.3　达标条文分析

自评得分表见表 9-2-1。

表 9-2-1　自评得分表

指标名称	类别	标准条文	总分值	得分
安全耐久	控制项	4.1.1　场地应避开滑坡、泥石流等地质危险地段，易发生洪涝地区应有可靠的防洪涝基础设施；场地应无危险化学品、易燃易爆危险源的威胁，应无电磁辐射、含氡土壤的危害	√	√
		4.1.2　建筑结构应满足承载力和建筑使用功能要求。建筑外墙、屋面、门窗、幕墙及外保温等围护结构应满足安全、耐久和防护的要求	√	√
		4.1.3　外遮阳、太阳能设施、空调室外机位、外墙花池等外部设施应与建筑主体结构统一设计、施工，并应具备安装、检修与维护条件	√	√
		4.1.4　建筑内部的非结构构件、设备及附属设施等应连接牢固并能适应主体结构变形	√	√
		4.1.5　建筑外门窗必须安装牢固，其抗风压性能和水密性能应符合国家现行有关标准的规定	√	√
		4.1.6　卫生间、浴室的地面应设置防水层，墙面、顶棚应设置防潮层	√	√
		4.1.7　走廊、疏散通道等通行空间应满足紧急疏散、应急救护等要求，且应保持畅通	√	√
		4.1.8　应具有安全防护的警示和引导标识系统	√	√
	评分项	4.2.1　采用基于性能的抗震设计并合理提高建筑的抗震性能	10	0
		4.2.2　采取保障人员安全的防护措施	15	15
		4.2.3　采用具有安全防护功能的产品或配件	10	10
		4.2.4　室内外地面或路面设置防滑措施	10	10
		4.2.5　采取人车分流措施，且步行和自行车交通系统有充足照明	8	0
		4.2.6　采取提升建筑适变性的措施	18	0
		4.2.7　采取提升建筑部品部件耐久性的措施	10	10
		4.2.8　提高建筑结构材料的耐久性	10	0
		4.2.9　合理采用耐久性好、易维护的装饰装修建筑材料	9	9
得分合计			100	54
健康舒适	控制项	5.1.1　室内空气中的氨、甲醛、苯、总挥发性有机物、氡等污染物浓度应符合现行国家标准《室内空气质量标准》(GB/T 18883—2022)的有关规定。建筑室内和建筑主出入口处应禁止吸烟，并应在醒目位置设置禁烟标志	√	√
		5.1.2　应采取措施避免厨房、餐厅、打印复印室、卫生间、地下车库等区域的空气和污染物串通到其他空间；应防止厨房、卫生间的排气倒灌	√	√

续表

指标名称	类别	标准条文	总分值	得分
健康舒适	控制项	5.1.3 生活饮用水水质应满足现行国家标准《生活饮用水卫生标准》(GB 5749—2022)的要求;应制定水池、水箱等储水设施定期清洗消毒计划并实施,且生活饮用水储水设施每半年清洗消毒不应少于1次;应使用构造内自带水封的便器,且其水封深度不应小于50 mm;非传统水源管道和设备应设置明确、清晰的永久性标识	√	√
		5.1.4 室内噪声级应满足现行国家标准《民用建筑隔声设计规范》(GB 50118—2010)中的低限要求;外墙、隔墙、楼板和门窗的隔声性能应满足现行国家标准《民用建筑隔声设计规范》(GB 50118—2010)中的低限要求	√	√
		5.1.5 照明数量和质量应符合现行国家标准《建筑照明设计标准》(GB 50034—2004)的规定;人员长期停留的场所应采用符合现行国家标准《灯和灯系统的光生物安全性》(GB/T 20145—2006)规定的无危险类照明产品;选用LED照明产品的光输出波形的波动深度应满足现行国家标准《LED室内照明应用技术要求》(GB/T 31831—2015)的规定	√	√
		5.1.6 应采取措施保障室内热环境。采用集中供暖空调系统的建筑,房间内的温度、湿度、新风量等设计参数应符合现行国家标准《民用建筑供暖通风与空气调节设计规范》(GB 50736—2012)的有关规定;采用非集中供暖空调系统的建筑,应具有保障室内热环境的措施或预留条件	√	√
		5.1.7 在室内设计温度、湿度条件下,建筑非透光围护结构内表面不得结露;供暖建筑的屋面、外墙内部不应产生冷凝;屋顶和外墙隔热性能应满足现行国家标准《民用建筑热工设计规范》(GB 50176—2016)的要求	√	√
		5.1.8 主要功能房间应具有现场独立控制的热环境调节装置	√	√
		5.1.9 地下车库应设置与排风设备联动的一氧化碳浓度监测装置	√	√
	评分项	5.2.1 控制室内主要空气污染物的浓度	12	6
		5.2.2 选用的装饰装修材料满足国家现行绿色产品评价标准中对有害物质限量的要求	8	0
		5.2.3 直饮水、集中生活热水、游泳池水、采暖空调系统用水、景观水体等的水质满足国家现行有关标准的要求	8	8
		5.2.4 生活饮用水水池、水箱等储水设施采取措施满足卫生要求	9	9
		5.2.5 所有给水排水管道、设备、设施设置明确、清晰的永久性标识	8	8
		5.2.6 采取措施优化主要功能房间的室内声环境	8	4
		5.2.7 主要功能房间的隔声性能良好	10	6
		5.2.8 充分利用天然光	12	6

续表

指标名称	类别	标准条文	总分值	得分
健康舒适	评分项	5.2.9　具有良好的室内热湿环境	8	8
		5.2.10　优化建筑空间和平面布局，改善自然通风效果	8	7
		5.2.11　设置可调节遮阳设施，改善室内热舒适	9	0
得分合计			100	62
生活便利	控制项	6.1.1　建筑、室外场地、公共绿地、城市道路相互之间应设置连贯的无障碍步行系统	√	√
		6.1.2　场地人行出入口500 m内应设有公共交通站点或配备联系公共交通站点的专用接驳车	√	√
		6.1.3　停车场应具有电动汽车充电设施或具备充电设施的安装条件，并应合理设置电动汽车和无障碍汽车停车位	√	√
		6.1.4　自行车停车场所应位置合理、方便出入	√	√
		6.1.5　建筑设备管理系统应具有自动监控管理功能	√	√
		6.1.6　建筑应设置信息网络系统	√	√
	评分项	6.2.1　场地与公共交通站点联系便捷	8	6
		6.2.2　建筑室内外公共区域满足全龄化设计要求	8	6
		6.2.3　提供便利的公共服务	10	5
		6.2.4　城市绿地、广场及公共运动场地等开敞空间，步行可达	5	3
		6.2.5　合理设置健身场地和空间	10	3
		6.2.6　设置分类、分级用能自动远传计量系统，且设置能源管理系统实现对建筑能耗的监测、数据分析和管理	8	8
		6.2.7　设置 PM_{10}、$PM_{2.5}$、CO_2 浓度的空气质量监测系统，且具有存储至少一年的监测数据和实时显示等功能	5	5
		6.2.8　设置用水远传计量系统、水质在线监测系统	7	3
		6.2.9　具有智能化服务系统	9	6
		6.2.10　制定完善的节能、节水、节材、绿化的操作规程、应急预案，实施能源资源管理激励机制，且有效实施	5	0
		6.2.11　建筑平均日用水量满足现行国家标准《民用建筑节水设计标准》(GB 50555—2010)中节水用水定额的要求	5	0
		6.2.12　定期对建筑运营效果进行评估，并根据结果进行运行优化	12	0
		6.2.13　建立绿色教育宣传和实践机制，编制绿色设施使用手册，形成良好的绿色氛围，并定期开展使用者满意度调查	8	0
得分合计			100	45

续表

指标名称	类别	标准条文	总分值	得分
资源节约	控制项	7.1.1　应结合场地自然条件和建筑功能需求，对建筑的体形、平面布局、空间尺度、围护结构等进行节能设计，且应符合国家有关节能设计的要求	√	√
		7.1.2　应采取措施降低部分负荷、部分空间使用下的供暖、空调系统能耗	√	√
		7.1.3　应根据建筑空间功能设置分区温度，合理降低室内过渡区空间的温度设定标准	√	√
		7.1.4　主要功能房间的照明功率密度值不应高于现行国家标准《建筑照明设计标准》(GB 50034—2013)规定的现行值；公共区域的照明系统应采用分区、定时、感应等节能控制；采光区域的照明控制应独立于其他区域的照明控制	√	√
		7.1.5　冷热源、输配系统和照明等各部分能耗应进行独立分项计量	√	√
		7.1.6　垂直电梯应采取群控、变频调速或能量反馈等节能措施；自动扶梯应采用变频感应启动等节能控制措施	√	√
		7.1.7　应制定水资源利用方案，统筹利用各种水资源	√	√
		7.1.8　不应采用建筑形体和布置严重不规则的建筑结构	√	√
		7.1.9　建筑造型要素应简约，应无大量装饰性构件	√	√
		7.1.10　500 km 以内生产的建筑材料重量占建筑材料总重量的比例应大于60%；现浇混凝土应采用预拌混凝土，建筑砂浆应采用预拌砂浆	√	√
	评分项	7.2.1　节约集约利用土地	20	16
		7.2.2　合理开发利用地下空间	12	5
		7.2.3　采用机械式停车设施、地下停车库或地面停车楼等方式	8	8
		7.2.4　优化建筑围护结构的热工性能	15	15
		7.2.5　供暖空调系统的冷、热源机组能效均优于现行国家标准《公共建筑节能设计标准》(GB 50189—2015)的规定以及现行有关国家标准能效限定值的要求	10	5
		7.2.6　采取有效措施降低供暖空调系统的末端系统及输配系统的能耗	5	5
		7.2.7　采用节能型电气设备及节能控制措施	10	5
		7.2.8　采取措施降低建筑能耗	10	0
		7.2.9　结合当地气候和自然资源条件合理利用可再生能源	10	10
		7.2.10　使用较高用水效率等级的卫生器具	15	8
		7.2.11　绿化灌溉及空调冷却水系统采用节水设备或技术	12	6
		7.2.12　结合雨水综合利用设施营造室外景观水体，室外景观水体利用雨水的补水量大于水体蒸发量的 60%，且采用保障水体水质的生态水处理技术	8	8

续表

指标名称	类别	标准条文	总分值	得分
资源节约	评分项	7.2.13 使用非传统水源	15	3
		7.2.14 建筑所有区域实施土建工程与装修工程一体化设计及施工	8	8
		7.2.15 合理选用建筑结构材料与构件	10	5
		7.2.16 建筑装修选用工业化内装部品	8	0
		7.2.17 选用可再循环材料、可再利用材料及利废建材	12	6
		7.2.18 选用绿色建材	12	0
得分合计			200	113
环境宜居	控制项	8.1.1 建筑规划布局应满足日照标准,且不得降低周边建筑的日照标准	√	√
		8.1.2 室外热环境应满足国家现行有关标准的要求	√	√
		8.1.3 配建的绿地应符合所在地城乡规划的要求,应合理选择绿化方式,植物种植应适应当地气候和土壤,且应无毒害、易维护,种植区域覆土深度和排水能力应满足植物生长需求,并应采用复层绿化方式	√	√
		8.1.4 场地的竖向设计应有利于雨水的收集或排放,应有效组织雨水的下渗、滞蓄或再利用;对大于 10 hm^2 的场地应进行雨水控制利用专项设计	√	√
		8.1.5 建筑内外均应设置便于识别和使用的标识系统	√	√
		8.1.6 场地内不应有排放超标的污染源	√	√
		8.1.7 生活垃圾应分类收集,垃圾容器和收集点的设置应合理并应与周围景观协调	√	√
	评分项	8.2.1 充分保护或修复场地生态环境,合理布局建筑及景观	10	0
		8.2.2 规划场地地表和屋面雨水径流,对场地雨水实施外排总量控制	10	5
		8.2.3 充分利用场地空间设置绿化用地	16	6
		8.2.4 室外吸烟区位置布局合理	9	9
		8.2.5 利用场地空间设置绿色雨水基础设施	15	0
		8.2.6 场地内的环境噪声优于现行国家标准《声环境质量标准》(GB 3096—2008)的要求	10	10
		8.2.7 建筑及照明设计避免产生光污染	10	10
		8.2.8 场地内风环境有利于室外行走、活动舒适和建筑的自然通风	10	7
		8.2.9 采取措施降低热岛强度	10	3
得分合计			100	50
提高与创新	加分项	9.2.1 采取措施进一步降低建筑供暖空调系统的能耗	30	0
		9.2.2 采用适宜地区特色的建筑风貌设计,因地制宜传承地域建筑文化	20	0
		9.2.3 合理选用废弃场地进行建设,或充分利用尚可使用的旧建筑	8	0

续表

指标名称	类别	标准条文	总分值	得分
提高与创新	加分项	9.2.4　场地绿容率不低于 3.0	5	0
		9.2.5　采用符合工业化建造要求的结构体系与建筑构件	10	0
		9.2.6　应用建筑信息模型(BIM)技术	15	0
		9.2.7　进行建筑碳排放计算分析,采取措施降低单位建筑面积碳排放强度	12	0
		9.2.8　按照绿色施工的要求进行施工和管理	20	0
		9.2.9　采用建设工程质量潜在缺陷保险产品	20	0
		9.2.10　采取节约资源、保护生态环境、保障安全健康、智慧友好运行、传承历史文化等其他创新,并有明显效益	40	0
得分合计			180	0

9.2.4　自评估得分

自评得分汇总表见表 9-2-2。

表 9-2-2　自评得分汇总表

	控制项基础分值 Q_0	安全耐久 Q_1	健康舒适 Q_2	生活便利 Q_3	资源节约 Q_4	环境宜居 Q_5	加分项 Q_A
预评价分值	400	100	100	70	200	100	100
评价分值	400	100	100	100	200	100	100
自评得分	400	54	62	45	113	50	0
总得分 Q	72.4						
自评星级	二星级						

注:总得分 $Q=(Q_0+Q_1+Q_2+Q_3+Q_4+Q_5+Q_A)/10$。

经过自评估,本项目满足全部控制项的要求,各类评分项得分均超过评分项满分值的 30%,总得分为 72.4 分;满足国标二星级(70 分)的要求。

9.2.5　主要绿色建筑技术措施

(1) 安全防护

本项目建筑物需要以玻璃作为建筑材料的下列部位必须使用安全玻璃:a. 7 层及 7 层以上或高度大于 20 m 的建筑物外开窗;b. 易遭受撞击、冲击而造成人体伤害的其他部位及全部玻璃门;c. 玻璃底边离最终装修面小于 500 mm 的落地窗;d. 用于承受行人行走的地面板;e. 倾斜装配窗、各类天棚(含天窗、采光顶)、吊顶;f. 玻璃幕墙;g. 楼梯、阳台、平台走廊的栏板和中庭内拦板;h. 观光电梯及其外围护;i. 公共建筑物的出入口、门厅等部位;j. 单块面积大于 1.5 m^2 的窗玻璃;h. 人员流动性大、易于受到人员或物体碰撞的位置;l. 采用可调力度的闭门器或具有缓冲功能的延时闭门器。

(2) 防滑地面

本项目建筑出入口及平台、公共走廊、电梯门厅、厨房、浴室、卫生间采用防滑地砖、防滑条,防滑等级不低于现行行业标准《建筑地面工程防滑技术规程》(JGJ/T 331—2014)规定的 B_d、B_w 级;建筑室内外活动场所采用防滑地面,防滑等级达到现行行业标准《建筑地面工程防滑技术规程》(JGJ/T 331—2014)规定的 A_d、A_w 级;建筑坡道、楼梯踏步防滑等级达到现行行业标准《建筑地面工程防滑技术规程》(JGJ/T 331—2014)规定的 A_d、A_w 级或按水平地面等级提高一级,并采用防滑条等防滑构造技术措施。

(3) 长寿命产品

本项目采用的门窗,其反复启闭性能达到相应产品标准要求的 2 倍;遮阳产品,其机械耐久性达到相应产品标准要求的最高级;水嘴,其寿命超出现行《陶瓷片密封水嘴》(GB 18145—2014)等相应产品标准寿命要求的 1.2 倍;阀门,其寿命超出现行相应产品标准寿命要求的 1.5 倍。

(4) 隔声楼板

本项目楼板采用 30 mm 水泥砂浆+30 mm 隔声砂浆+100 mm 钢筋混凝土,其撞击声压级为 67 dB,达到标准中的高要求标准限值和低要求标准限值的平均值的要求。

(5) 能源管理系统

本项目对于配套商店、厨房、公寓、出租型客房的计量,采用低压计量,计量表具应选用远程费控电表,且具备远传功能。

(6) 节水器具

本项目全部卫生器具的用水效率等级达到 2 级,坐便器应当选用一次冲水量单挡平均不大于 5 L,双挡平均不大于 4 L(大挡不大于 5 L,小挡不大于 3.5 L)的产品。水嘴流量不大于 0.125 L/s。淋浴器流量不大于 0.12 L/s。

(7) 雨水回收利用系统

本项目非传统水资源利用主要为绿化灌溉、车库及道路冲洗,非传统水源来源为雨水,利用率为 40%。

(8) 节水灌溉系统

本项目绿化浇灌全部采用微灌等节水浇灌技术。全部绿化采用回用雨水灌溉。安装喷灌等节水灌溉系统,配置土壤湿度传感器、雨量关闭器和给水控制系统。

(9) 可再生能源利用系统

本项目以太阳能+空气源热泵+中央空调热回收的方式制备生活热水。热水供水温度为 60 ℃,系统采用闭式系统,下供上回,支管循环,全日供水。酒店系统热水设计小时耗热量为 798 633.91 kJ/h,设计小时热水量 4.409 m^3,热泵设备设计小时供热量为 580 942.80 kJ/h。公寓系统热水设计小时耗热量为 715 836.76 kJ/h,设计小时热水量 3.952 m^3,热泵设备设计小时供热量为 426 815.10 kJ/h。为保证冷水热水压力平衡,热水系统与各冷水分区保持一致。由可再生能源提供的生活用热水比例为 100%。

(10) 节能照明系统

本项目公共区域照明系统节能控制措施:走廊、楼梯间、门厅、大堂、大空间、地下停车场等场所的照明系统采取分区、定时、感应等节能控制措施，采用合理的灯具安装方式及照明配电系统，根据建筑的使用条件和自然采光状况采用合理有效的照明控制装置。

9.2.6 绿色建筑增量成本分析

绿色建筑增量成本分析表见表 9-2-3。

表 9-2-3 绿色建筑增量成本分析表

为实现绿色建筑而采取的关键技术/产品名称	单价	应用量	应用面积/m^2	增量成本/万元	备注
场地土壤氡含量检测	100 元/个	215 个	21 511.22	2.15	
围护结构热工性能指标提升 10%	100 元/m^2	14 476.59 m^2	54 347.45	144.77	
隔声楼板	30 元/m^2	22 457.68 m^2	54 347.45	67.37	隔声砂浆
安全玻璃	30 元/m^2	14 476.59 m^2	54 347.45	43.43	
防滑地砖	30 元/m^2	4933.2 m^2	54 347.45	14.80	
地下车库一氧化碳浓度监控系统	2000 元/点位	20 点位	5015.36	4	
能源管理系统	2500 元/点位	326 点位	54 347.45	81.5	
楼梯、坡道防滑措施提高一等级	20 元/m^2	493.32 m^2	54 347.45	0.99	
室内空气质量监控系统	2000 元/点位	326 点位	54 347.45	65.2	
用水量远传计量系统	800 元/点位	326 点位	54 347.45	26.08	
节水灌溉	15 元/m^2	180.51 m^2	21 511.22	0.27	喷灌
合计/万元				450.56	
单位面积增量成本/(元/m^2)				82.90	

参考文献

[1] 安克儿.从包豪斯到生态建筑[M].尚晋,译.北京:清华大学出版社,2012.

[2] 黄浩.试论我国生态建筑设计的研究现状及对策[J].现代装饰(理论),2011(7):105.

[3] 刘先觉,等.生态建筑学[M].北京:中国建筑工业出版社,2009:44-47.

[4] JACKSON T O,PITTS J M. Green buildings: valuation issues and perspectives [J]. The Appraisal Journal,2008,76(2):115-118.

[5] 万蓉,刘加平,孔德泉.节能建筑、绿色建筑与可持续发展建筑[J].四川建筑科学研究,2007,33(2):150-152.

[6] 丁斌,郭保生,方玲.推行绿色设计,人才培养是关键[J].中外建筑,2015(7):70-71.

[7] 宋凌,宫玮.我国绿色建筑发展现状与存在的主要问题[J].建筑科技,2016(10):16-19.

[8] 徐进.湿热气候区绿色建筑设计对策与方法研究[D].西安:西安建筑科技大学,2019.

[9] 徐小东,虞刚.互通性与分类矩阵——《绿色摩天楼》和杨经文生态设计思想综述[J].新建筑,2004(6):58-61.

[10] 郭春梅,刘清华,李胜英.基于绿色建筑评价体系的绿色建筑全生命周期碳排放核算模型构建与实例分析[J].绿色建筑,2019(5):13-18.

[11] 黄海静,宋扬帆.绿色建筑评价体系比较研究综述[J].建筑师,2019(3):100-106.

[12] 张婧.中美绿色建筑评价标准与认证模式的演进研究[D].西安:西安建筑科技大学,2021.

[13] 丁依霏.基于《绿色建筑评价标准》的绿色建筑设计初探[D].北京:清华大学,2007.

[14] 白明轩.中英绿色建筑评价标准比较研究[D].西安:长安大学,2020.

[15] 张彧,唐献超,董佳欣.LEED绿色建筑评价体系在美国的新发展及其实践案例[J].中外建筑,2019(10):41-45.

[16] 徐拓.基于对比分析的广东省绿色建筑评价标准优化路径研究[D].广州:华南理工大学,2019.

[17] 中国建筑科学研究院、上海市建筑科学研究院(集团)有限公司.绿色建筑评价标准GB/T 50378—2019[S].北京:中国建筑工业出版社,2019.

[18] 王清勤.修订绿色建筑评价标准 助力建筑高质量发展[J].工程建设标准化,2019(12):34-39.

普通高等学校“十四五”规划数字装配式建筑系列教材

绿色建筑数字化设计与评价培训手册

主编◎丁　斌（学校）
朱峰磊（企业）

主审◎郭保生
方　玲（学校）

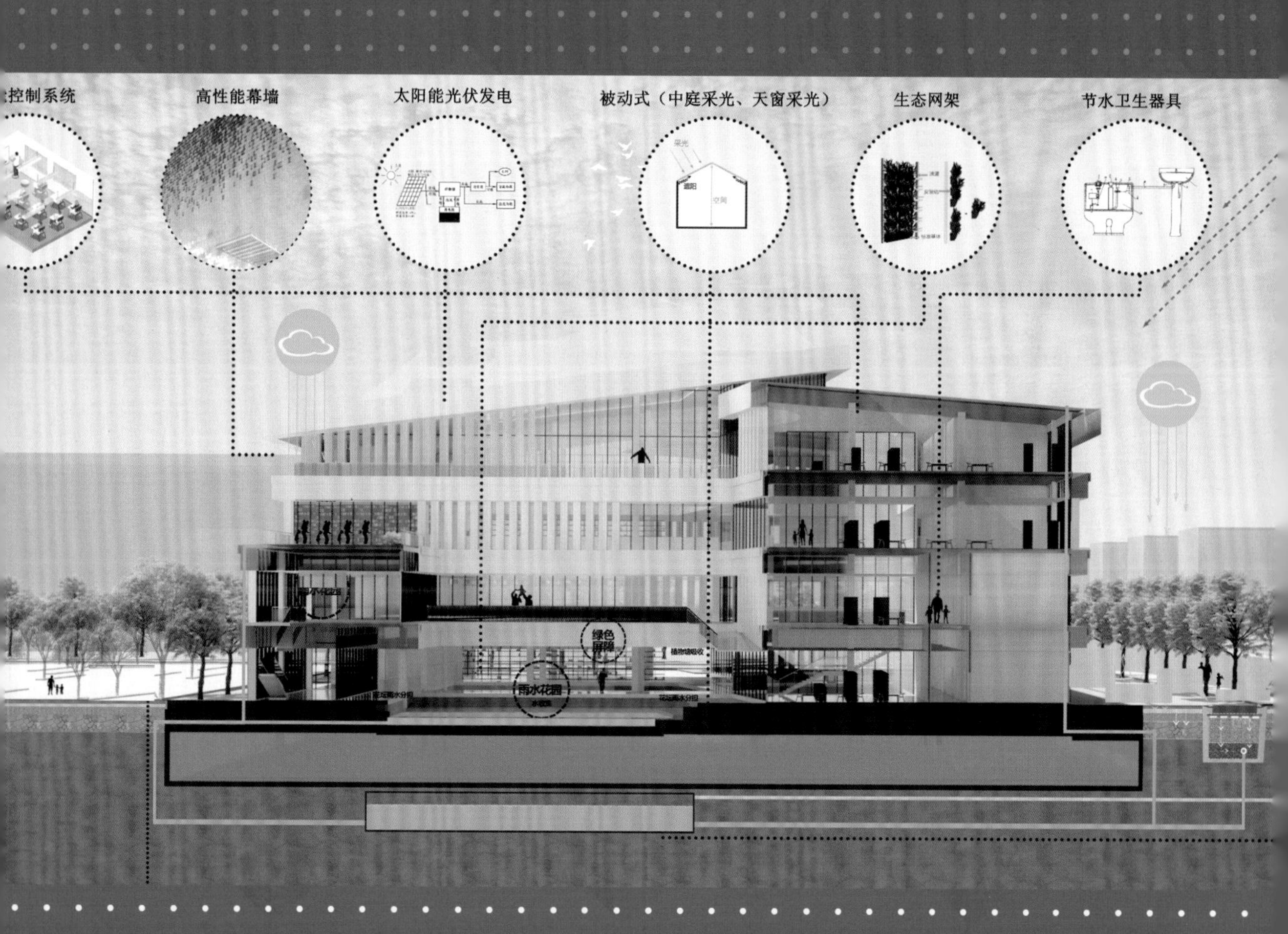

華中科技大學出版社
http://press.hust.edu.cn

普通高等学校“十四五”规划数字装配式建筑系列教材

绿色建筑数字化设计与评价培训手册

主编◎丁　斌（学校）
朱峰磊（企业）

主审◎郭保生
方　玲（学校）

联合编制　广东白云学院
中国建筑科学研究院有限公司
北京构力科技有限公司
广东绿源绿色建筑科技有限公司

华中科技大学出版社
中国·武汉

目 录

一、绿色建筑与建筑节能技术系列培训课程背景与目标

（一）课程培训背景

随着“3060”碳达峰、碳中和目标的确定，推行超低能耗建筑，发展低碳、绿色建筑已成为建筑行业实现“双碳”目标的重要路径。为积极响应国家政策，助力建筑行业“双碳”的实现，广东白云学院粤港澳大湾区装配式建筑技术培训中心联合中国建筑科学研究院、北京构力科技有限公司开展绿色建筑领域技术研发和人才培养，为社会培养绿色建筑领域先进技术人才、积极推动绿色建筑行业的发展做贡献。该校企合作中心将为学校、企业、社会提供全方位绿建技术评价及课程培训的服务。

（二）课程培训目标

绿色建筑的课程将主要培养学习者以下能力：①掌握绿色建筑评估的基本理论和思维方法，绿色建筑评估在项目建设全生命周期中的应用理念和技术。②掌握建筑模型的创建方法和建筑构件族的制作方法，运用绿色建筑评估模型实现三维建模、建筑表现、工程量查询等的方法。③运用建筑基础建模软件创建建筑项目绿色低碳评估模型，完成建筑节能分析、建筑能耗分析、建筑碳排放分析、建筑环境分析并能进行绿色建筑评估分析；具有工程实践所需技术、技巧及使用工具的能力；具有通过 BIM 技能等级考试的能力。

建筑节能系列软件课程使用由中国建筑科学研究院有限公司推出的绿色低碳与建筑节能系列软件。此软件是国内先进的绿色低碳建筑评测软件，包含传统的节能系列软件，绿色建筑施工图设计模块，室内外风、光、声、热性能设计模块，还推出了超低能耗、碳排放计算、光伏发电模块。该软件为我国首款同时适用于超低能耗建筑设计分析、建筑碳排放计算分析、绿色建筑设计评价、性能模拟，覆盖建筑全生命周期的软件。软件具有菜单简洁、上手快等特点，并且融合了 BIM 设计理念，通过建立统一的数据模型，解决超低能耗建筑、绿色建筑设计中的难点。

（1）提升企业设计效率。传统的绿色建筑设计涉及甲方、设计院、咨询单位三方，彼此

之间信息沟通不畅，大量的重复工作导致绿色建筑设计效率低下。基于 BIM 的绿色低碳与建筑节能系列软件，拥有统一的平台、互通的数据，具有上手快、门槛低、计算准确、计算时间短等优点，可大幅度提高绿色建筑设计效率。

（2）降低超低能耗建筑、绿色建筑增量成本。传统的绿色建筑设计需要许多主动技术手段达到预期目的。绿色低碳与建筑节能系列软件可以对建筑的性能进行定量的模拟分析，将绿色度展示出来，从而达到使用被动技术替代主动技术的目的。主动技术的减少能有效地降低绿色建筑的增量成本，并能通过软件提出优化设计方案，从而提出降低能耗与合理有效利用自然能源的整体解决方案。使用绿色低碳与建筑节能系列软件可以有效地降低超低能耗建筑、绿色建筑增量成本。

（三）学习地点

粤港澳大湾区装配式建筑技术培训中心，配有现代化电教室、投影仪、三维 VR 虚拟仿真室、云平台、实体建筑样板。（特殊要求再协商。）

（四）培训模式

遵照标准化、正规化、一体化、实用化的培训理念，采用理论、实训、实操相融合，脱产和业余任选择的培训模式。

（五）师资团队

培训师资团队主要由广东白云学院及粤港澳大湾区装配式建筑技术培训中心的教授、专家和企业的工程师组成。授课教师有：郭保生（教授）、孟庆林（教授）、丁斌（副教授）、贺恋（高级工程师）、方玲（副教授）、朱国婷（讲师）、朱峰磊（高级工程师）、马秀英（工程师）、张静（讲师）、高寅（工程师）、陈艳（讲师）、宋方旭（工程师）、艾显书（工程师）、黄疏影（助理讲师）、常云凤（助理讲师）、王邑心（助理讲师）等。

（六）发证安排

培训合格后，由广东白云学院、粤港澳大湾区装配式建筑技术培训中心、中国建筑科学研究院有限公司北京构力科技有限公司联合频发初级、中级、高级的培训合格证书，也可发人社部的装配式建筑初级、中级、高级培训合格证书。

二、绿色建筑与建筑节能技术系列培训课程简介

（一）培训课程Ⅰ

系列Ⅰ课程为绿色建筑，它综合运用生态学、建筑学原理，通过控制建筑与环境之间的物质流、能量流来塑造对自然环境负荷压力最小的健康的人类聚居环境。学员通过学习这一课程，可了解绿色建筑的概念和发展概况，建立起大环境发展观，而不是传统建筑学的小环境发展观，为未来人居环境的健康发展提供绿色设计的理论指导，了解绿色建筑的评价体系；掌握绿色建筑设计的基本方法和技术措施；熟悉国内外绿色建筑设计案例。该课程将为后面的绿色建筑设计评价打下理论基础。

（二）培训课程Ⅱ

系列Ⅱ课程为建筑节能分析，它主要包括三个模块的内容：建筑节能设计分析软件、建筑能耗模拟分析软件、被动式低能耗建筑模拟分析软件。建筑节能设计分析软件的内容将从操作界面、标准参数、专业设置、材料编辑、计算、结果分析、报告书、拓展计算八个方面进行学习；建筑能耗模拟分析软件的内容将从操作界面、标准参数、材料编辑、暖通空调、负荷计算、冷热源、能耗计算、动力系统、可再生能源、查阅报告十个方面进行学习；被动式低能耗建筑模拟分析软件的内容将从操作界面、标准参数、材料编辑、时间表、暖通空调、负荷计算、冷热源、照明节能、动力系统、可再生能源、结果分析、查阅报告、超低能耗性设计优化方案十三个方面进行学习。

（三）培训课程Ⅲ

系列Ⅲ课程为低碳建筑分析，它主要包括三个模块的内容：建筑碳排放计算分析软

件、绿建设计评价软件、太阳能光伏设计软件。建筑碳排放计算分析软件将从建筑碳排放设计分析软件操作流程、碳排放操作界面、标准参数、建筑专业设计、一键计算、综合运行能耗及可再生能源、碳专业设计、碳排放计算、结果分析、减碳措施十个方面进行学习；绿建设计评价软件将从标准选择、专业设计、条文评价、项目提资、报告输出五个方面进行学习；太阳能光伏设计软件将从太阳能板设置、辐射量计算、发电量计算、光伏发电报告书、倾角分析五个方面进行学习。

三、绿色建筑与建筑节能技术系列培训课程教学计划与大纲

课程名称	绿色建筑（系列培训课程一）		开课系（教研室）	建筑学系	
专业	建筑学、城乡规划、土木工程、风景园林、工程造价、工程管理	班级		层次	本科
本课程开课学期数		本课程总学分	2 学分	本学期学分	2 学分
本学期教学周数	8 周	讲授	16 学时	实验（践）	16 学时
习题（讨论）	0 学时	机动	0 学时	总计	32 学时
主教材名称	《绿色建筑数字化设计与评价》			主编	丁斌、朱峰磊

说　明

按照粤港澳大湾区装配式建筑技术培训中心培训教学质量的要求，贯彻以学生为中心的理念，坚持“面向校园”“面向专业”“面向职业”的原则。全部教学内容包括：基本介绍；软件安装与运行、文件管理、单体建模、整体建模、材料分析、节能分析、能耗分析、碳排放分析、环境分析、绿建设计分析等其他应用技巧。

考核方案

序号	考核项目	权重	评价标准	考核时间
1	出勤	10%	满勤学生得分 100 分，旷课一次扣 20 分，迟到请假一次扣 10 分，“学习通”签到考勤	每次课
2	课堂回答问题及作业	20%	课堂上回答教授问题的准确性和课堂作业的正确性	1～8 周
3	期中阶段性测验	20%	检查期中阶段的学习情况	4 周
4	期末课程考试（闭卷）	50%	综合知识达到教学大纲要求，依照标准答案评定	8 周

注：①培训教学计划依据培训大纲制订授课计划；②本计划由主讲教师填写，一式三份，经培训部主任签字后送教务处一份，培训部一份，主讲教师一份；③考核项目的类型不少于 3 个；④综合性考核类型为笔试。

主讲教师：____________　　　　培训部主任：____________

年　　月　　日

周次	课次	教学内容 （章节号、课题名称）	学时	授课方式	课外作业	备注
1	1	第 1 章　绪论 第 1 节　绿色建筑的起源 第 2 节　绿色建筑相关概念 第 3 节　绿色建筑实践存在的阻碍与误区	2	授课		
1	2	第 2 章　绿色建筑评价 第 1 节　绿色建筑评价方法 第 2 节　我国绿色建筑评价标准的发展历程 第 3 节　中英绿色建筑评价标准对比 第 4 节　中美绿色建筑评价标准对比	2	授课		
2	3	第 3 章　建筑建模 第 1 节　二维提取与三维导入 第 2 节　单体建模 第 3 节　各类构件建模 第 4 节　房间建模 第 5 节　材料编辑	4	讲练结合		
3	4	第 4 章　建筑节能设计分析 第 1 节　操作界面 第 2 节　标准参数 第 3 节　专业设置 第 4 节　材料编辑 第 5 节　节能计算 第 6 节　结果分析 第 7 节　报告书	4	讲练结合		
4	5	第 5 章　室内天然采光模拟分析 第 1 节　室内天然采光模拟分析操作流程 第 2 节　建筑自然采光模拟分析软件的主要功能 第 3 节　标准选择 第 4 节　专业设计 第 5 节　采光设计 第 6 节　眩光设计 第 7 节　结果分析 第 8 节　报告书	4	讲练结合		

续表

周次	课次	教学内容 （章节号、课题名称）	学时	授课方式	课外作业	备注
5	6	第 6 章　室内自然通风模拟分析 第 1 节　室内自然通风模拟分析操作流程 第 2 节　建筑风环境模拟分析软件的主要功能 第 3 节　标准选择 第 4 节　房间类型 第 5 节　专业设计 第 6 节　模拟计算 第 7 节　结果分析 第 8 节　报告书	4	讲练结合		
6	7	第 7 章　室外风环境模拟分析 第 1 节　标准选择 第 2 节　专业设计 第 3 节　模拟计算 第 4 节　结果分析 第 5 节　报告书	4	讲练结合		
7	8	第 8 章　绿建设计对标评价 第 1 节　标准选择 第 2 节　专业设计 第 3 节　条文评价 第 4 节　项目提资 第 5 节　报告输出	4	讲练结合		
8	9	第 9 章　绿建设计评价案例分享 第 1 节　居住建筑工程实例 第 2 节　公共建筑类实例分析	4	授课		

注：本表可续。

四、绿色建筑与建筑节能技术系列课程教学大纲

（一）课程描述

“绿色建筑与建筑节能技术”是建筑学与城乡规划的一门专业核心课，课时64学时，学分为4学分，是以AutoCAD、BIM、PKPM等软件对建筑设计技术原理及其相关应用进行研究的一门综合性、实践性课程，对培养学生绿色建筑评估能力具有重要作用，也是服务于应用型本科人才的一门重要课程。

通过本课程的学习，可了解绿色建筑评估的基本概念、常用术语，掌握绿色低碳与建筑节能系列软件的方法；掌握绿色低碳与建筑节能系列软件应用的关键要素。学生初步具备绿色低碳与建筑节能系列软件工程师的能力，为今后在工作中运用绿色建筑评估技术解决工程实际问题打下基础。

（二）前置课程

前置课程说明详见表1。

表1　前置课程说明

课程代码	课程名称	与课程衔接的重要概念、原理及技能
	建筑制图+CAD	建设制图规则、项目文件CAD文件、图元操作
	绿色建筑	绿色建筑工具、绿色建筑国内外技术与政策
	建筑信息建模(BIM)技术应用	视图、标高和轴网的建立

(三)课程目标与专业人才培养规格的相关性

课程目标与专业人才培养规格的相关性详见表2。

表2　课程目标与专业人才培养规格的相关性

<table>
<tr><th colspan="2">课程目标</th><th>相关性</th></tr>
<tr><td colspan="2">知识培养目标:掌握绿色建筑评估的基本理论和思维方法,以及绿色建筑评估在项目建设全生命周期中的应用理念和方法;掌握建筑模型的创建方法和建筑构件族的制作方法;掌握运用绿色建筑评估模型实现三维建模、建筑表现、工程量查询等的方法</td><td>C</td></tr>
<tr><td colspan="2">能力培养目标:运用建筑基础建模软件创建建筑项目绿色低碳评估模型,完成建筑节能分析、建筑能耗分析、建筑碳排放分析、建筑环境分析,并具备简单绿色建筑评估分析的能力,工程实践所需技术、技巧及使用工具的能力,通过BIM技能等级考试的能力</td><td>C</td></tr>
<tr><td colspan="2">素质养成目标:具有作为一名工程技术人员必须具备的坚持不懈的学习精神,严谨治学的科学态度和积极向上的价值观;具有认清建筑行业的发展与动态的能力,较强的职业道德、敬业精神和社会责任感;具有良好的团队协作精神和人际沟通能力</td><td>A/B</td></tr>
<tr><td colspan="3">专业人才培养规格</td></tr>
<tr><td>A</td><td colspan="2">具有良好的政治素质、文化修养、职业道德、服务意识、健康的体魄和心理</td></tr>
<tr><td>B</td><td colspan="2">具有较强的语言文字表达、收集处理信息、获取新知识的能力;具有良好的团结协作精神和人际沟通、社会活动等基本能力</td></tr>
<tr><td>C</td><td colspan="2">熟练掌握施工图设计程序,具备较强工程设计能力</td></tr>
</table>

（四）课程考核方案

(1)考核类型:“绿色低碳与建筑节能系列软件”等级考核。
(2)考核形式:理论与实践相结合。

（五）具体考核方案

序号	考核项目	权重	评价标准	考核时间
1	出勤(学习参与类)	10%	全勤:100 分;迟到扣 10 分/次,早退扣 10 分/次,旷课扣 20 分/次,扣完为止	1~8 随堂
2	作业完成情况(学习参与类)	10%	3 次作业,100 分,20 分/次	第 3、4、6 周
3	期中口头报告(阶段性测验类)	20%	小结性口头报告,100 分。准备充分,占 15%;表达清楚,占 15%;收获体会及问题,占 70%	第 4 周
4	结业考核	60%	综合知识达到教学大纲要求,依照标准答案评定,颁发合格证书	第 8 周

由广东白云学院、粤港澳大湾区装配式建筑技术培训中心、中国建筑科学研究院有限公司、北京构力科技有限公司联合频发初级、中级、高级的培训合格证书,也可发人社部的装配式建筑初级、中级、高级培训合格证书。

（六）课程教学安排

序号	教学模块	模块目标	教学单元	单元目标	课时	教学策略	学习活动	学习评价
1	绿色建筑评估软件介绍	知识目标：了解绿色建筑评估基本工作。 能力目标：掌握绿色建筑评估软件的管理方法。 素养目标：培养学生对绿色建筑的学习兴趣	软件安装与运行	知识目标：了解绿色建筑的基本功能。 能力目标：掌握绿色建筑评估软件的各项功能位置。 素养目标：认识绿色建筑评估的重要性	2	电脑操作演示	1. 课堂问答； 2. 电脑操作练习	1. 电脑操作结果展示； 2. 学生小组互评； 3. 老师逐一点评
2			文件管理与学习链接	知识目标：掌握绿色建筑评估文件系统创建方法。 能力目标：能够准确创建文件管理系统并合理分类。 素养目标：养成一丝不苟的习惯	2	电脑操作演示	1. 课堂问答； 2. 电脑操作练习	
3			单体建模	知识目标：掌握导入CAD图纸和其他格式模型方法。 能力目标：能够利用绿色建筑评估操作导入CAD图纸。 素养目标：培养对绿色建筑评估的学习兴趣	4	电脑操作演示	1. 课堂问答； 2. 电脑操作练习	

续表

序号	教学模块	模块目标	教学单元	单元目标	课时	教学策略	学习活动	学习评价
4	绿色建筑的构成分析及评估方式	知识目标：了解绿色建筑软件分析的方法。 能力目标：利用绿色建筑软件评估各种情况下的最优建造方式。 素养目标：掌握建筑分析的操作技巧	整体建模	知识目标：了解建筑整体构件组合的创建功能。 能力目标：能够进行建筑整体构件组合的创建。 素养目标：培养学生良好的团结协作和勇于实践、敢于创新的精神	4	电脑操作演示	1. 课堂问答； 2. 电脑操作练习	1. 电脑操作结果展示； 2. 学生小组互评； 3. 老师逐一点评
5			材料分析	知识目标：了解建筑构件材质分析的方法。 能力目标：能够利用绿建软件评估建筑整体情况。 素养目标：培养学生良好的团结协作和勇于实践、敢于创新的精神	4	电脑操作演示	1. 课堂提问； 2. 电脑操作练习	1. 电脑操作结果展示； 2. 学生小组互评； 3. 老师逐一点评
6			节能设计分析	知识目标：了解绿色建筑节能分析的方法。 能力目标：能够在绿色建筑分析软件中进行节能分析比较。 素养目标：培养学生良好的团结协作和勇于实践、敢于创新的精神	4	电脑操作演示	1. 课堂提问； 2. 电脑操作练习	1. 电脑操作结果展示； 2. 学生小组互评； 3. 老师逐一点评

续表

序号	教学模块	模块目标	教学单元	单元目标	课时	教学策略	学习活动	学习评价
7	绿色建筑的构成分析及评估方式	知识目标：了解绿色建筑软件分析的方法。 能力目标：利用绿色建筑软件评估各种情况下的最优建造方式。 素养目标：掌握建筑分析的操作技巧	建筑能耗模拟分析	知识目标：了解绿色建筑能耗模拟分析的方法。 能力目标：能够在绿色建筑分析软件中进行各类能耗分析比较。 素养目标：培养学生良好的团结协作和勇于实践、敢于创新的精神	4	电脑操作演示	1. 课堂提问； 2. 电脑操作练习	1. 电脑操作结果展示； 2. 学生小组互评； 3. 老师逐一点评
8			建筑低能耗模拟分析	知识目标：了解建筑低能耗模拟分析的方法。 能力目标：能够在绿色建筑分析软件中进行建筑低能耗模拟分析联系。 素养目标：培养学生良好的团结协作和勇于实践、敢于创新的精神	4	电脑操作演示	1. 课堂提问； 2. 电脑操作练习	1. 电脑操作结果展示； 2. 学生小组互评； 3. 老师逐一点评
9			碳排放计算分析	知识目标：了解建筑碳排放分析的基本方法。 能力目标：能够根据建筑属性和构件分类，分析建筑碳排放基本构成，选择优化方法。 素养目标：培养学生良好的团结协作和勇于实践、敢于创新的精神	4	电脑操作演示	1. 课堂提问； 2. 电脑操作练习	1. 电脑操作结果展示； 2. 学生小组互评； 3. 老师逐一点评

续表

序号	教学模块	模块目标	教学单元	单元目标	课时	教学策略	学习活动	学习评价
10	绿色建筑的构成分析及评估方式	知识目标：了解绿色建筑软件分析的方法。 能力目标：利用绿色建筑软件评估各种情况下的最优建造方式。 素养目标：掌握建筑分析的操作技巧	建筑声环境分析	知识目标：了解建筑声环境分析计算的方法。 能力目标：能够建立建筑声环境分析模型并进行基本分析调整。 素养目标：培养学生良好的团结协作和勇于实践、敢于创新的精神	4	电脑操作演示	1. 课堂提问； 2. 电脑操作练习	1. 电脑操作结果展示； 2. 学生小组互评； 3. 老师逐一点评
11			室内光环境分析	知识目标：了解建筑光环境分析计算的方法。 能力目标：能够建立建筑光环境分析模型并进行基本分析调整。 素养目标：培养学生良好的团结协作和勇于实践、敢于创新的精神	4	电脑操作演示	1. 课堂提问； 2. 电脑操作练习	1. 电脑操作结果展示； 2. 学生小组互评； 3. 老师逐一点评
12			室外热环境分析	知识目标：了解建筑热环境分析计算的方法。 能力目标：能够建立建筑热环境分析模型并进行基本分析调整。 素养目标：培养学生良好的团结协作和勇于实践、敢于创新的精神	4	电脑操作演示	1. 课堂提问； 2. 电脑操作练习	1. 电脑操作结果展示； 2. 学生小组互评； 3. 老师逐一点评

续表

序号	教学模块	模块目标	教学单元	单元目标	课时	教学策略	学习活动	学习评价
13	绿色建筑的构成分析及评估方式	知识目标：了解绿色建筑软件分析的方法。 能力目标：利用绿色建筑软件评估各种情况下的最优建造方式。 素养目标：掌握建筑分析的操作技巧	室外风环境分析	知识目标：了解建筑风环境分析计算的方法。 能力目标：能够建立建筑风环境分析模型并进行基本分析调整。 素养目标：培养学生良好的团结协作和勇于实践、敢于创新的精神	4	电脑操作演示	1. 课堂提问； 2. 电脑操作练习	1. 电脑操作结果展示； 2. 学生小组互评； 3. 老师逐一点评
14			室内舒适度分析	知识目标：了解建筑室内舒适度分析计算的方法。 能力目标：能够建立建筑室内舒适度分析模型并进行基本分析调整。 素养目标：培养学生良好的团结协作和勇于实践、敢于创新的精神	4	电脑操作演示	1. 课堂提问； 2. 电脑操作练习	1. 电脑操作结果展示； 2. 学生小组互评； 3. 老师逐一点评
15			室内空气质量分析	知识目标：了解建筑室内空气分析计算的方法。 能力目标：能够建立建筑室内空气分析模型并进行基本分析调整。 素养目标：培养学生良好的团结协作和勇于实践、敢于创新的精神	4	电脑操作演示	1. 课堂提问； 2. 电脑操作练习	1. 电脑操作结果展示； 2. 学生小组互评； 3. 老师逐一点评

续表

序号	教学模块	模块目标	教学单元	单元目标	课时	教学策略	学习活动	学习评价
16	绿色建筑的构成分析及评估方式	知识目标：了解绿色建筑软件分析的方法。 能力目标：利用绿色建筑软件评估各种情况下的最优建造方式。 素养目标：掌握建筑分析的操作技巧	绿建设计分析	知识目标：了解绿色建筑设计的具体方法。 能力目标：能够建立绿色建筑基本评估模型并进行基本分析调整。 素养目标：培养学生良好的团结协作和勇于实践、敢于创新的精神	4	电脑操作演示	1.课堂提问； 2.电脑操作练习	1.电脑操作结果展示； 2.学生小组互评； 3.老师逐一点评
17			综合分析	答疑	4			

(七)绿色低碳与建筑节能系列软件课程大纲基本内容

第1章　软件安装与运行

1.1　基本内容

1.1.1　绿色建筑软件基本界面

1.1.2　绿色建筑软件视图控制工具

1.1.3　绿色建筑软件项目模版

1.1.4　绿色建筑软件项目文件

1.1.5　绿色建筑软件常用图元操作

1.1.6　绿色建筑软件常用快捷键

1.2　重点：绿色建筑软件视图控制工具及常用图元操作

1.3　难点：视图控制工具

1.4　授课方式：理论教学＋基本操作训练

第2章　绿色建筑文件管理与学习链接

2.1　基本内容
　2.1.1　文件管理
　2.1.2　项目管理
　2.1.3　用户界面
　2.1.4　在线管理
2.2　重点:文件属性及分类操作
2.3　难点:文件归档及文件界定
2.4　授课方式:理论教学+基础实训

第3章　单体建模

3.1　基本内容
　3.1.1　提取导入
　3.1.2　单体建筑
　3.1.3　构件
　3.1.4　房间设置
3.2　重点:CAD文件操作
3.3　难点:建筑构件认知
3.4　授课方式:理论教学+基础实训

第4章　整体建模

4.1　基本内容
　4.1.1　区域基准
　4.1.2　建筑体量建模
　4.1.3　道路交通管线
　4.1.4　建筑环境
　4.1.5　建筑场地
　4.1.6　建筑设备设施
4.2　重点:项目管理操作及总体图纸把握
4.3　难点:多专业图纸理解
4.4　授课方式:实践教学法

第5章　材料分析

5.1　基本内容

5.1.1　构件分类

5.1.2　常用构造

5.1.3　材料定义及替换

5.1.4　转存导入对比

5.2　重点:各类构造的选择、材料的属性、构件的绘制

5.3　难点:材料的编缉

5.4　授课方式:实践教学法

第6章　节能设计分析

6.1　基本内容

6.1.1　参数制定及设置

6.1.2　节能计算

6.1.3　节能报告书配置及核算

6.2　重点:节能参数的选择、节能指标的权衡、拓展分析

6.3　难点:节能分析

6.4　授课方式:实践教学法

第7章　建筑能耗模拟分析

7.1　基本内容

7.1.1　参数设定

7.1.2　暖通系统设置

7.1.3　负荷及冷热源分析

7.1.4　能耗计算

7.1.5　动力系统分析

7.1.6　可再生能源分析

7.2　重点:能耗分析架构设定、能耗分析及计算

7.3　难点:能耗系统分析

7.4　授课方式:实践教学法

第 8 章　建筑低能耗分析

8.1　基本内容

8.1.1　参数设定

8.1.2　材料及系统设定

8.1.3　暖通系统分析

8.1.4　负荷分析

8.1.5　动力系统分析

8.1.6　能耗优化分析及复核

8.2　重点:能耗分析、能耗优化

8.3　难点:能耗界定及分析

8.4　授课方式:实践教学法

第 9 章　碳排放计算分析

9.1　基本内容

9.1.1　参数设定

9.1.2　建筑分析

9.1.3　综合运行能耗分析

9.1.4　碳排放设计及分析

9.1.5　减碳测算及成果核算

9.2　重点:建筑分析、能耗分析、碳排放核算

9.3　难点:能耗分析

9.4　授课方式:实践教学法

第 10 章　建筑声环境分析

10.1　基本内容

10.1.1　室外声环境设计

10.1.2　声环境分析及构件隔声分析

10.1.3　背景噪声分析

10.1.4　声环境分析报告

10.2　重点:声环境分析、构件隔声分析、噪声分析

10.3　难点:构件隔声分析

10.4　授课方式:实践教学法

第 11 章　室内光环境分析

11.1　基本内容

11.1.1　参数设定

11.1.2　光环境设计

11.1.3　采光设计

11.1.4　眩光设计

11.1.5　室内光环境分析

11.2　重点:光环境设计、采光设计、眩光设计

11.3　难点:光环境设计

11.4　授课方式:实践教学法

第 12 章　室外热环境分析

12.1　基本内容

12.1.1　参数设定

12.1.2　室外热工设计

12.1.3　室外热工分析

12.1.4　热岛分析

12.2　重点:热工分析、热岛分析

12.3　难点:热岛分析

12.4　授课方式:实践教学法

第 13 章　室外风环境分析

13.1　基本内容

13.1.1　参数设定

13.1.2　风环境设计

13.1.3　风环境模拟分析

13.2　重点:风环境设计、风环境模拟分析

13.3　难点:风环境模拟分析

13.4　授课方式:实践教学法

第 14 章　室内舒适度分析

14.1　基本内容

14.1.1　参数设定

14.1.2　舒适度设计
14.1.3　舒适度分析
14.2　重点:舒适度设计、舒适度分析
14.3　难点:舒适度分析
14.4　授课方式:实践教学法

第15章　室内空气质量分析

15.1　基本内容
15.1.1　参数设定
15.1.2　空气质量模拟设计
15.1.3　空气质量分析
15.2　重点:空气质量模拟设计、空气质量分析
15.3　难点:空气质量分析
15.4　授课方式:实践教学法

第16章　绿建设计分析

16.1　基本内容
16.1.1　参数设定
16.1.2　建筑指标分析
16.1.3　标准条文分析
16.1.4　绿建设计指标分析
16.2　重点:绿建条文分析、绿建设计指标分析
16.3　难点:绿建设计指标分析
16.4　授课方式:实践教学法

第17章　综合分析

策划编辑：胡 天 金
责任编辑：赵 萌
封面设计：旗语书装

普通高等学校“十四五”规划数字装配式建筑系列教材

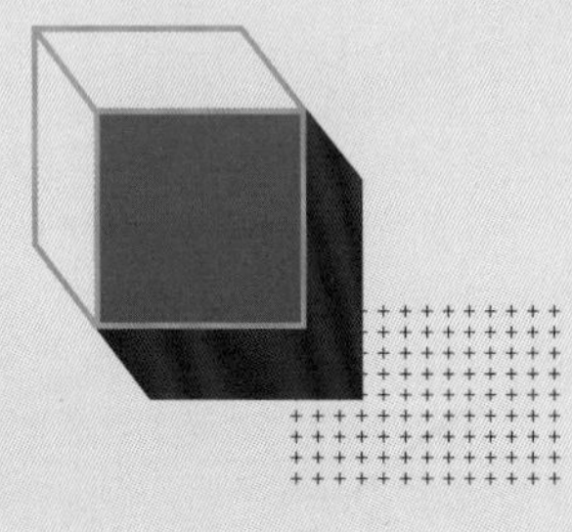

- ○ BIMBase应用技术基础
- ○ BUILDIPRO薄壁轻钢房屋结构深化设计基础
- ○ 装配式建筑数字孪生综合演训技术
- ○ 数字化装配式钢筋混凝土结构建筑施工技术
- ● **绿色建筑数字化设计与评价**
- ○ 装配式钢结构施工技术
- ○ 装配式钢筋混凝土框架结构免支撑施工设计基础

华 中 科 技 大 学 出 版 社
服务热线：400-6679-118
http://press.hust.edu.cn

定价：49.80元（含培训手册）